短视频拍摄与制作

门一润　黄　博　张琬丛
袁　超　李怡璇　陈添琪　著

清華大学出版社
北　京

内 容 简 介

本书是一本短视频拍摄与制作的教学用书，结合丰富的实战案例，系统、全面地介绍短视频拍摄与制作的相关方法和技巧。本书配套示例素材、PPT课件、120分钟的重点教学视频，并赠送258分钟《Premiere Pro 2022视频制作案例》教学视频。

本书共分9章。内容包括短视频概述、短视频拍摄前的准备工作、短视频拍摄的相关技能、使用单反相机拍摄短视频、使用手机拍摄短视频、短视频剪辑、使用剪映App剪辑短视频、使用Premiere剪辑短视频、四大常见类型短视频（产品营销、美食、生活记录、知识技能）的拍摄与制作案例。

本书内容全面、专业性较强，能够切实有效地帮助读者掌握短视频拍摄与制作的相关方法和技巧。本书既可作为短视频从业者学习短视频拍摄与制作的参考书，也可作为高等院校短视频相关课程的教材。

图书在版编目（CIP）数据

短视频拍摄与制作 / 门一润等著.— 北京：清华大学出版社，2022.11 (2025.1重印)
ISBN 978-7-302-62210-9

Ⅰ.①短… Ⅱ.①门… Ⅲ.①摄影技术②视频制作Ⅳ.①TB8②TN948.4

中国版本图书馆CIP数据核字（2022）第220731号

责任编辑：夏毓彦
封面设计：王　翔
责任校对：闫秀华
责任印制：曹婉颖
出版发行：清华大学出版社
　　网　　址：https://www.tup.com.cn，https://www.wqxuetang.com
　　地　　址：北京清华大学学研大厦A座　　邮　　编：100084
　　社 总 机：010-83470000　　邮　　购：010-62786544
　　投稿与读者服务：010-62776969，c-service@tup.tsinghua.edu.cn
　　质量反馈：010-62772015，zhiliang@tup.tsinghua.edu.cn
印 装 者：三河市铭诚印务有限公司
经　　销：全国新华书店
开　　本：190mm×260mm　　印　　张：15　　字　　数：404千字
版　　次：2022年12月第1版　　印　　次：2025年 1 月第4次印刷
定　　价：79.00元

产品编号：096984-01

前　言

本书的编写初衷

随着人们生活节奏的加快，以“短、平、快”著称的短视频受到了越来越多人的关注，以抖音、快手为代表的短视频平台上总是聚集着大量的用户。经过几年的实践和探索，短视频行业不断地发展壮大，如今短视频已成为移动互联网时代的主流传播方式。

短视频用户规模与市场规模日益庞大的同时，它的商业价值也在不断凸显，不管是对个人还是企业，短视频的“掘金”能力都是不容小觑的。短视频行业是一个以内容传播为主导的新兴行业，要想在这个行业中“掘金”，出色的内容创作能力必不可少。因此，我们为短视频创作者量身打造了本书，旨在帮助学习者切实掌握短视频拍摄与制作的实用技能，从而创作出高质量的短视频作品。

本书的内容

本书秉持理论与实践相结合的理念，不仅系统全面地讲解了短视频拍摄与制作的方法，还调研了上百个热门短视频账号，访谈了多名成功的短视频创作者，收集了大量的珍贵资料，经过长时间的整理与提炼，将一个个真实有用的短视频拍摄与制作案例编撰成稿，以供短视频创作者学习、参考。

本书共分 9 章：首先介绍短视频的概念和一些基础知识；接着介绍短视频拍摄前的准备工作；然后分别从拍摄和剪辑两个方面对短视频制作的全过程进行讲解；最后讲解 4 种常见类型的短视频拍摄与制作的实战技法。

第 1 章主要介绍短视频的概念和一些基础知识，包括短视频的概念、特点和内容构成，短视频的商业价值及优势，短视频的内容类型和常见的短视频平台等内容。通过学习本章内容，可以使读者对短视频内容以及短视频平台等有一个基础的认识。

第 2 章主要介绍短视频拍摄前的准备，包括短视频拍摄的基本步骤和短视频拍摄设备。通过学习本章内容，可以使读者了解短视频拍摄的基本步骤和相关拍摄设备，为短视频的拍摄做好充足的准备。

第 3 章主要介绍短视频的拍摄技能，包括景别与拍摄角度、视频画面构图、光线运用、镜头的运动方式等内容。通过学习本章内容，可以使读者掌握景别与拍摄角度的选择、视频画面构图、光线运用、运镜等基本的短视频拍摄技能。

第4章主要介绍使用单反相机拍摄短视频的方法，包括单反相机的优缺点、单反相机的外部结构组成、单反相机的镜头类型、单反相机拍摄视频的操作要点等内容。通过学习本章内容，可以使读者掌握使用单反相机拍摄视频的操作要点，从而利用单反相机拍摄出高质量的短视频作品。

第5章主要介绍使用手机拍摄短视频的方法，包括手机拍摄短视频的要点以及使用手机App拍摄短视频的方法。通过学习本章内容，可以使读者掌握使用手机拍摄短视频的要点，从而使用手机或者相关的手机App方便快捷地拍摄出短视频作品。

第6章主要介绍短视频的剪辑思路，包括剪辑短视频的基本流程、声音与字幕处理以及剪辑视频的注意事项。通过学习本章内容，可以使读者掌握短视频剪辑的相关思路和方法，通过后期制作创作出画面精美、配音合适的短视频作品。

第7章主要介绍使用剪映App剪辑短视频的方法，包括剪映App剪辑工具的特色功能和工作页面、剪映App剪辑视频的基本方法、剪映App编辑音频的方法、剪映App制作视频特效的方法以及剪映App进行字幕处理的方法等内容。通过学习本章内容，可以使读者掌握剪映App剪辑视频的相关方法，方便快捷地进行短视频的后期制作。

第8章主要介绍使用Premiere剪辑短视频的方法，包括使用Premiere新建项目并导入素材、素材文件的编辑操作、转场效果、制作字幕、视频特效、音频编辑、合成并导出视频等内容。通过学习本章内容，可以使读者掌握Premiere剪辑短视频的相关方法，更好地为短视频作品添加转场效果和特效，并能处理字幕和音频。

第9章主要介绍短视频拍摄与制作实战技法，包括产品营销类、美食类、生活记录类和知识技能类这4大短视频类型的拍摄与制作实战指南。通过学习本章内容，可以使读者掌握这些常见类型的短视频拍摄与制作方法。

本书配套资源下载

本书配套示例资源、PPT课件、同步教学视频并赠送258分钟《Premiere Pro 2022视频制作案例》教学视频，需用微信扫描右侧二维码获取。另外，关注公众号“新大门”，回复“短视频”，可以获取短视频超值大礼包以及门一润、黄博、张琬丛、袁超、李怡璇、陈添琪等各位大咖的短视频运营秘籍。

本书从策划、编写到出版，经历了很长一段时间，经过多次修改才得以逐步完善。在编写过程中，尽管著者着力打磨内容，力求精益求精，但水平有限，书中难免有不足之处，欢迎广大读者提出宝贵意见和建议，以便后续的再版修订。

著 者

2022年11月

目　录

第1章　短视频概述

第 2 章 短视频拍摄前的准备

第 3 章 必知必会的短视频拍摄技能

第 4 章 用单反相机拍摄出高质量的短视频

第 5 章 用手机轻松拍摄短视频

第6章 短视频的剪辑思路

第7章 使用剪映 App 剪辑短视频

第 8 章

使用 Premiere 剪辑短视频

第 9 章 短视频拍摄与制作实战技法

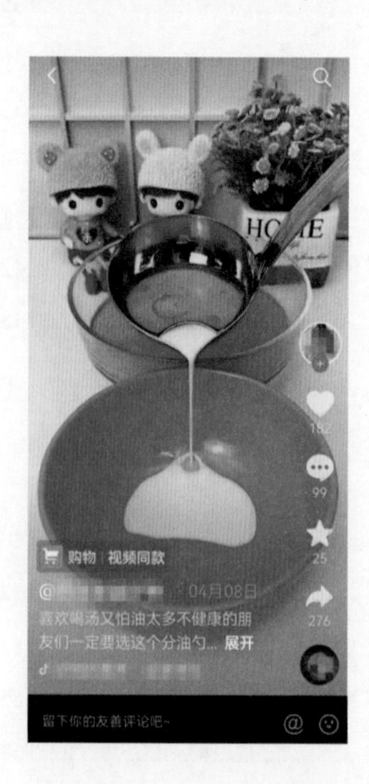

5213
425
天再热的时候就外边
1450
3204
展开
露营装备 · 更新至第15集

第 1 章 短视频概述

【学习目标】

- 了解短视频的特点及内容构成。
- 了解短视频的商业价值及优势。
- 熟悉短视频的内容类型。
- 熟悉常见的短视频平台。

近年来，短视频行业发展可谓如火如荼，它既是一种新兴的娱乐方式，也是一种很好的营销方式。短视频不受时间、地点的限制，迅速占据当代网民的碎片化时间，创造出跨越年龄、跨越地域的强大影响力。大家应该抓住短视频的风口，为自己带来理想价值。本章将从短视频的基础知识出发，全面介绍短视频的特点及内容构成、短视频的商业价值，以及短视频的内容类型和常见平台。

1.1 认识短视频

短视频指视频时长较短，在各个互联网新媒体平台上播放的、适合大众在闲暇时观看的、高频率推送的视频内容，是继文字、图片和传统视频之后新兴的一种互联网内容传播方式。短视频与电视剧、电影等动辄半小时到数小时的时长相比，其更加适合现代人“碎片化”的休闲与社交需求。

为了让大家更全面地了解短视频，下面详细讲解什么是短视频、短视频的特点及其内容构成。

1.1.1 什么是短视频

短视频的内容新奇、丰富，涵盖了技能分享、情景短剧、街头采访、幽默搞怪、网红 IP、时尚潮流、社会热点、创业剪辑、商业定制等。此外，用户还可以借助短视频进行自我表达和情感抒发。这些都是短视频备受大众喜爱的原因。

以抖音平台上的一条文案为“熊孩子开学前的心理活动”的短视频作品为例，视频内容从家长及学生身上常遇到的情景出发，并用生动有趣的语言展现出来，使得很多用户得到了情感上的抒发和共鸣。截至目前，该视频的点赞量已达 130.7 万，收藏已达 6.1 万，转发量已达 12.2 万，如图 1-1 所示。由此可见，该条短视频是极受用户喜爱和认可的。

图1-1 热门短视频

类似这样高观看量、高互动量的短视频多不胜数，分布在各个视频平台上，不少商家也借用短视频积累大量粉丝及销售大量产品。

1.1.2 短视频的特点

短视频与长视频不同，其不仅在视频时长上有所缩短，在制作上也没有特定的表达形式和团队配置要求，这大大地节省了传播成本。总的来说，短视频具有如图 1-2 所示的 4 个特点。

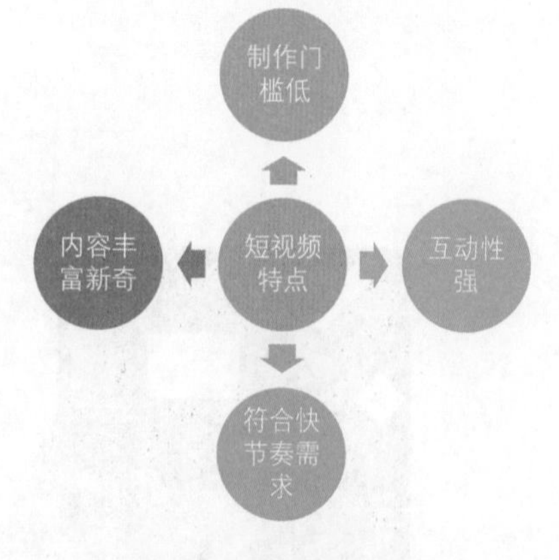

图1-2 短视频的特点

- **制作门槛低**：目前大部分短视频软件中都具有特效、滤镜、剪辑等功能，拍摄和制作十分简单。基本只需要一个人和一部手机就能够完成，真正意义上做到了随拍随传，随时分享。
- **互动性强**：短视频信息传播力度大、范围广、互动性强，为众多用户的创造和分享提供了一个便捷的传播通道。同时，通过点赞、分享、评论等手段，能够让短视频被更多用户点赞、评论，大大增加了互动性。
- **符合快节奏需求**：短视频时长较短，内容简单明了，在如今较快的生活节奏下，能让人们更方便快捷地获取信息。
- **内容新奇丰富**：相较于文字、图片、传统视频，短视频可以用最快的方式传达出更多、更直观、更立体的信息，表现形式也更加丰富，非常符合当前受众对于个性化、多元化的内容需求。

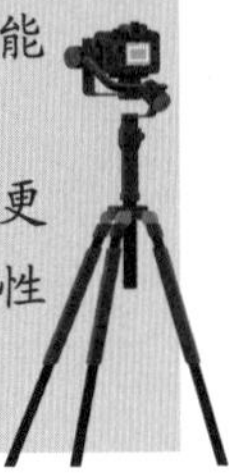

综上所述，短视频的 4 大特点是让短视频迅速火爆起来的重要原因，也是让短视频的商业价值在众多领域中脱颖而出的重要基石。

1.1.3 短视频的内容构成

虽然短视频的制作门槛低，内容也较为简单，但一条完整的短视频通常包含了图像、字幕、声音、特效、评论等众多元素，如图 1-3 所示。

1. 图像

图像可以理解为拍摄工作完成后得到的画面影像成品，品质越高的视频对画面效果的要求就越高。我们主要以观赏性、层次感和专业度为标准来判断图像的品质是否优质，如图 1-4 所示。

图像
字幕
声音
特效
描述
评论
短视频的内容构成

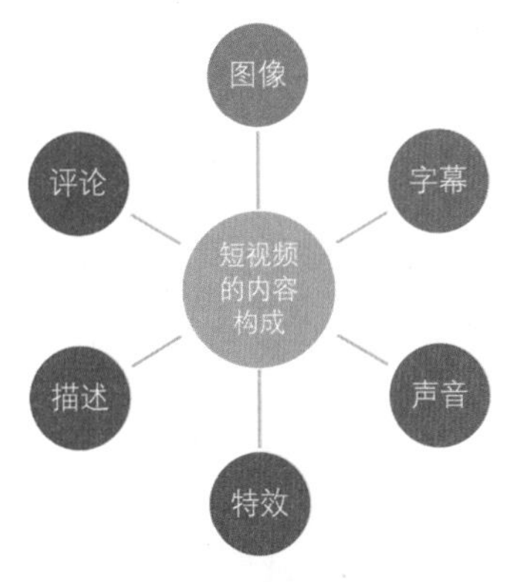

图1-3 短视频的内容构成

观赏性
• 视频画面的是否具有观赏性
层次感
• 视频画面的表现和场景布局是否具有丰富的层次感
专业度
• 短视频里的人物或事物，是否表现得足够专业

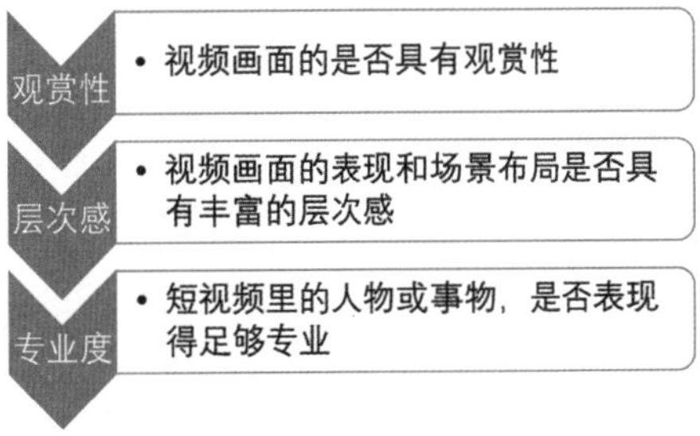

图1-4 判断图像品质的3个标准

例如，某旅游类短视频作品中，展示的都是极具观赏性的风景画面，引发数十万用户点赞，如图 1-5 所示。

2. 字幕

字幕的主要作用是让用户清楚地知道视频中人物的对话和语言表达的内容。除此之外，字幕还有一个很重要的作用，就是提醒用户视频的关键点是什么。如果将视频内容的几个关键节点用字幕的形式显示出来，不仅可以把控视频节奏，还能加深用户对视频内容的印象。例如，某条美食短视频中，菜品的配料表和关键烹饪步骤均使用了字幕显示，让用户在看视频时能更好地掌握这道菜的烹饪方法，该条视频获得 200 多万个用户点赞，如图 1-6 所示。

图1-5 极具观赏性的画面（视频截图）

图1-6 用字幕显示菜品的配料表和关键烹饪步骤

3. 声音

声音是视频的灵魂，视频声音包含了旁白、人物自述、人物对话、背景音乐和特效音乐等，如图 1-7 所示。要做好短视频的声音部分，首先要注意人物语调的抑扬顿挫和语气的感染力，其次还要把握好背景音乐的情绪感染力。

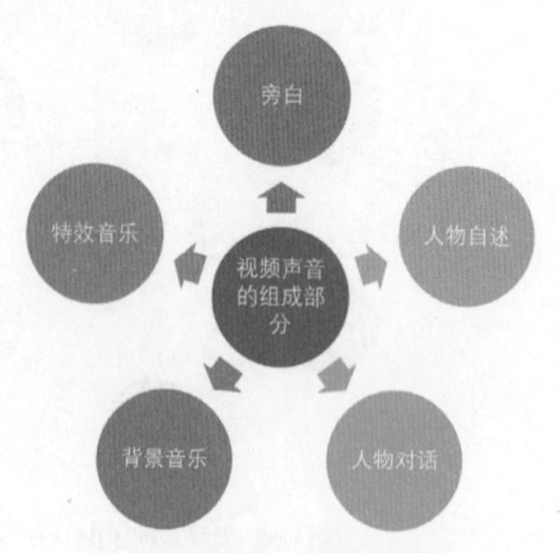

图1-7 视频声音的组成部分

4. 特效

当剧情突然反转或者关键词字幕出现时，往往需要通过一些特效来提高用户对视频的注意力。例如，某短视频作品中，利用抖音官方的特效道具“我不会再快乐了”来创作视频，如图 1-8 所示。在抖音里还有很多新奇的特效道具，这些道具可以帮助创作者拍摄出各种有趣的创意视频，如图 1-9 所示。

图1-8 某短视频作品中使用的特效道具

图1-9 抖音官方的一些特效道具

提示 特效的出现要贴合剧情的发展，假设视频画风从悲伤反转到开心快乐，此时就可以配上一段掌声特效或者欢快的音乐特效。

5. 评论

视频的评论代表了粉丝对视频内容的看法和态度，虽然短视频创作者不能直接控制粉丝如何去评论自己的短视频作品，但却可以通过图像、字幕、声音、描述等内容去设计和引导评论的方向。

对于抖音的短视频创作者而言，可以在视频内容中抛出作品评论方向，引导抖音用户发表评论，增加视频的曝光率与点击率。需要注意的是，用户评论后，创作者一定要记得做回评，以增强和用户之间的互动。抖音上某条短视频作品的用户评论和作者回评如图 1-10 所示。

评论版块是吸取流量、塑造账号个性的最佳平台，打造评论版块是抖音运营的重要环节。创作者应该浏览大量的视频评论，总结出适合自己视频内容的引评方式，并且在运营中不断实践。

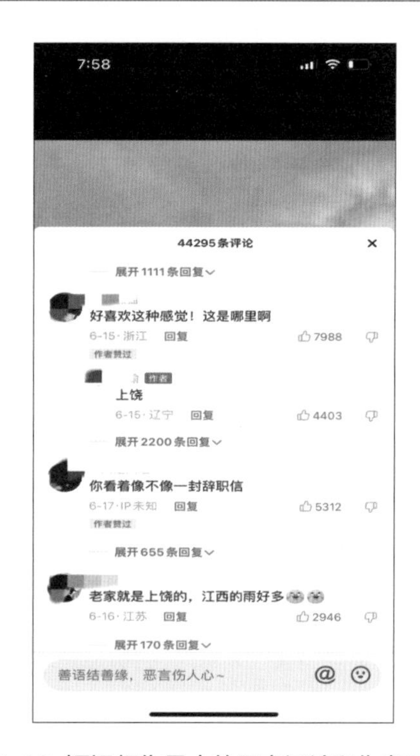

图1-10 短视频作品中的用户评论和作者回评

1.2 短视频的商业价值及优势

不难发现，大家的手机里面都有那么一两个短视频App，且在公交车上、咖啡店里……随处可见观看短视频的人。短视频用新奇且丰富的内容吸引着大众的目光，几乎渗透到了人们生活和娱乐的各个角落。那么，短视频于商家而言，又有什么商业价值及优势呢？下面来一一揭晓答案。

1.2.1 短视频的商业价值

在这流量当道的时代，短视频拥有了其他领域无可比拟的流量优势，其商业价值也逐渐突显出来，被大家重视。如今，越来越多的人选择用短视频植入硬性广告、软性广告或内容原创广告等推广产品，并取得显著的效果。通过一系列数据统计和分析，短视频的商业价值主要体现在5个方面，如图1-11所示。

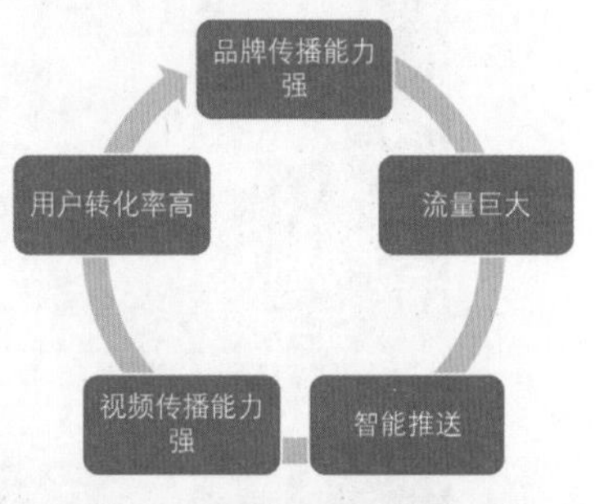

图1-11 短视频的商业价值

- **品牌传播能力强：** 短视频融合文字、图片、语音和视频，内容生动有趣，浸入到生活的各个角落，将品牌场景化，因此更容易让用户产生认同感，更有利于品牌口碑的快速形成。
- **流量巨大：** 以微信视频号为例，背靠微信10多亿的用户数量，其流量可以说是十分巨大。
- **智能推送：** 如今的短视频平台都拥有强大的机器算法机制，能够根据用户画像和地点实现个性化推送，对于植入广告的短视频而言，这样的推送可以减少无效受众，达到更好的广告效果。
- **视频传播能力强：** 由于短视频内容新鲜有趣、贴近生活，因此很容易得到大众的自发传播。以美拍为例，某位网友自己发现了一种不一样的牛肉做法，并通过美拍发起了#牛肉做法#话题挑战，话题通过网友的迅速传播，带来5万多用户的参与。
- **用户转化率高：** 转化能力可以简单理解为变现能力。不难发现，短视频平台拥有着巨大流量，在进行用户转化时，做得也相当不错。例如某网红小吃，原本只是一个无人问津的小吃店，在网上蹿红之后，线下迅速获得了一大批客流量，如今已经开了超过10家分店，且每家分店每天都有许多客人排队购买食物，这些客流都是通过短视频平台用户转化而来的。

那么，要怎么样做才能将短视频的点击量和互动量变为利润，充分地实现短视频的商业价值呢？这些内容将在本书后续的章节中进行详细讲解。

1.2.2 短视频营销的5大优势

随着互联网媒体的飞速发展，营销手段也变得多样化，例如微信营销、电商营销、直播营销、短视频营销。其中，短视频营销的优势尤为显著，这是因为短视频营销将互联网和视频结合，既有新奇丰富、感染力强、内容多元的特征，又具有传播性高、成本低廉等优势，自然受到人们的青睐。总的来说，短视频营销具有5大优势，如图1-12所示。

1. 加深品牌印象

借助短视频能够直观全面地展示产品，使得产品更具有视觉冲击力，从而给用户留下深刻印象。同时，其新奇灵活的营销方式能减少用户的排斥感，更容易让用户对品牌产生一个好的印象。

某口红品牌利用抖音短视频营销，用“没化妆碰到认识的人，怎么用口红救急”为切入点植入广告（见图 1-13），使得品牌形象生动立体地展示在用户面前，也让用户加深了对该品牌的印象。

加深品牌印象
互动性强
受众群体精准
传播速度快
营销效果好
短视频营销优势

图1-12 短视频营销的优势

2. 互动性强

短视频有着互动性强的特点，这也是短视频营销的优势。在互联网络、移动智能设备普及、短视频 App 功能越来越完善的背景下，人们越来越喜欢借助短视频抒发情感、寻找乐趣。利用短视频进行营销时，优质内容可以在短时间内引发用户互动，如进行评论、点赞和转发等行为。这不仅加强了营销双方之间的互动性，也让用户更容易接受营销内容。

例如，某品牌借助短视频营销，将产品融入视频里（见图 1-14），让用户在轻松“看剧”的过程中就了解了产品的特点。从图中可以明显看到，该短视频已经获得 100 万的点赞量、近 5000 的评论量和近 2000 的转发量，这正是用户接受该产品的体现。

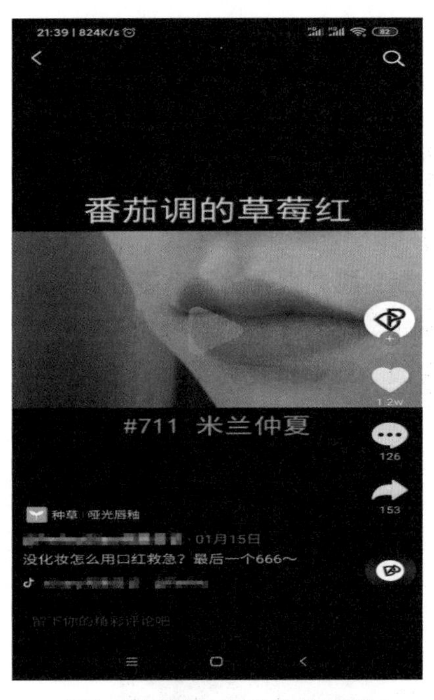

图1-13 植入口红广告的视频

图1-14 优质的广告短视频

3. 受众群体精准

不难发现，短视频营销能够在平台的匹配下较为准确地找到企业或品牌的受众或潜在用户。最简单的例子就是，当某位喜欢看美食节目的用户打开某一短视频平台观看视频时，平台会根据用户的喜好推荐相应的食品、餐厅等方面的内容。

通过大数据为用户画像的方法主要有两种。第一种方法是短视频平台一般都自带搜索框，当用户激活搜索框准备搜索时，平台会根据用户观看视频的历史推荐一些用户可能感兴趣的词汇供用户参考。例如，某用户平时在抖音平台上经常搜索“旅行”“减肥”等内容，那么，在抖音平台的“猜你想搜”中，系统就会自动推荐“减肥日记”“瘦身法”“新疆旅游”等关键词，如图 1-15 所示。

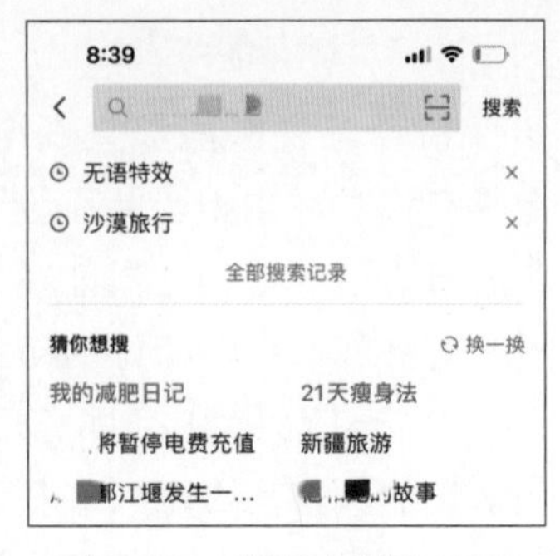

图1-15 “猜你想搜”页面

用户也可以通过搜索关键词汇找到自己感兴趣的内容，这样一来，就大大增加了包含这些关键词的企业或品牌被用户看到的机会，进而提升了短视频营销的有效性与准确性。

第二种方法是短视频平台会不定期地组织和发起一些主题活动与比赛，以此来聚集用户，品牌方可以借此策划出个相关的内容以引起用户关注，并对他们进行营销。例如短视频平台推出了一个化妆主题活动，那么化妆品品牌方就可以策划一个与化妆、护肤相关的视频内容，以此引起活动中对化妆感兴趣的用户的关注，进而实现营销目的。

4. 传播速度快

由于短视频平台数量较多，因此很多人都同时在多个平台进行营销，也就是在多个平台发布相同的短视频。以某位创作者发布的产品广告视频为例，该创作者分别在快手和抖音开通账号进行营销，她发布的同一个视频在快手收获 20 万的点赞量，在抖音上收获了 52.2 万的点赞量，如图 1-16 所示，这无疑大大增加了信息传播的速度和覆盖度。

图1-16 同一个内容在多个平台发布

5. 营销效果好

高端的短视频营销需要编导、策划、摄像、后期等人员进行协作，这些人员的专业性较强，制作出来的短视频不仅质量较高，能更好地吸引用户，还能更有效地避免仿制视频的出现。

此外，短视频中可以直接挂出产品链接，这些富有画面感的内容能够有效激发用户的购买欲望，同时还能以“边看边买”的模式满足用户的购买需求，从而带来很好的营销效果。以抖音短视频为例，用户在观看短视频的过程中，点击短视频下方的购买链接即可进入产品详情介绍页面购买产品，如图 1-17 所示。

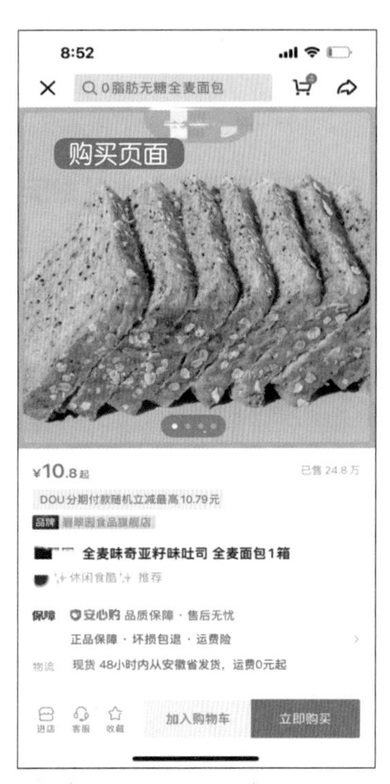

图1-17 利用短视频销售产品

根据相关数据显示，短视频是当下年轻用户群体热爱的潮流社交方式。同时，其短小精悍、趣味新奇的内容也更符合快节奏生活下用户获取碎片化信息的需求。当人们借助短视频宣传产品，用短视频作为与用户交流的语言时，信息将更容易被用户接受，创作者也更容易实现企业或品牌想要的传播效果。

1.3 短视频的内容类型

短视频的内容题材丰富多样，以抖音平台的热门短视频内容为例，既有让人获取价值的知识类短视频；也有让人捧腹大笑的幽默搞笑类短视频；还有让人垂涎欲滴的美食类视频；等等。总体而言，短视频主要包括 6 种内容类型，如图 1-18 所示。

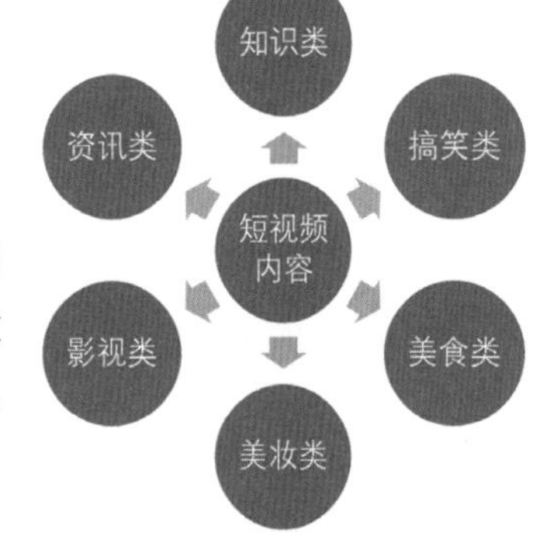

图1-18 短视频的内容类型

1.3.1 知识类

知识类短视频主要是为用户提供各类有价值的知识和实用技巧，它的涵盖范围非常广，比如美妆教学、穿搭教学、摄影教学、办公教程、PS 教程等。这类视频通过简单易学的方式，让用户在短时间内就能轻松掌握一项知识或一门技艺，可谓“干货”十足，因此，深受广大用户的喜爱。

例如，某摄影知识教学类账号，该账号的内容以实用的人物拍摄教学为主，通过剧情的形式为用户传递拍摄的相关知识，从而吸引了大量用户的关注。目前该账号拥有600多万粉丝，点赞量也高达5700多万，如图1-19所示。该摄影知识类账号的视频点赞量、评论量也较为可观，如某条楼梯拍摄技巧的视频，获得9.2万的点赞量，如图1-20所示。

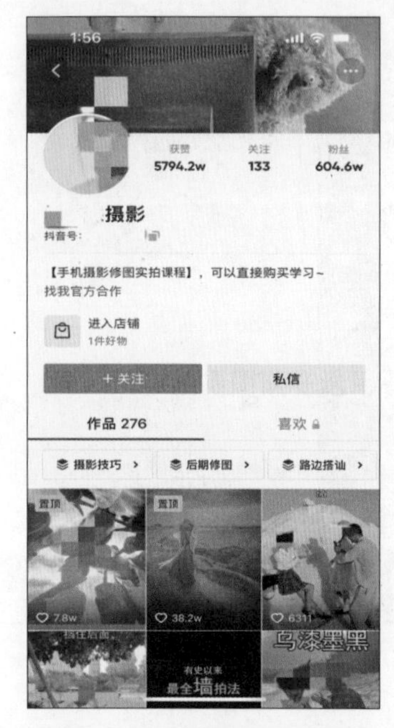

图1-19 某摄影知识类账号

图1-20 某条楼梯拍摄技巧的视频

一般而言，知识类短视频的内容具有两个特征，即知识性和实用性。所谓“知识性”，是指短视频的内容要包含一些有价值的知识和技巧；而“实用性”则是指短视频内容中介绍的这些知识和技巧能够在实际的生活和工作中运用。

1.3.2 搞笑类

在各个平台，都不缺看视频放松心情的人群，因此，搞笑类的短视频也是热门的视频内容类型。不仅如此，搞笑类短视频的受众范围很广，没有年龄、性别的限制，因此这类短视频不仅观看的用户很多，乐于制作和分享的用户也很多。

例如，某抖音账号一直走搞笑路线，目前已收获365万粉丝。其账号内容多以搞笑女日常和别人日常的对比为主，该账号某条名为“什么是朋友（搞笑女版）”的短视频作品，就获得了130万的点赞量以及17.4万的评论量，如图1-21所示。

图1-21 “什么是朋友（搞笑女版）”视频

要打造幽默搞笑的短视频内容，可以运用各种创意技巧与方法对一些比较经典的内容和场景进行视频编辑与加工，也可以对生活中一些常见的场景和片段直接进行搞笑拍摄和编辑，从而打造出幽默、有趣，能使人发笑的短视频内容。

1.3.3 美食类

俗话说“民以食为天”，美食方面的视频内容的受众相对于其他领域更广，因此，也有不少人发布美食类的视频内容来吸引用户关注。在短视频中，美食类内容主要包括 4 个小分类，如图 1-22 所示。

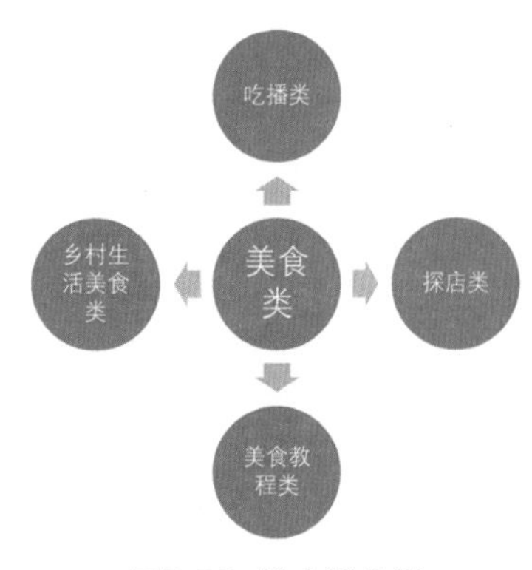

图1-22 美食类分类

- **吃播类**：吃播类是当下比较受欢迎的一种短视频类型，特别是一些美食类目的商家，会采用吃播的方式展示产品，如样品、吃法、烹饪方式等。
- **探店类**：探店类短视频的内容主要是美食播主去一些评分高、口碑好或热门的、冷门的美食店品尝食物。这类账号在积累一定粉丝量后，可以与美食商家合作卖套餐或收取宣传费。
- **美食教程类**：美食教程短视频主要是记录美食的制作过程，做得好的账号也能积累大量粉丝。例如，抖音平台上的某美食教程类账号，凭借高颜值餐具和简单易学的美食制作教程，获得众多用户喜欢，目前，该账号拥有1748万粉丝，其账号主页如图1-23所示。
- **乡村生活美食类**：乡村生活美食短视频主要将乡村生活与美食结合，营造一种城市人向往的生活，吸引用户关注。

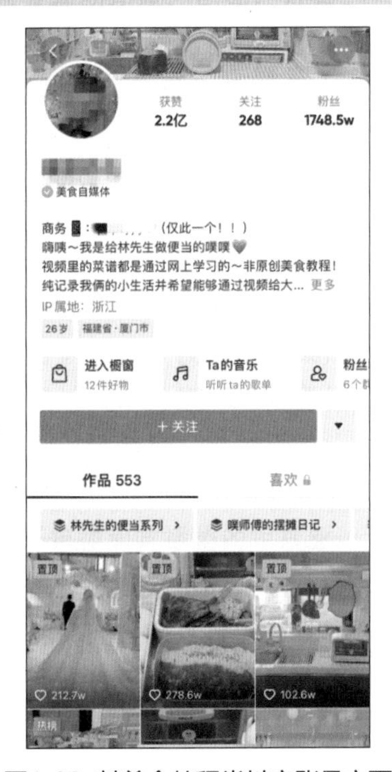

图1-23 某美食教程类抖音账号主页

对于大部分用户而言，美食在他们心目中占据着非常重要的位置，故美食类的视频内容是短视频市场上较为受欢迎的一种视频类型。大家可以考虑制作、发布这类视频来吸引用户关注。

1.3.4 美妆类

年轻网民是网民群体中的主力军，他们思想开放，乐于接受新鲜事物，是追求时尚潮流的一代人。而作为潮流产物的短视频，其中一定不会缺乏与时尚相关的内容，例如美妆分享、服装穿搭等。这种类型的视频在短视频平台中占据了大片江山。

例如，抖音平台上的某美妆账号，主要产出与美妆相关的干货内容，目前，该账号已积累了2838万粉丝，其账号主页如图1-24所示。

图1-24 某美妆类抖音账号主页

美妆类短视频，除了对观众有强大的吸引力之外，带货能力更是一流。美妆视频的播主在进行美妆技巧分享以及好物推荐时，商品橱窗中的化妆品一下子售出上千件，甚至上万件，也是很正常的现象。故对美妆类短视频感兴趣，且能长期产出优质内容的创作者，可以考虑深耕这个方向。

1.3.5 影视类

现在大多数人的生活节奏都很快，很多人可能没有时间去看一部完整的电视剧或电影，也没有充沛的精力去观看一场完整的游戏比赛和体育比赛。这种情况下，各类剧评剪辑、影评剪辑、游戏解说、体育比赛解说等内容的短视频作品应运而生，使不少用户能够在繁忙的生活间隙，快速了解当下热门的影视作品、游戏和体育比赛。

部分影视类抖音账号会将许多热门电视剧或电影的精彩片段进行混剪，有的作品还会根据视频画面进行配音解说。例如，某电影解说类抖音账号，该账号的播主会根据自己的理解和感悟剪辑电影或电视剧的片段，再配上对影视作品的解说，从而收获了6315万粉丝，其账号主页如图1-25所示。

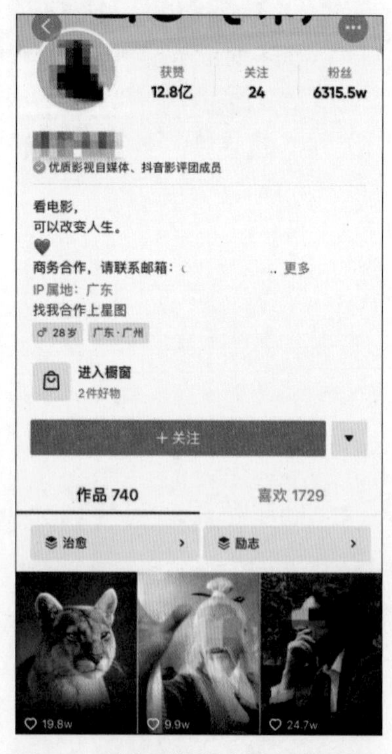

图1-25 某电影解说类抖音账号主页

在制作影视类视频时，一定要有自己的理解或亮点，才能让人有继续看下去的欲望。如很多影视类账号的创作者会特意将一部影视作品剪辑为多个有关联的视频内容，视频作品之间环环相扣，让人想一一看下去。

1.3.6 资讯类

很多网民在繁忙的生活状态下，更乐意接收一些“短、平、快”的资讯，故而很多资讯类账号应运而生。很多地方电视台都在抖音、快手等短视频平台开设账号，分享实时新闻、趣闻乐事等。例如，抖音账号“四川观察”是四川省广播电视台的官方账号，时常更新全国各地新闻，截至目前已积累了 4669 万粉丝，其账号主页如图 1-26 所示。

图1-26 “四川观察”抖音账号主页

除了地方电视台的资讯类账号外，还有很多公司、个人创建的视频账号，用于分享娱乐新闻、综艺八卦等资讯，也深受网民喜欢。

短视频的内容类型远不止上述 6 种，还有卡通动漫类、开箱测评类、萌宠萌宝类等。运营者可结合账号定位及自己所长来选择合适的短视频内容创作方向。

1.4 常见的短视频平台

短视频平台多不胜数，短视频创作者选择当下用户数量较大的平台来深耕即可。就目前而言，用户数量较大的短视频平台主要包括抖音、快手、B 站（哔哩哔哩）等，各个短视频平台各有特点。下面对一些较为热门的短视频平台进行介绍。

1.4.1 抖音

抖音是由抖音集团孵化的一款音乐创意短视频社交软件。2016 年 9 月，今日头条内部孵化出了抖音短视频。抖音用户以一、二线城市为主，推荐模式以滚动式为主，系统推什么，用户就看什么。由于抖音短视频有着市场大、用户多等优点，所以成为很多商家的营销阵地。多不胜数的商家在抖音发布营销视频并进行直播，其中很大一部分都取得了理想效果。

今日头条在策划抖音平台时，其愿景是做一个适合年轻人的音乐短视频社区产品，让年轻人可以轻松表达自己。抖音平台虽然与其他短视频平台相似，但通过一些功能上的改进以及创新，使用户制作的短视频更具有创造性，因此，抖音在众多短视频平台中迅速脱颖而出，成为当下最受欢迎的短视频平台之一。抖音 App 的商城页面以及短视频推荐页面如图 1-27 所示。

图1-27 抖音App商城页面以及短视频推荐页面

据相关数据显示，2018 年 1 月，抖音日活跃用户数破 3000 万；2018 年 3 月，抖音日活跃用户数破 7000 万；2018 年 6 月，抖音日活跃用户数破 1.5 亿；2018 年 11 月，抖音日活跃用户数破 2 亿；2019 年 1 月，抖音日活跃用户数破 2.5 亿；截至 2020 年 1 月 5 日，抖音日活跃用户已经超过 4 亿。2021 年 4 月，抖音平台首次提出“兴趣电商”的概念。根据 2022 年 5 月 31 日抖音电商第二届生态大会的数据显示，在过去一年的时间内，抖音电商 GMV（Gross Merchandise Volume，商品交易总额）是同期的 3.2 倍，售出超 100 亿件商品，并且目前抖音日活跃用户数也已经突破 6 亿。由此可见，抖音拥有着庞大的基础用户数量，是国内最大的短视频平台之一，也是未来新商业形态的主战场。

1.4.2 快手

快手是由快手科技公司开发的一款短视频应用 App，可以用照片和短视频记录生活，也可以通过直播与粉丝实时互动。快手的内容覆盖生活的方方面面，用户遍布全国各地。这些用户对新事物的接受度较强，是很优质的电商客户。由于快手用户的基数大而广，因此很多电商商家纷纷入驻快手，完成分享视频、直播卖货等操作。

截至目前，快手和抖音已经成为短视频领域的两大巨头，两个平台的差异还是相当大的，无论是用户人群、平台定位，还是变现方式都完全不一样。快手的用户人群以三、四线城市和小镇青年为主，而抖音的主要使用人群在一、二线城市；快手平台以真实和分享生活为主要定位，而抖音以分享“美好”这一主题为定位；快手平台的主要收入来自于粉丝对主播的礼物打赏，虽然是短视频平台，但走的是直播秀场模式，而抖音平台的主要收入来自于商业推广，付费的是企业而不是使用抖音的用户。基于用户人群、平台定位以及变现方式的特点，使得快手平台更容易诞生出“草根网红”，因此，快手是目前对于个人创业者最为友善的一个平台。

在2018年，快手某达人在双11带货1.6亿，某知名淘宝主播在双11的直播带货销售额是3.3亿，但快手当时并没有给该达人太多的流量资源，全凭自己的粉丝，而知名淘宝主播则是由淘宝给予巨大的流量扶持而打造出来的。相比之下，快手可谓一鸣惊人，由此也引爆了整个社会对快手直播带货能力的关注度。快手App的首页页面如图1-28所示。

图1-28 快手App首页页面

除此之外，快手还有一个其他短视频平台无法比拟的特点，即快手创作者门槛非常低，不需要貌美帅气、知识渊博、豪车豪宅，也不需要过分“包装”，即使是一个“草根”群众、一个普通人，在快手平台上也可能成为焦点，成为一个红人。

目前，快手在打造自己的快手小店的同时也在借助淘宝、京东的货源体系，主播既可以将商品上传到快手小店，也可以直接链接到淘宝、京东等电商平台。

1.4.3 B站（哔哩哔哩）

哔哩哔哩（英文名“bilibili”，简称“B站”），是年轻人高度聚集的文化社区和视频平台，创建于2009年6月26日。早在2018年3月28日，B站就在美国纳斯达克上市，到了2021年3月29日，B站正式在香港二次上市。

就目前来看，B站与抖音、微信等社交平台相比，用户规模确实较低，但也因如此，商家可以同平台共成长，培养自己的忠实粉丝，为变现打下坚实基础。至于为何选择B站做营销，理由大致如下。

首先，平台内容丰富。B站虽然早期主打二次元内容，但平台为了丰富内容、吸引更多用户，相继新增了音乐、游戏、科技、数码等内容版块，并邀请多个风格的UP主（uploader，上传者）原创者入驻平台，在提升用户活跃度的同时，也丰富了平台的内容。对于商家而言，则可以结合产品特征及品牌调性等因素，与契合度更高的UP主合作，创作出既符合用户兴趣，又能营销产品的内容，覆盖更广的目标人群。同时，从机会成本来看，如果B站平台考虑变现问题，势必会给UP主和商家更多变现奖励措施和流量机会。

其次，B站和传统网站还有个很大的区别，作为弹幕视频平台，B站用户可以及时制造吐槽，让观看某条视频的用户共享信息，以此消除用户的孤独感。例如，某美妆UP主在一条化妆视频中，提及用到的一款产品，会有其他用过同款并认可该产品的用户发弹幕“我用的同款，超显气色”“姐妹推给我的，真的棒”，这些正向的弹幕可以有效激起其他用户对该UP主及产品的兴趣。

部分商家还会故意在视频中留下“槽点”，引发观看视频的用户发送弹幕，从而激起更多用户参与到讨论中来。营销热门话题讨论的场景，非常有利于产品宣传。

纵观B站视频，从大的逻辑来看，不难发现B站视频基本都符合真实、有趣、有用等特点。基本做到这三点的视频，基础数据都不差。以美妆视频为例，播放量高的主要集中在干货类、情侣类等有用、有趣的内容中。综上所述，B站价值昭然若揭，大家应该重视起来。

1.4.4 腾讯微视

微视是“BAT”三大互联网巨头之一——腾讯旗下的短视频创作和分享平台，它是腾讯的战略级产品，一直在不断更新和研发新功能。

提示 “BAT”是百度公司、阿里巴巴集团、腾讯公司三大互联网公司品牌的首字母缩写，B指百度（Baidu），A指阿里巴巴（Alibaba），T指腾讯（Tencent）。

微视与抖音有着很大的相似之处，当然，也存在一些不同的地方。

- 在短视频拍摄页面，微视的“美化”功能包括了4项内容，相对于其他App来说，多了“美妆”和“美体”两项，且在美化拍摄主体方面，其功能呈现出更加细化、多样化的特征。
- 微视的“定点”功能和“防抖”功能也是微视短视频拍摄的亮点之一，新媒体团队可以利用微视“定点”和“防抖”功能拍摄出画面更稳定的短视频。

根据艾瑞数据平台的统计显示，微视的女性用户比男性用户更多，占到总用户数量的60%以上。从用户年龄上来看，和其他短视频平台一样，依旧是35岁及以下人群为主要群体。

1.4.5 西瓜视频

西瓜视频是今日头条旗下的独立短视频平台，同时也可看作今日头条平台下的一个内容产品。通过西瓜视频平台，用户可以分门别类地观看短视频，甚至是电影、电视剧等内容。西瓜视频的电影页面如图1-29所示。

西瓜视频的定位与其他短视频平台存在一定不同，这也催生了西瓜视频在功能上拥有其他短视频平台所不具有的特色，具体如下：

- 基于西瓜视频与今日头条平台的关联，新媒体团队可以通过今日头条平台的后台进行短视频的运营和推广，这是西瓜视频的优势和特点之一。
- 除了普通的短视频内容的分享与观看之外，用户还可以在西瓜视频上看到热播的电视剧和一些独家版权的电影。

在用户群体方面，从西瓜视频的用户性别来看，其男性用户占比较高，约为 54%，40 岁以下的用户占 7 成以上。故而更为适合一些经营男性用品的商家深耕。

图1-29 西瓜视频的电影页面

1.4.6 好看视频

好看视频是一款全民分享的短视频平台，拥有众多独家短视频内容资源，涵盖音乐、娱乐、影视、生活、游戏、小品、科技等多方面的内容。好看视频以用户和创作者为核心，用户能在好看视频观看海量且优质的独家内容，并评论和分享视频。而创作者则可以拍摄短视频上传平台，并通过百度 App 的 7 亿用户不断扩散自己的作品。

好看视频是由百度团队打造的一个为用户提供海量优质短视频内容的平台，拥有两大核心竞争优势：人工智能（AI 技术）和优质的生态内容。

在人工智能方面，好看视频通过扫描短视频内容，并利用语音识别、人脸识别、物体识别等技术，完整地分析出视频当中的背景、人物、语音等信息，再将这些信息组合成一个标签，最后借助人工智能技术将视频推荐给目标用户或潜在用户群体。

在优质的生态内容方面，好看视频不仅邀请 3000 名海外优质创作者入驻，还与全球 30 家顶级互联网内容平台合作，使得在这个优质内容稀缺的时代，保障了平台海量且独家的优质内容。

好看视频在内容方面以“知识型、充满正能量”为主，致力于为用户提供一个探索世界、自我提升、获得快乐以及获得价值的综合性视频平台。简单来说，好看视频的定位是一个为用户提供个性化定制和推荐优质视频内容，让用户“成长并收获”的平台。

好看视频官方宣传海报如图 1-30 所示。

短视频市场的竞争，说到底是短视频内容的竞争。在众多内容中，一些专业性较强的领域还未有成熟的格局，好看视频瞄准用户想要获得幸福快乐、获得价值和获得成长的心态，迅速对各个专业性领域视频进行垂直开发，并利用人工智能技术推荐给每一个受众用户。好看视频差异化的定位使得平台迅速在短视频市场站稳脚跟，并持续良好发展。

图1-30 好看视频官方宣传海报

1.4.7 微信视频号

微信视频号（简称“视频号”）是一个人人可以记录和创作的平台，也是一个了解他人、了解世界的窗口。视频号的入口非常好找，微信用户可直接在微信的发现页面，点击“视频号”选项进入视频号，如图 1-31 所示。进入视频号后，可以观看“推荐”“朋友”“关注”选项下的视频内容，如图 1-32 所示。

图1-31 微信发现页面

图1-32 视频号中的“推荐”页面

对于希望通过视频号进行短视频营销的商家而言，视频号的优势在哪里呢？主要体现在如下几个方面。

- **微信内部流量巨大**：微信拥有近乎全量的用户基数，也涵盖了抖音、快手、淘宝等平台不曾覆盖的人群，比如老年人群体。而视频号依托于微信，相当于有了很大的流量池，只要合理应用，必然能起到理想效果。
- **门槛低且无限裂变**：视频号是一个人人都可记录和创作的内容平台，既可以发视频，也能发图片。而且与其他视频平台不同的是，视频号的内容不仅能被关注的粉丝看到，还能通过个性化推荐和社交推荐被10多亿微信用户看到。
- **传播路径短**：抖音、快手等平台的视频内容只能直接分享给互相关注的好友，或通过下载、分享带有二维码的图片等方式分享给微信好友。而视频号的内容可以直接转发至好友、群组或朋友圈，直接缩短传播路径，迅速形成裂变，传播速度更快，传播范围也更广。
- **形成完整的生态闭环**：目前，视频号的视频内容中可以带公众号、个人号二维码，用户可以直接扫描或点击相关链接直接跳转至公众号或个人号。这也意味着，视频号与微信的个人号、朋友圈、公众号、小程序等多种营销方式相打通，形成完整的生态闭环，拥有巨大的商业价值，这也是其他视频平台短时间内无法达到的组合拳。

同时，视频号支持直播功能，且账号在直播时会将该账号置顶在粉丝视频号顶部，使其被粉丝和好友看到，增加一个直播入口。而且，从视频号主页可以直接进入商品页面，并在该页面中下单、付款，完成购买。

由此可见，视频号与微信个人号的粉丝相互关联，相当于视频号与公众号、朋友圈、直播的内容既彼此独立，却又相互补充，可以相互引流，是个不容忽视的视频平台。

1.4.8 小红书

小红书是一个生活方式平台和消费决策入口，以“社区”形式起家。根据“千瓜数据”独家推出的《2021小红书活跃用户画像趋势报告》来看，小红书有超1亿的月活用户。众多用户在小红书社区分享文字、图片、视频笔记，记录美好生活。数据还显示，2020年小红书笔记发布量近3亿条，每天产生超100亿次的笔记曝光。

对于新媒体运营而言，小红书是“电商+微博”的内容型营销方式。只要能产出优质内容，就能带来意向不到的传播效果。小红书的内容呈现方式主要以图文及视频的笔记为主，在创建账号后即可发布笔记内容。

例如，某小红书用户在小红书平台发布了一篇关于修印精华的笔记，该篇笔记共被收藏8.1万次，点赞12万次，获得较高人气，如图1-33所示。不仅如此，该篇笔记提及的某款产品在“小红书商城”销量已达到1.3万件，如图1-34所示。由此可见，通过小红书优质内容的输出，也可以提高商品曝光率，为产品带来高销量。

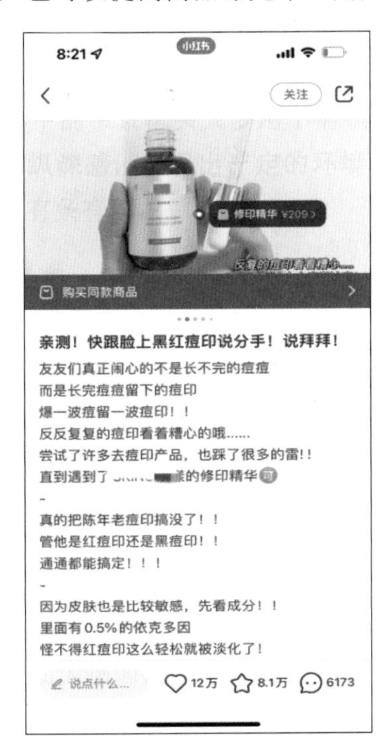

图1-33 关于修印精华的小红书笔记

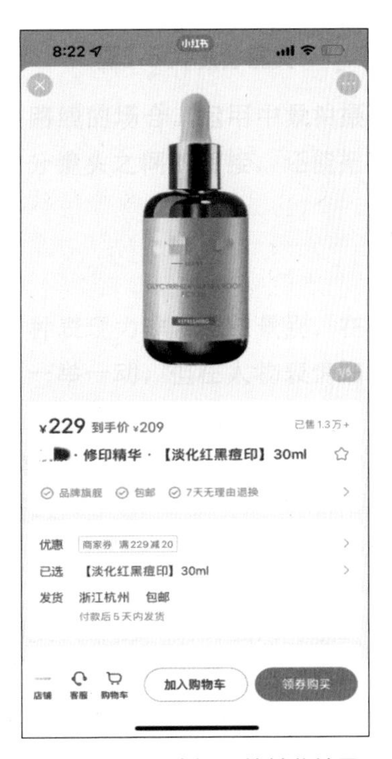

图1-34 笔记中提及的精华销量

1.4.9 挑选短视频平台的技巧

短视频平台众多，如何挑选适合自身商业推广运营要求的短视频平台呢？短视频运营者可以从以下 4 个考量因素入手进行斟酌，如图 1-35 所示。

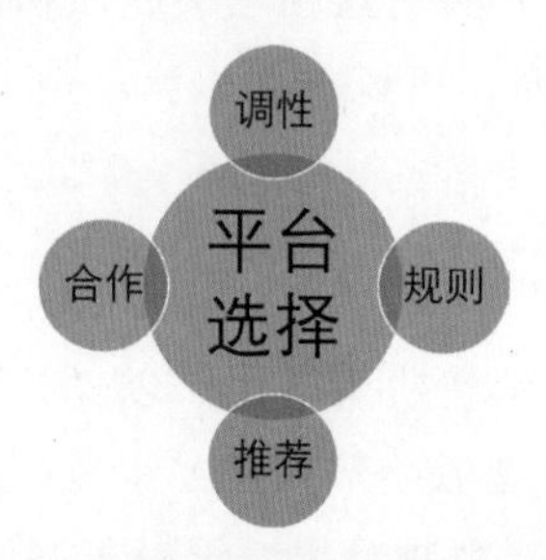

图1-35 选择短视频平台的考量因素

- **调性**：不同的平台有不同的属性和特点，用户也是如此。选择平台的时候要思考短视频内容的发展方向、定位以及营销的目的，了解各平台的调性与用户特点，找到适合的目标用户群体。例如，针对男性的手表、剃须刀等商品，就可以首选男性用户较多的西瓜视频。
- **规则**：平台对于调性一致的内容更加欢迎，但是每个平台都有自己的规则，要学会对内容进行调整，使之更加符合推广平台的要求。视频多渠道分发时，可以根据不同平台规则来分别剪辑视频。例如，在某些App上不允许直接出现店铺的LOGO、店名等内容，如果商家需要在这个平台发布短视频，就需要将视频中含有这些内容的部分剪辑掉。
- **推荐**：通过好的渠道获取推荐位，提高自己栏目的推广效率。一个好的推荐位至关重要，没有推荐，就相当于没有阅读量。随着越来越多的创作者入驻各个平台，平台的要求也越来越严格了，平时运营中要着重去获取平台的各类资源。例如，着重于咨询的梨视频App，对一些质量高的视频不仅有流量补贴，更有现金补贴。新媒体团队在运营过程中可以多多考虑如何获取这些资源。
- **合作**：在成本有限的情况下，可以选择与一部分渠道合作，将自己的栏目授权给这些渠道发行。这样不仅可以节省人力，还可以扩大多个渠道的影响力。另外，要注重多渠道发展，避免账号出现意外被查封后一切积累都化为乌有的情况。

当下一些较为热门的短视频平台及各个平台的用户特征、优缺点、建议等，如表 1-1 所示。

表1-1 短视频平台

平台名称	用户特征	优点	缺点	建议
腾讯社交平台（腾讯新闻、微信朋友圈、公众号、QQ空间、腾讯视频等）	用户多、日常活跃性高、黏性大	社交应用排名靠前，特别是微信、QQ覆盖面广。适合多个行业投放活动	平台多、人群广、难精准	确认自己产品的用户群，明确产品调性，定向投放到目标人群
微博（新浪微博、腾讯微博）	群体活跃、偏年轻化	操作简单，信息发布便捷，互动性强，传播速度快	成本偏高，流量不可控	计算成本，考虑投放粉丝通广告还是找微博达人合作
抖音短视频	以一、二线城市的95后、00后为主	用户数量庞大，活动广告的曝光量也大，容易打造热门产品	投放成本偏高、对素材要求高，对行业要求限制也比较高	根据抖音的娱乐定位，建议投放游戏、App、电商等泛流量产品
快手	以三、四线城市的12~35岁人群为主	流量大，几乎覆盖了三、四线流量红利区域	广告审核较严格	建议餐饮、App、零售、电商等产品销售
哔哩哔哩	以24岁及以下年轻用户为主	是目前最大的二次元社区，聚集了大量年轻用户	用户购物能力较弱	建议与二次元相关的产品活动推广

运营者在熟悉各个平台后，再结合产品特征及平台特征来选择平台。例如，某运营者经营的产品的主要目标消费者集中在年轻女性身上，而这些目标消费者平时最常出没的地方是抖音、小红书等平台，就可以先关注这两个平台。其次，再根据自己所擅长的内容形式，敲定最后的平台。例如，该运营者更擅长写精美的种草笔记，那就首选小红书平台。

在选择平台时，还有一点尤为需要注意。部分运营者单枪匹马，一来就想同时攻占几个平台，但其实在进入一个平台时，数据表现多数都不好。因为这时候要做的工作很多，如熟悉平台、产出优质内容、学习同行等，一个人的精力有限，任何一项工作未做好，都有可能影响内容质量及效果。所以建议大家在做好一个平台后，再考虑进入下一个平台。

【课后练习】

1. 思考短视频与图文营销之间的区别与联系。
2. 在抖音平台上寻找 5 个比较热门的美食类账号，分析其主要内容构成。

第 2 章 短视频拍摄前的准备

【学习目标】

- 了解短视频拍摄的基本步骤。
- 熟悉短视频拍摄设备。

俗话说："磨刀不误砍柴工。"在拍摄短视频之前做好拍摄前的准备工作，有利于后续的拍摄工作顺利开展。所以，有必要先了解短视频拍摄的基本步骤以及熟悉短视频拍摄的设备，做好拍摄前的准备工作。

2.1 短视频拍摄的基本步骤

拍摄短视频不是拿起手机一阵乱拍即可，需要提前组建短视频拍摄团队，再根据拍摄主题策划脚本，并购买拍摄器材、搭建摄影棚等。综合而言，短视频的拍摄主要包括4个基本步骤，如图 2-1 所示。

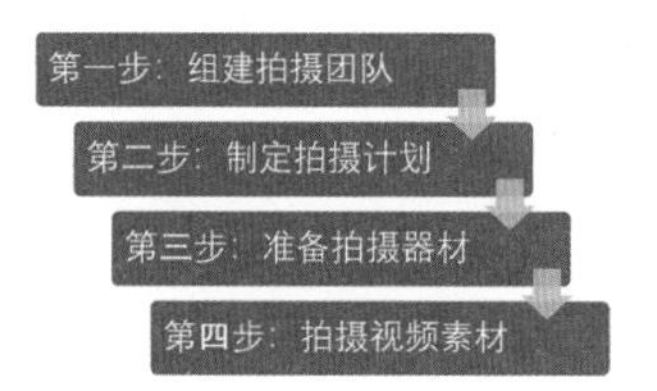

图2-1 短视频拍摄的基本步骤

2.1.1 第一步：组建拍摄团队

一支优秀卓越的拍摄团队是短视频创作最基本的保障力量。常见的短视频拍摄团队人员主要有：编导、摄像和剪辑。这些人员各司其职，其目的就是为视频质量做保障。

1. 编导

在视频团队中，编导人员主要负责统筹指导整个团队的工作，如按照短视频账号的定位来确定内容风格、策划脚本、拍摄计划、督促拍摄等工作。短视频拍摄团队编导人员通常需要拥有丰富的视频作品经验，这样才能在面对拍摄过程中出现的各种情况时，做到心中有数、应付自如；同时还应该具备创意思维，使得创作的短视频内容新颖、有趣，能够吸引大量的用户。

2. 摄像

摄像人员主要负责拍摄短视频，通过镜头语言来呈现编导策划的短视频内容。优秀的摄像人员不仅能完美地呈现出视频脚本的原貌，节约大量制作成本，还能给剪辑人员留下优质的原始素材，让视频更完美地展现。此外，摄像人员还要完成摄像相关的工作，如按照脚本准备道具等。

3. 剪辑

剪辑人员主要负责将拍摄完成的视频素材进行挑选、整理、组合，并利用一些后期编辑软件对短视频作品进行配乐、配音以及特效等方面的工作。剪辑人员的工作目的在于重组拍摄素材的精华部分，将短视频的主题思想突显出来，打造更好的视频效果。

此外，短视频作品创作完成以后，应由短视频运营人员负责短视频的推广和宣传工作。在这个多媒介、多平台传播的时代，无论短视频内容有多么精彩，如果没有运营人员的推广、宣传，辛辛苦苦创作出来的作品很可能就会淹没在海量的短视频库中。短视频能得到用户的追捧，火遍网络，很大程度上与运营人员的努力分不开。当然，也有许多刚入门的短视频创作者，一个人承担了编导、摄像、剪辑以及运营等多项工作。

2.1.2 第二步：制定拍摄计划

古人云："不打无准备之仗。"在短视频拍摄之前也要制定拍摄计划，各步骤按照拍摄计划进行。特别在写脚本、找出镜人物方面，必须提前做好准备。

要先明确短视频的拍摄内容以及拍摄主题，这可以说是后期所有环节的基础。在策划脚本时，在内容上要满足用户需求、直击用户心灵、引起用户共鸣；同时，在角色和台词设定上要符合角色性格，台词要具有爆发力和一定的内涵。

当脚本策划好时，就要选择适合出镜的演员。对于一个优质的短视频作品而言，演员和角色定位要一致，如果一味地追求俊男美女，反倒是拉低了视频的品质。如果是创作者自导自演，或是图文类型的短视频，则可以忽略该步骤。

2.1.3 第三步：准备拍摄器材

在拍摄短视频之前，一定要准备好适合的拍摄器材。选择摄影器材和道具的标准在于是否和所拍摄的短视频契合，匹配的摄影器材可以让拍摄过程更加顺利、得心应手。选择拍摄器材和拍摄道具将在后续内容中详讲。

同时，对于需要在棚内拍摄的短视频团队来说，搭建摄影棚非常重要。摄影棚的装修设计需要依照脚本内容的主题来进行，道具的安排必须要紧凑，避免不必要的空间浪费。

如果视频主要是实体取景，则不需要搭建摄影棚。但是在拍摄之前，要先对拍摄地点进行勘察，寻找出更适合视频拍摄的地方。

2.1.4 第四步：拍摄视频素材

拍摄视频是整个流程中的执行阶段，脚本内容的呈现效果也体现在这个阶段，因此，这个阶段非常重要。拍摄短视频需要注意的事项有以下几点：

- 工作人员熟悉拍摄内容，做好拍摄准备。
- 静音拍摄，确保录音质量。如果不是静音拍摄，可借助麦克风提升音频质量。
- 拍摄环境的光线要充足，使得拍摄对象清晰可见，避免画面灰暗。
- 根据拍摄时间计划拍摄，避免浪费不必要的时间。
- 如果是拍摄脱口秀类或需要说台词类的视频，演员需要先练好台词。
- 出镜演员预先演练剧本内容，再进行拍摄，力求拍摄过程流畅。
- 摄像人员要熟悉拍摄器材的功能，确定拍摄器材能够正常使用。

在拍摄短视频时，如果做到了上面几点，那么拍摄出来的视频基本上就可以达到一个比较理想的效果。

当视频拍摄完成之后，还要进行视频剪辑，保证视频画面、音乐、字幕等信息最优化，再去发布短视频作品。

2.2 短视频拍摄设备

正所谓“工欲善其事，必先利其器”，没有拍摄设备的支持就无法拍出优质的短视频作品。因此，在拍摄短视频之前，要先熟悉短视频的拍摄设备，以便能合理地进行购置，让拍摄过程变得更加顺利、高效。

2.2.1 常用拍摄设备

拍摄器材的选择涉及专业度和预算，不同的团队规模和预算有不同的选择。下面分别对常见的拍摄器材进行介绍，供读者参考。

1. 手机

对于初入短视频行业的创作者来说，手机拍摄是一个不错的选择。5G 时代即将到来，智能手机已然成为大众工作和生活的必备物品，人们也越来越喜欢用手机来记录生活的点滴，因此智能手机的拍摄功能也越发强大。在这样的前提下，可以选择高清像素手机，搭配辅助拍摄工具来进行短视频拍摄。

在价格上，手机价格较低；在外形上，手机小巧轻便，易于携带；在功能上，手机自带视频拍摄功能，可以直接将视频分享到各个短视频平台，实时显示视频的播放量、点赞量等数据。因此，使用智能手机拍摄短视频主要具备以下 4 个优点，如图 2-2 所示。

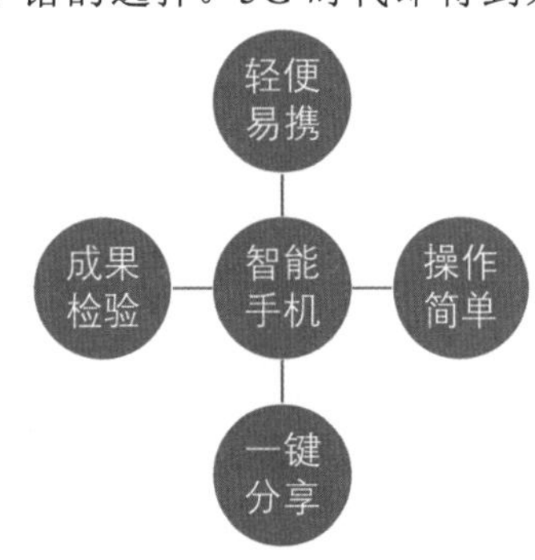

图2-2 使用智能手机拍摄短视频的优点

- **轻便易携**：与众多专业拍摄设备相比，手机最大的优点就是轻便易携带。与手掌差不多的大小，方便携带，并且就算拍摄时遇到电量不足的情况，短视频创作者也能轻松地找到便携设备进行充电。
- **操作简单**：与其他设备相较而言，手机可以说是操作最简单的智能拍摄设备了。即使是“拍摄小白”，也能利用手机中的短视频App和一些带剪辑功能的App轻松拍摄和制作出效果不错的短视频作品。
- **一键分享**：用手机拍摄、剪辑出的短视频可以一键上传到短视频平台，不需要进行任何转存操作。如果拍摄团队利用其他拍摄设备进行短视频录制，在发布前往往都需要经过将视频传输到手机的过程，直接用手机拍摄则省去了这一步骤。
- **成果检验**：手机具有其他拍摄设备无法比拟的特殊性，它不仅是拍摄工具，更是后期用户观看视频的工具。所以拍摄团队可以直接用手机来检验拍摄成果，其所呈现的效果与用户观看的效果是最为相近的，更便于拍摄者进行调整与更改。

综合以上优点，通过智能手机拍摄短视频就成了短视频拍摄者的入门首选。例如某品牌的某款智能手机，其具备的蔡司影像功能很适合拍摄短视频，如图 2-3 所示。

图2-3 某智能手机的功能介绍

用手机拍摄短视频是十分常见的操作，但手机型号不同，其拍摄功能、细节分辨率、尺寸也不尽相同，所以拍摄团队在选用手机拍摄视频之前，要做好相关功课。

2. 相机

除手机之外，常用的视频拍摄设备还有相机。相机也是绝大多数创作者拍摄短视频的选择，目前市面上的相机分为微单相机和单反相机，它们的区别如表 2-1 所示。

表2-1 微单相机和单反相机的对比表

对比项	微单相机	单反相机
价格	价格较便宜，市面上4000左右的微单相机拍摄出来的画面效果都非常好	价格较高，目前市面上的单反相机价格普遍在5000元以上
性能	较单反相机功能更少，画质略为逊色	较微单相机功能更多，画质更好
便携性	体形小巧，方便携带	相对微单相机机型更大，携带略有不便
适用人群	适用于想要改进视频画质但预算有限的人群	适用于对视频画质和后期的要求较高的人群，或是视频作品需要面对更广阔的用户、接商业广告的人群

值得注意的是，相机虽然有视频录制功能，但绝大多数时候都被用于拍摄静态的素材照片，然后再将其运用到短视频中。因此，大多数人购买相机产品，主要还是考虑其拍照性能。当然，在相机产品中也不乏拍照性能与录像性能俱佳的产品，而且随着短视频拍摄需求的增加，相机产品中短片拍摄功能的更新迭代也在加速。

例如，某款单反相机产品（见图 2-4）拍摄出来的画面精细度非常高，其拍摄出来的色彩与肉眼见到的无所差别。在拍摄人物时，该相机配备了具有色彩识别功能的红外测光感应器，可以跟踪人物的脸部等肤色部分来提高自动对焦的准确度，让画面不跑焦。无论是拍摄静态的照片还是动态的短视频都非常适合。而且现在很多相机都内置了 WiFi 功能，能够直接将拍摄好的短视频导出来上传至社交网络，让共享变得更方便。

3. 摄像机

除了手机和相机外，还可以用摄像机来拍摄。一般的摄像机可以分为业务级摄像机和家用 DV 摄像机两种。业务级摄像机属于专业水平的视频拍摄工具，常用于新闻采访或者会议等大型活动的拍摄。虽然它体型巨大，不如手机轻便易携，且拍摄者很难长时间手持或者肩扛，但是它的专业性是无可比拟的。业务级摄像机具有独立的光圈、快门以及白平衡等设置，拍摄出来的画质清晰度很高。且其电池蓄电量大，可以长时间使用，自身散热能力也强，当然价格也比较贵。家用 DV 摄像机和业务级摄像机的区别如表 2-2 所示。

图2-4 单反相机

表2-2 家用DV摄像机和业务级摄像机的对比表

对比项	家用DV摄像机	业务级摄像机
价格	根据性能和品牌的差异，两者之间的价格有较大的不同，但家用DV摄像机的价格略低	根据性能和品牌的差异，两者之间的价格有较大的不同，但业务级摄像机普遍较贵
成像效果	性能高的家用DV摄像机的成像效果也能够媲美业务级摄像机	业务级摄像机的成像效果要大于家用DV摄像机
便携性	体型小巧，便于携带	体型较大，较为笨重，不易携带

家用 DV 摄像机和业务级摄像机各有特色，读者根据自己的需要选择即可。例如，某品牌的一款业务级摄像机产品（见图 2-5）性能就非常突出，拥有强大的变焦功能，可以轻松拍摄高清视频。该摄像机带有 WiFi 无线功能，能将拍摄好的视频作品直接导入手机中，然后用手机中的后期制作软件编辑短视频，或是直接上传至社交平台。不仅如此，该摄像机还具备多种摄像辅助功能，比如，可调节亮度的 LED 摄影灯、具有全高清输出能力的 3G-SDI 端口，以及具有供电和信号传输能力的 MI 热靴（一种连接和固定外置闪光灯、GPS 定位器和麦克风的固定接口槽），这些功能都会大大减少用户购置附件的成本。

图2-5 业务级摄像机

4. 电脑摄像头

电脑摄像头（见图 2-6）主要应用于网络视频通话、高清拍摄。电脑摄像头才生产出来的时候，由于技术不够成熟，因此其像素较低且外观粗糙。如今经过技术升级，电脑摄像头无论是外观还是性能都有了很大提升。近年来，电脑摄像头也开始应用于短视频拍摄上。电脑摄像头比较适用于需要长期固定位置进行拍摄的短视频，例如，开箱类和吃播类的短视频。

图2-6 电脑摄像头

用于短视频拍摄的电脑摄像头一般都采用的是 1080P 摄像头，而且还具有自动对焦功能，能够充分满足播主对视频画质的要求。此外，很多摄像头都自带数字麦克风，不仅能够有效吸音降噪，还能有效保证视频拍摄过程中的音质效果。

2.2.2 辅助拍摄设备

在拍摄短视频的过程中，除了主要的拍摄器材以外，也会用到一些辅助性的拍摄道具。利用好这些拍摄道具可以让拍摄的短视频效果更为显著。下面介绍 6 种短视频拍摄常用的辅助工具，供读者参考。

1. 三脚架

三脚架是一款用途广泛的辅助拍摄工具，无论使用智能手机、单反相机还是摄像机拍摄视频，都可以用它进行固定。三脚架是用得最多的一种辅助性拍摄工具，它最大的特点在于“稳”。虽然现在大多数拍摄设备都具有防抖功能，但要使人的双手长时间保持静止不动，这几乎是不可能的。这时候就需要借助三脚架来稳定拍摄设备，从而拍摄出更为平稳的效果。生活中常见到的三脚架如图 2-7 所示。

图2-7 三脚架

三脚架的三只脚管形成一个稳定的结构，与它自带的伸缩调节功能结合，可以将拍摄设备固定在任何理想的拍摄位置。

稳定性与轻便性是选择三脚架的两个关键要素。制作三脚架的材质多种多样，用较为轻便的材料制成的三脚架会更加便于携带，适合需要辗转不同地点进行拍摄的创作者使用。在风力较大或是三脚架放置地面不平整的情况下，可以制作沙袋或是用其他重物捆绑固定三脚架，维护其稳定。

2. 自拍杆

自拍杆是短视频拍摄过程中非常常见的辅助拍摄工具，能够帮助创作者通过遥控器完成多角度拍摄动作。生活中常见到的自拍杆如图 2-8 所示。

3. 声音设备

如果想要得到比较优质的效果，不仅要在视频画面效果上花心思，还要在音频质量上下功夫。用手机或相机拍摄短视频时，由于距离的不同，可能会导致声音忽大忽小，尤其是在噪音较大的室外拍摄，就需要借助麦克风提升短视频的音频质量。

市面上的麦克风（见图 2-9）价格不一，但大多数的麦克风都具备音质好、适配性强、轻巧易携带的特点。

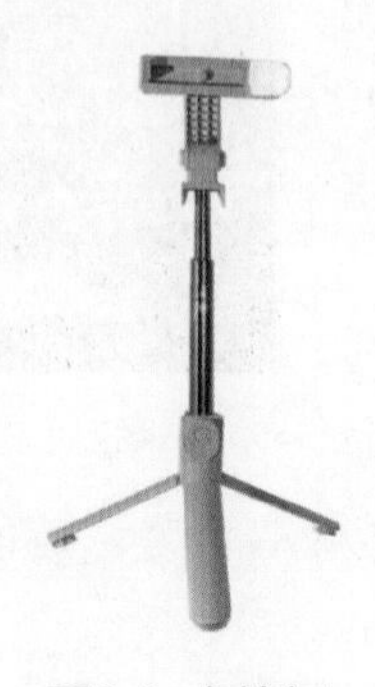

图2-8 自拍杆

图2-9 麦克风

图 2-9 中是一款市面上常见的麦克风产品，它不仅能够智能降噪，保证优质的音质效果，还能适用于各种设备、各种场景，无论是拍摄短视频片场中的收音还是直播，都能保证良好的音质。

不同场景的短视频应选用不同的麦克风，比如，拍摄旅行花絮类的短视频可以选用轻便易携带的指向性麦克风，它可以录入 1 米范围内的海浪声、风声和人声；拍摄街头采访类的短视频，可以选用线控连接相机的话筒；拍摄带解说的美食类短视频，可以选用无线领夹式麦克风，这类麦克风能有效降低环境声音干扰，突出人声，连吃面条的声音都可以被清晰地收录进去，同时具有 100 米范围内无线录音的功能，为拍摄增加了很大的灵活度。其他类型的视频，拍摄团队可按照自身需要进行麦克风的选择。

4. 小型摇臂

小型摇臂主要适用于单反和小型摄像机的辅助拍摄。在拍摄的时候能够全方位地拍摄到场景，不会错过任何一个镜头捕捉不到的角落。使用摇臂拍摄极大地丰富了短视频的视频语言，增加了镜头画面的动感和多元化，给用户带来身临其境的真实感。小型摇臂如图 2-10 所示。

5. 滑轨

拍摄静态的人或物时，借助滑轨移动拍摄可以实现动态的视频效果。同时，在拍摄外景时，借助轨道车拍摄也可以使得拍摄画面平稳流畅。滑轨如图 2-11 所示。

图2-10　小型摇臂

图2-11　滑轨

6. 灯光照明设备

想要拍摄出画面精良的短视频，光线十分重要。不管是在室内录制，还是去室外拍摄路人采访、美食探店等，光线控制一直都是一个难题。拍摄短视频时，如果遇到光线不足的情况，为了保证视频的拍摄效果，就需要准备灯光设备。常见的灯光设备有补关灯、LED 灯、冷光灯、闪光灯等。要想一步到位地解决光线问题，在预算有限的情况下，拍摄团队可以选择短视频“补光神器”——补光灯，进行辅助补光。

补光灯可以固定在拍摄机器上方，对拍摄主体进行光线补充，拍摄团队在移动机位进行拍摄时，就无须担心光源位置的改变。补光灯有多种形式，运用范围较广泛的是环形补光灯，如图 2-12 所示。

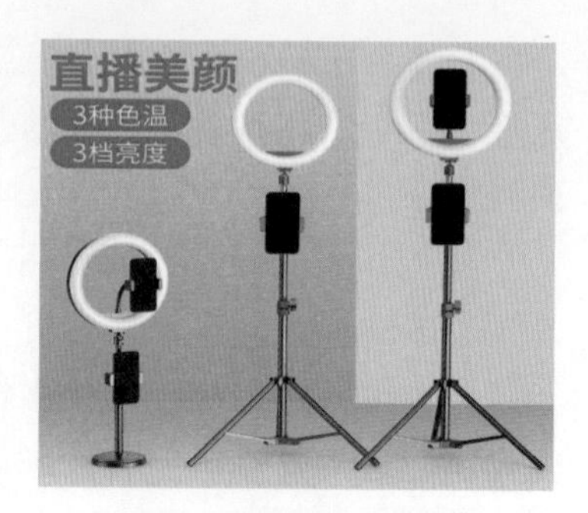

图2-12 环形补光灯

大多数情况下，短视频拍摄的主体都是人，而补光灯可以使视频中的人物显得清晰又自然，为短视频播主的上镜效果加分。同时，与普通光源相比，补光灯的光源位置不是一个点，因此它的光线不刺眼，能营造出更加自然的效果。

补光灯还能在人眼中形成“眼神光”，让播主上镜更加有神。播主若对补光灯的颜色不满意，或是室内光有一定的“色差”，就可以通过调节补光灯的色温来搭配出令自己满意的色温效果。

【课堂实训】在淘宝平台购买辅助拍摄设备

辅助设备主要包括三脚架、自拍杆、麦克风等，如果逐一去实体店挑选购买可能比较费时间，大家可以直接在购物平台购买辅助拍摄设备。这里以在淘宝平台购买为例进行讲解。

步骤 01 打开淘宝 App，在搜索框中输入“补光灯”，在搜索结果中点击选择一款感兴趣的产品，如图 2-13 所示。

步骤 02 查看该补关灯的详情页介绍后，点击“立即购买”按钮，如图 2-14 所示。

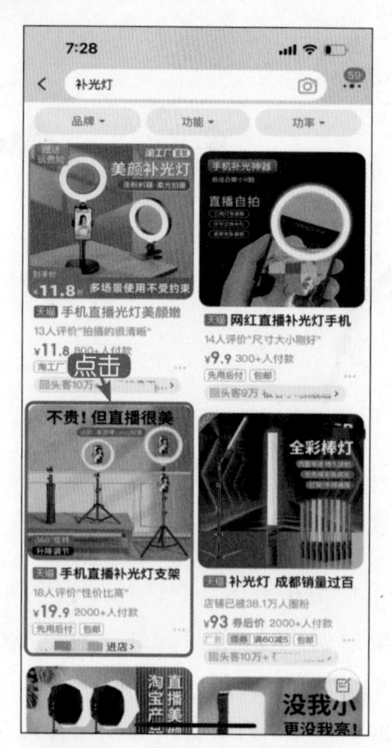

图2-13 点击感兴趣的产品

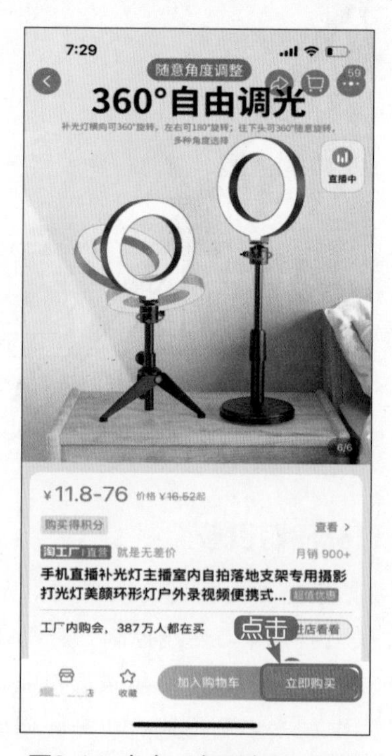

图2-14 点击“立即购买”按钮

步骤 03 选择产品规格，然后点击“立即购买”按钮，如图 2-15 所示。

步骤 04 核实产品信息和收获地址信息，点击“提交订单”按钮，如图 2-16 所示。

图2-15 选择产品规格

图2-16 点击“提交订单”按钮

点击“提交订单”按钮后，根据提示支付款项，然后等待商家发货。在网上购买辅助拍摄工具的优点在于方便、快捷。而且现在很多电商平台都有运费险，如果辅助设备到货后不满意，还可以申请退款。

【课后练习】

1. 分析自己目前想拍摄的题材适合用什么拍摄设备。
2. 思考拍摄大件家电产品需要购买哪些灯光照明设备。

第 3 章 必知必会的短视频拍摄技能

【学习目标】

- 掌握景别与拍摄角度的应用。
- 掌握视频画面构图的基本要求和手法。
- 掌握拍摄光线的应用。
- 掌握拍摄镜头的应用。

在制作短视频的过程中，短视频拍摄这一过程至关重要，它直接影响后期的剪辑难度以及最后的视频视觉效果。所以必须掌握一些短视频拍摄技能，如景别、拍摄角度、视频画面构图要求、构图手法以及拍摄时的光线应用和镜头运动等。

3.1 景别与拍摄角度

不同的景别和拍摄角度能呈现不同的视觉效果。通过复杂多变的拍摄角度和景别交替使用，可以更清楚地表达 Vlog（视频博客）的情节及人物思想感情，从而增强视频的艺术感染力。所以，大家在拍摄短视频时，必须掌握一些景别与拍摄角度的用法。

3.1.1 景别

景别指在焦距一定时，由于摄影机与被摄体的距离不同而造成被摄体在摄影机录像器中所呈现出的范围大小的区别。景别通常分为 5 种，由近至远分别为特写、近景、中景、全景和远景，如图 3-1 所示。以拍摄人物画面为例，特写指人体肩部以上的画面，近景指人体胸部以上的画面，中景指人体膝盖以上的画面，全景指人体的全部和周围部分环境的画面，远景指主角所处的环境画面。

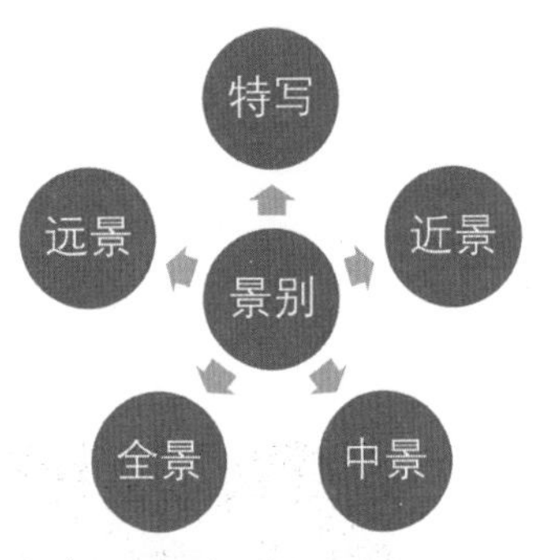

图3-1 景别分类

以电影《大话西游》中紫霞仙子的一个“眨眼”动作为例（见图 3-2）。就是这个眨眼睛的动作，让绝大多数的观众将她深深地印在脑海里。该电影从 1995 年上映到如今，即使过了二十几年，人们谈起《大话西游》，就会立即在脑海里浮现紫霞仙子眨眼的瞬间。反之，大家提起紫霞仙子，也会联想到《大话西游》这一部作品。

图3-2 经典影视镜头

电影之所以有电影感，其实不仅仅是在摄影上匠心独运，还有美术、道具、镜头语言、表演与走位、预先视觉化和声音设计等方面的配合，才能达到理想的效果。

拍摄短视频时，如果只是为了完成一个短视频的拍摄任务，那是达不到如同电影般的效果的。要拍摄出一个具有电影感的短视频，需要一个个精心设计的镜头作为辅助来推动情节的发展，每一个镜头都有它独立存在的意义。

1. 特写

特写是拍摄人物的面部、物体一个局部的镜头。特写取景范围小，画面内容单一，可以让表现的对象从周围环境中凸显出来，让观众形成清晰的视觉形象。在表现人物时，运用特写镜头能表现出人物细微的情绪变化，揭示出人物的心理活动，使观众在视觉和心理上受到强烈的感染。

在表现物体时，运用特写镜头能清晰地表现出物体的细节，增强物体的立体感和真实感。以拍摄一道菜（黄焖鸡）为例，通过特写镜头，不仅能够清晰地看到黄焖鸡这道菜的成品效果，还将菜品的色泽表现了出来，营造一种令人垂涎欲滴的视觉效果，如图 3-3 所示。

2. 近景

近景表现的是景物局部面貌或人物胸部以上的画面。在表现人物的时候，画面中的人物会占一半以上的画幅，因此，可以细致地表现出人物的面部特征和表情神态，尤其是人物的眼睛。

例如，某抖音账号发布的一条短视频作品中，老人用毛巾擦拭女主头发上的雨水，采用的就是近景拍摄的方法，如图 3-4 所示。透过镜头，可以营造一种被老人宠爱的幸福感。近景的运用，非常有利于拉近用户和画面中人物的心理距离，使得用户产生强烈的亲切感。同时，近景也是将人物或拍摄对象推向用户眼前的一种景别。

图3-3 特写镜头

图3-4 近景拍摄人物

而在表现景物的时候，除了拍摄对象之外，很多时候都会将环境空间背景虚化，从而突出拍摄对象。例如，某抖音短视频创作者在拍摄夏日荷花时，采用近景拍摄，展示粉色的荷花、翠绿色的荷叶的状态，使这些画面都能清楚地呈现在观众的眼前，如图 3-5 所示。

3. 中景

中景主要用来表现人物膝盖以上的身体画面。通过中景镜头，大家可以清晰地看到人物的穿着打扮、相貌神态和上半身的形体动作。中景取景范围较宽，可以在同一个画面中展现几个人物及其活动，非常有利用于交代人与人或人与物之间的关系与互动。

例如，某个搞笑视频讲述了三个有“精神病”的人想出院但被拦下的喜剧故事，其中有一段回忆三个人结拜的镜头，采用的就是中景拍摄，如图 3-6 所示。该段镜头不仅体现了三人之间的结拜情谊，更让观众产生了一种对于结果的期待感。

图3-5 近景拍摄荷花

图3-6 中景分镜头

电影中的中景镜头大多用于需识别背景或交代动作路线的场合。运用中景拍摄，可以加深画面的纵深感，表现出一定的环境气氛。同时，通过分镜头之间的衔接，还能把冲突的经过叙述得有条有理。

4. 全景

全景主要用来表现人物全身或者场景的全貌，是一种表现力非常强的景别，在画面分镜头脚本中应用比较广泛。电影里面的全景能看到人物的一举一动，但在人物表情细节的展现方面略显不足。

例如，某美食类短视频作品中，有一个女主角在菜园里摘菜的镜头（见图 3-7），采用的就是全景拍摄的方法，清晰地展现了女主角摘菜的动作。

5. 远景

远景一般用来表现远离相机的环境全貌，展示人物及其周围广阔的空间环境、自然景色和群众活动大场面的镜头画面。它相当于从较远的距离观看景物和人物，视野宽广，能包容广大的空间，人物较小，背景占主要地位，画面给人以整体感，细节却不甚清晰。

远景镜头下往往没有人物，或者人物只占有很小的位置，画面注重整体的环境描绘，给人以浑然一体的感觉，如图 3-8 所示。

图3-7 全景分镜头

图3-8 远景分镜头

在拍摄短视频过程中，一般会逐步应用多种景别，其目的就是营造出理想的视觉效果。

3.1.2 拍摄角度

在拍摄短视频时，不同的拍摄角度可以呈现不同的视觉效果。拍摄角度包括拍摄高度和拍摄方向，如图3-9所示。同时，还有心理角度、客观角度等。不同的角度可以得到不同的画面效果，也具有不同的表现意义。

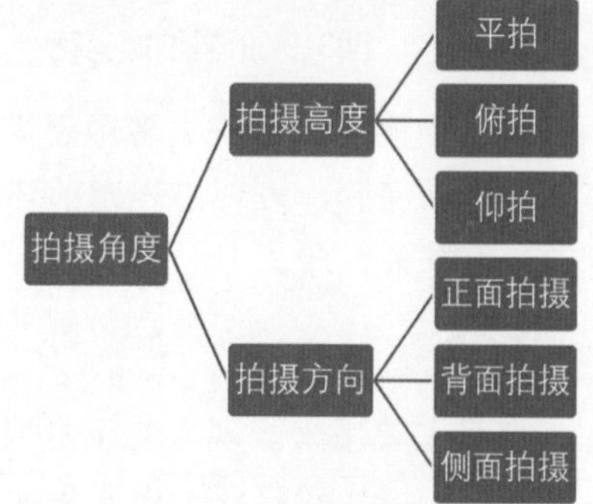

图3-9 拍摄角度

1. 平拍

平拍是指拍摄设备与拍摄对象在同一高度的拍摄角度。采用平拍角度拍摄出来的画面，透视关系正常、不变形，并且画面端庄，构图具有对称美，符合人们的视觉习惯。

但是，平拍也有缺点，就是前后景物容易重叠，容易导致层次关系不明显，不利于空间的表现。同时，平拍的画面稍显呆板，立体感较差，但可以通过场面调度来增加画面纵深感。

2. 俯拍

俯拍是指拍摄设备高于拍摄对象的拍摄角度。俯拍可以表现正、侧、顶三个面，增强物体的立体感、线条感，增加景深，画面有层次。俯拍镜头视野开阔，周围环境可以得到充分表现。但是俯拍容易导致人物变形，所以不是很适合拍人像。

3. 仰拍

仰拍是指拍摄设备低于拍摄对象的拍摄角度。仰拍可以使画面中水平线降低，前景和后景中的物体在高度上的对比也会产生变化，使处于前景的物体被突出、被夸大，从而获得强烈的视觉效果。同时，仰拍可以使画面具有某种情趣和美感。

4. 正面拍摄

正面拍摄是指拍摄设备置于拍摄对象正前方的拍摄角度。使用正面拍摄手法拍摄出来画面会给人留下一种端庄、安定和稳重的感觉。但正面拍摄也有可能会出现动感差、无主次之分、透视效果较差的结果。

5. 背面拍摄

背面拍摄是指拍摄设备置于拍摄对象正后方的拍摄角度。背面拍摄与被拍物体处于同一视线方向，因此，拍摄出来的画面往往能带给人更多的想象空间。

6. 侧面拍摄

侧面拍摄是指拍摄设备置拍摄对象侧面的拍摄角度。侧面拍摄具有很大的灵活性，不仅有利于展现拍摄主体的整体轮廓，还有利于展现拍摄主体的侧面形象。

除了上述所说的拍摄角度，在拍摄时，拍摄距离和主客观角度也是影响画面效果的重要因素。拍摄距离主要是镜头和拍摄主体之间的距离，在使用同一焦距的镜头时，拍摄设备与拍摄主体之间的距离越近，拍摄设备能拍摄到的范围就越小，拍摄主体在画面中占据的位置也就越大，适合拍摄一些小型物体的细节；如果拍摄设备与拍摄主体之间的距离较远，拍摄设备的拍摄范围越大，拍摄主体就显得越小，这对于展现细节是极其不利的。大家可以根据具体的拍摄对象调整距离。

3.2 视频画面构图

短视频构图是对视频画面中的各个元素进行组合、调配，从而整理出一个可观性比较强的视频画面。这个画面可以展现出作品的主题与美感，将视频的兴趣中心点引到主体上，给人以最大程度的视觉吸引力。大家应该熟悉视频画面构图的基本要求和常用的视频构图手法

3.2.1 视频画面构图的基本要求

好的视频画面构图有着无可比拟的表现力，不仅能向用户传达认知信息，还能赋予用户审美情趣。而大家在进行短视频构图时，也要遵循 4 大基本要求，如图 3-10 所示。

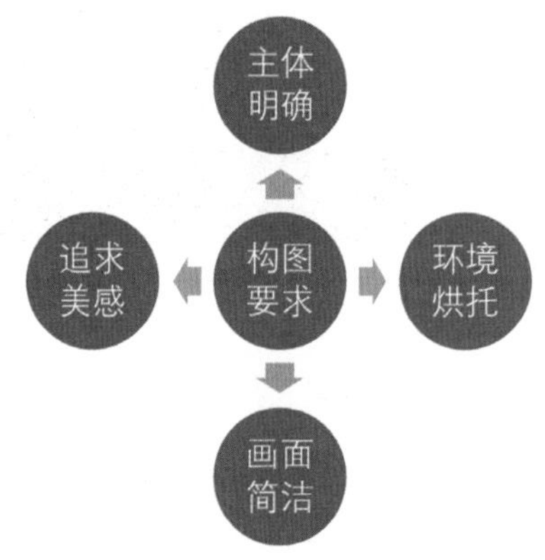

图3-10 构图要求

1. 主体明确

在拍摄短视频时，镜头中可能同时出现多个被拍摄物，而不管是何种情况，都应遵循主体明确的要求，重点突出主体。突出主体是画面构图的主要目的，而视频主体往往是表现视频主题和中心思想的主要对象。因此，在拍摄短视频时，主体要放在醒目的位置。依据人们的视觉习惯，将主体置于视觉中心位置，更容易突出主体。

例如，某拍摄乡村美食的视频中，虽然人物也很重要，但该视频的主题是笋子，故视频中的多个镜头都是突出笋子这一主体，如图 3-11 所示。

2. 环境烘托

在拍摄短视频时，如果画面中只有主体却没有陪衬，画面就会给人以呆板的感觉。因此，很多有经验的摄影师就会选择用陪衬物体来衬托主体或采用环境烘托。

在拍摄短视频时，将拍摄对象置于合适的场景中，不仅能突出主体，还能给视频画面增加浓重的真实感，给用户以身临其境的感觉。在拍摄采茶的短视频时，虽然茶树和人物才是主体，但是如果只拍这两样会比较呆板。所以某短视频作品中，不仅拍摄到了茶树、人物，还拍摄了背后的蓝天白云以及一望无际的茶山（见图 3-12），营造出一种好山好水的氛围。

图3-11 突出笋子

图3-12 环境烘托的视频画面

3. 画面简洁

拍摄短视频时，选用简单、干净的背景不仅能增加画面舒适度，还可以避免观众分散对主体的注意力。如果遇到杂乱的背景，可以采取放大光圈的办法，让后面的背景虚化，以突出主体。

例如，同一片郁金香，如果模特站立在花前面，就会显得画面杂乱，如图 3-13 所示。但如果模特蹲下，放大光圈，画面中的郁金香就会呈现出成片的既视感，如图 3-14 所示。

图3-13 画面杂乱的视频画面

图3-14 画面简洁的视频画面

4. 追求美感

在拍摄短视频时，构图应发挥摄影自有的艺术表现力，充分利用画面中的元素，运用对比、对称、韵律等方式来增强视频画面的美感。

例如，某拍摄向日葵画面的短视频作品中，就将夕阳与花儿进行对比，再加上悠闲自在的人物，营造出一种夏日美好的氛围，如图 3-15 所示。

图3-15 具有美感的视频画面

综上所述，在拍摄短视频过程中，既要做到主体明确，又要有环境烘托，遇到一些看似平凡的镜头，可以通过相应的调整来做到画面简洁和具有美感。

3.2.2 几种常用的视频构图手法

在拍摄短视频时，对拍摄对象进行恰当的位置摆放，会使画面更具美感和冲击力。绝大多数火爆的短视频作品都借助成功的构图方法，使作品主体突出、富有美感、有条有理，令人赏心悦目。那么，有哪些构图方法是在短视频拍摄过程中经常用到的呢？

1. 中心构图法

中心构图法是视频拍摄中最常用的一种方法，它能够突出画面重点，让人明确视频主体，将目光锁定在主体上，从而获取视频传达出的信息。中心构图法是将拍摄对象放置在相机或手机画面的中心进行拍摄。

在短视频拍摄中，中心构图法多用于美食制作、吃播、达人秀等类型。例如，在某美食类短视频画面中（见图 3-16），可以明显看到播主处在画面中间，各种让人垂涎欲滴的食物分布在四周，营造出一种面对面吃美食的感觉。这也让用户能够很快锁定视频主体，获取到视频所要传达出来的信息。

2. 前景构图法

前景构图可以增加视频画面的层次感，使视频画面内容更加丰富，同时又能很好地展现视频的拍摄对象。前景构图法是摄影师在拍摄时利用拍摄对象与镜头之间的景物进行构图。常见的构图前景有叶子、花草、绿植、玻璃等。例如，某短视频作品中（见图 3-17）采用桃花作为构图前景，在视觉上营造一种由外向里的透视感和身临其境的真实感。

图3-16 中心构图法

图3-17 前景构图法

3. 景深构图法

什么叫作景深？在构图时，当聚焦某一物体，该物体从前到后的某一段距离内的景物是清晰的，而其他地方则是模糊的，那这段清晰的距离就叫作景深。景深构图法可以增强画面的效果对比，突出主体元素。

例如，某短视频作品中就采用景深构图法，重点突出荷花池里的莲蓬，如图 3-18 所示。

景深构图法一般是通过改变手机或相机的光圈来实现的。光圈是一个用来控制透过镜头进入相机内感光面的光量的装置，作用在于控制进光量的大小，用 F 值来表示，F 值越大，光圈越大，反之越小。当感光度和快门速度不变时，光圈越大，进光量越多，画面就越亮，反之画面就会越暗。同时，光圈的大小也会影响画面的景深，光圈越大，景深越浅，会出现背景模糊的情况，营造出一种意境美；反之，景深就越深，背景也会更加清晰。

图3-18 景深构图法

4. 仰拍构图法

仰拍构图法是利用不同的仰拍角度进行构图，仰拍的角度一般可以分为 30°、45°、60°、90° 等角度。仰拍角度不同，拍摄出来的视频效果也会有差异。30° 仰拍是摄像头相对于平视而言向上抬起 30° 左右的角，然后进行拍摄，这样拍摄出来的视频能让画面中的主体散发出庄严的感觉。

45° 仰拍比 30° 仰拍平面角交大一些，可以凸显出画面中主体的高大。60° 仰拍与水平视线的仰角更大一些，拍摄出来的画面主体效果看上去更加高大。例如，某短视频作品采用 60° 仰拍构图法拍摄天空中的云（见图 3-19），营造出一种伸手就可以触摸到云的感觉。

90° 仰拍的摄像头直接与水平面垂直，拍摄时，镜头处于被拍摄的主体的中心点正下方。有许多的摄影爱好者通过 90° 仰拍来拍摄树木，从而营造出一种梦幻迷离的感觉，如图 3-20 所示。

图3-19 60°仰拍

图3-20 90°仰拍

在采用仰拍构图法时，不一定非要精确到 30°、45°、60°、90°，大家可以先试拍，找出仰拍效果最好的角度，并根据视频需要的画面效果进行拍摄即可。

5. 光线构图法

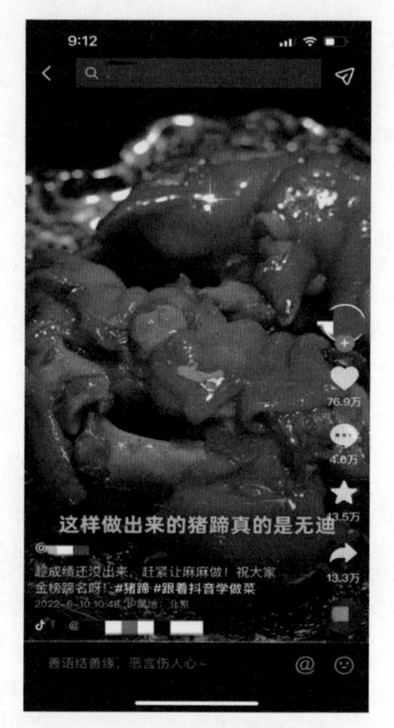

图3-21 顺光构图

视频拍摄离不开光线，光线对视频效果起着十分重要的作用。合理运用光线可以让视频画面呈现出一种不一样的光影效果。常用的光线有 4 种，分别是顺光、逆光、顶光、侧光。

顺光是拍摄中最常用的光线，光线来自拍摄对象的正面，能够让拍摄对象清晰地呈现出自身的细节和色彩，从而进行一个全面的展现。例如，某美食类短视频作品采用顺光构图拍摄（见图 3-21），将猪蹄的色和型完美地体现了出来，并通过光线对猪蹄进行造型，隔着屏幕几乎都能闻到扑鼻的香味，迅速打动了观众的味蕾。

光线构图法有多种应用方法，下面会有专门的内容对其进行详细讲解。

6. 黄金分割构图法

“黄金分割”是古希腊人发明的几何学公式，遵循这一规则的构图方式被认为是“和谐”“完美”的。对许多专业人士来说，“黄金分割法”是他们现实创作的指导方针。

在短视频拍摄中，“黄金分割”可以是视频画面中对角线与某条垂直线的交点，也可以是以画面中每个正方形的边长为半径，从而延伸出来的一条具有黄金比例的螺旋线，如图 3-22 所示。

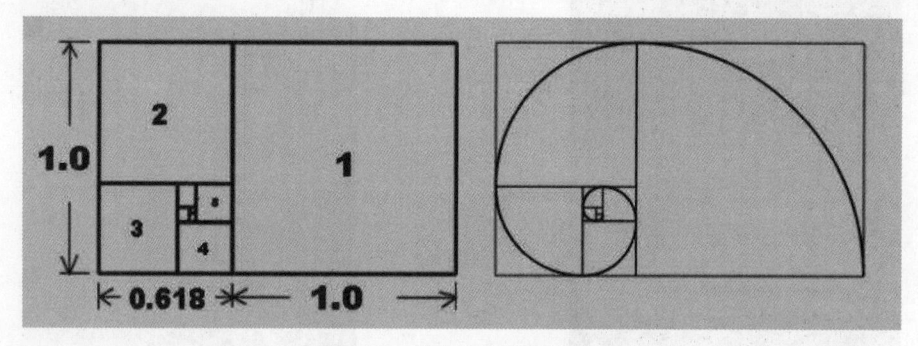

图3-22 黄金分割法的结构

运用黄金分割构图法进行短视频构图，一方面可以突出拍摄对象，另一方面在视觉上给人以舒适感，从而令观众产生美的享受。同时，运用黄金分割法构图照片也能达到相同的效果，可以说它是众多构图方法里面最为人熟知、最常用的一种了。

7. 透视构图法

拍摄短视频时，采用透视构图法可以增强视频画面的立体感。透视构图具有远小近大的规律，且这些物体组成的线条能够在视觉上引导观众沿着线条往指定的方向观看。例如，某短视频作品中的海岸线就采用单边透视构图，让人想沿着海岸线所指的方向看，如图 3-23 所示。

图3-23 单边透视构图

提示

透视构图法分为单边透视和双边透视。单边透视是指画面中只有一边带有具有延伸感的线条。双边透视则指的是画面中两边都带有具有延伸感的线条。双边透视构图能够汇聚人们的视线，使视频画面具有动感和想象空间。

实际上，在日常的拍摄中不用特别专业的构图技巧，熟悉常用的构图手法即可。

3.3 光线的运用

拍摄短视频时，怎样利用光线使视频画面效果达到最优，也是短视频创作者不得不掌握的拍摄技巧。当光线从不同角度照射到拍摄主体上时，会产生不同的效果。

顺光
侧光 光线 逆光
顶光

图3-24 常见的光线

3.3.1 常见的光线

拍摄视频离不开光线的应用。合理运用光线，可以让视频画面呈现出更好的光影效果。常见的光线主要包括顺光、逆光、顶光、侧光，如图 3-24 所示。

- 顺光是拍摄中最常见的光线，光线来自拍摄对象的正面，能够让拍摄对象清晰地呈现出自身的细节和色彩，从而进行一个全面的展现。
- 逆光来自拍摄对象的背面，是一种极具艺术魅力和表现力的光线，可以更好地勾勒出主体的线条。
- 顶光来自拍摄对象的正上面，最常见的就是正午时分的阳光，光线垂直地照射在物体上，在物体下方投下阴影。
- 侧光来自拍摄对象的侧面，容易出现一面明亮一面阴暗的情况，采用侧光构图拍摄短视频可以很好地体现出立体感和空间感。

另外，拍摄短视频时，选用简单、干净的背景可以有效增加画面舒适度，同时还能避免出现喧宾夺主的情况。例如，同样是展示花瓶摆放效果的视频，选择干净、整洁的背景与选择脏乱差的背景的结果完全不同。前者给人的感觉更舒适，后者则容易引起观众的不适。故在拍摄短视频时，应注意画面简洁。

3.3.2 光线应用技巧

在认识常见的光线后，需要将其代入到实际的短视频拍摄中，让拍摄主体呈现更好的视觉效果。

1. 顺光拍摄技巧

顺光，顾名思义是指光线照射的方向与拍摄主体的方向一致，光线顺着拍摄方向照射。通常情况下，顺光的光源位于被拍摄物的前方，当被拍摄物处于顺光照射的时候，被拍摄物的正面布满了光线，充分展示了被拍摄物的色彩、细节等。例如，某动物科普类短视频作品采用了顺光拍摄，让被拍摄物蜘蛛的整个身体的细节部位都得到了充分展示，如图 3-25 所示。

图3-25 顺光拍摄图片示例

提示 因为顺光光线太过平顺，会导致被拍摄物缺少明暗对比，不利于体现被拍摄物的立体感，所以一些需要体现立体感的镜头很少使用顺光拍摄。

2. 侧光拍摄技巧

侧光是光线从侧面照射到拍摄主体上，因此会出现一面明亮一面阴暗的情况，采用侧光构图拍摄短视频可以很好地体现出立体感和空间感。例如，某短视频作品在拍摄展示水果的画面时就采用了侧光拍摄，灯光从右面照亮在西瓜、苹果等水果上，为水果营造出一种极强的立体感，如图 3-26 所示。

3. 逆光拍摄技巧

逆光拍摄也是短视频创作者在拍摄短视频时常用的一种光线，逆光的光源来自于被拍摄物的后方，这是一种极具艺术魅力和表现力的光线，可以完美地勾勒出拍摄主体的线条。例如，某短视频作品采用逆光拍摄人物画面，不仅很好地勾勒出了人物线条，还为人物背后的水面营造出波光粼粼的视觉效果，如图 3-27 所示。

提示 逆光拍摄会让拍摄主体的阴影处于正面，如果不使用其他光源，将无法呈现出拍摄主体的正面细节，只能得到一张剪影照片。因此在拍摄时，还会加入一个顺光光源，既可以足够展现出拍摄主体的细节，还可以产生漂亮的轮廓线条。

图3-26 侧光拍摄图片示例

图3-27 逆光拍摄图片示例

4. 顶光拍摄技巧

顶光就是从拍摄主体顶部向下照射的光。顶光不是一种非常理想的光线，比如，正午时分的阳光就可以说是一道顶光，这时通常不宜外出拍摄视频。不过对于一些体积较小的被拍摄物来说，由于物体本身体积小，光在它们身上的效果不会太明显，采用顶光拍摄反而简便易行。例如，某短视频作品在拍摄钻石时就采用了顶光拍摄，让本身体积较小的钻石在镜头中不仅体积增大，还发出闪耀的光芒，如图 3-28 所示。

提示

顶光的主要缺点是会在拍摄主体的下方产生浓重的阴影，如果被拍摄物表面凹凸不平的话，也可能会产生各种不太美观的阴影，所以最好使用光质柔和的光源用作顶光，让阴影轮廓模糊一点，这样更加美观。

图3-28 顶光拍摄图片示例

3.4 镜头的运动方式

在拍摄短视频时，镜头的运动被称为运镜。运镜就像是镜头在说话，它把整个画面带动得更有活力，也牵动着观众的视角，推动着故事的发展。下面为大家介绍几种常用的运镜技巧。

3.4.1 推镜头

推镜头是一种最为常见的运镜技巧，是指拍摄主体的位置固定不动，镜头从全景或其他景位由远及近，向拍摄主体进行推进，逐渐推成近景或特写的镜头。这种镜头在实际拍摄中主要用于描写细节、突出主体、制造悬念等。

前推运镜可以呈现由远及近的效果，能够很好地突出拍摄主体的细节，适用于人物和景物的拍摄。例如，某拍摄赛里木湖的短视频作品中就运用推镜头的方式，画面主体由远及近，营造一种身临其境的感觉，如图 3-29 所示。

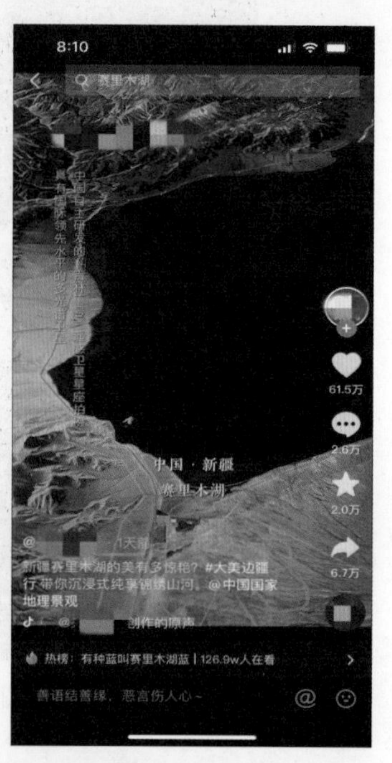

图3-29 推镜头的拍摄画面

3.4.2 拉镜头

拉镜头的拍摄手法恰恰与推镜头相反，拉镜头是指拍摄主体不动，构图由小景别向大景别过渡，镜头从特写或近景开始，逐渐变化到全景或远景，视觉上会容纳更大的信息，同时营造一种远离主体的效果。

拉运镜可以把用户注意力由局部引向整体，用户在视觉上会容纳更大的信息量，从而使他们感受到视频画面的宏大。例如，某拍摄向日葵的短视频作品中就运用了拉镜头的方式，由一朵向日葵的特写过渡到一片向日葵，向用户展示向日葵花海，如图 3-30 所示。

图3-30 拉镜头的拍摄画面

3.4.3 跟镜头

跟镜头与大家常说的跟拍差不多，拍摄主体的状态为运动状态，镜头跟随其运动方式一起移动。跟镜头在实际运用中能全方位地展现拍摄主体的动作、表情，以及运动方向。跟镜头常应用在 Vlog 视频中。

例如，某短视频作品就将运动镜头放置在猫身上，呈现“猫视觉”的跟镜头视觉效果，展示猫爬树、走墙头的镜头，如图 3-31 所示。正是因为跟镜头的应用使得很多人都对该视频感兴趣，截至目前该视频获赞 260.9 万次。

图3-31 跟镜头的拍摄画面

3.4.4 移镜头

移镜头是指镜头沿水平面做各个方向的移动拍摄，便于展现拍摄主体的不同角度。移镜头拍摄出来的画面会给用户一种巡视或者展示的感受，适用于大型场景拍摄，可以记录更多场景和画面，使不动的画面呈现出运动的视觉效果。

例如，某短视频作品在拍摄油菜花的自然风光时就用了移镜头的方式，从不同角度展示了油菜花花海，如图 3-32 所示。

图3-32 移镜头的拍摄画面

3.4.5 摇镜头

摇镜头是指镜头跟着被拍摄物的移动进行拍摄，脚本中时常提到的“全景摇”就是指用摇镜头的手法拍摄全景。摇镜头常用于介绍故事环境，或侧面突出人物行动的意义和目的。它与其他拍摄技巧的区别在于摇镜头拍摄时，镜头相当于人的头部在看四周的风景，但是头的位置不变。

摇镜头常用于特定的环境中，通过镜头的摇晃可以拍出模糊和强烈震动的效果，比如精神恍惚、失忆、穿越、车辆颠簸等。

3.4.6 升降镜头

升降镜头分为升镜头和降镜头两种不同手法。升镜头是指镜头做上升运动，甚至形成俯视拍摄，这时画面中是十分广阔的地面空间，气势十分恢弘。降镜头是指镜头在升降机上做下降运动，多用于拍摄较为宏大的场面，以营造气势。

例如，某短视频作品就采用了升降镜头，人物背影从高楼大厦逐步下降到河面、路面，如图 3-33 所示。

图3-33 升降镜头的应用

3.4.7 环绕镜头

环绕镜头是指围绕拍摄主体进行环绕拍摄。环绕镜头能够突出主体、渲染情绪，让整个画面更有张力，带给用户巡视般的视角。环绕镜头适合描述空间和场景的叙述和渲染，常用于建筑物、雕塑物体的拍摄或者特写画面等。

例如，某拍摄峨眉山金顶的短视频作品中就采用了环绕镜头，围绕金顶这一主体进行环绕拍摄，营造一种巡视般的视觉效果，如图 3-34 所示。

图3-34 环绕镜头的应用

3.4.8 综合运动镜头

综合运动镜头也称为“长镜头”，指综合运用摄影机的多种运动形式连续拍摄的单个镜头。也可以将综合运动镜头理解为同时应用拉镜头、移镜头等多种运动镜头。

某旅游类短视频作品中就频繁应用了多个运动镜头，让用户有身临其境的感觉。例如，该视频作品用跟镜头的运动方式拍摄出女模特迎面走来、向远方走去的感觉，如图 3-35 所示。

该短视频作品还应用了推镜头，从全景到局部，重点突出模特手里拿着的道具，如图 3-36 所示。

图3-35 跟镜头

图3-36 推镜头

再例如，该短视频作品应用了拉镜头的拍摄方式，将人物主体逐渐拉远变小，营造一种收尾感，如图 3-37 所示。

图3-37 拉镜头

综上所述，一条视频里出现多种镜头运镜就是综合运动镜头。综合运动镜头的最大的特点就是综合性较强，既指镜头综合运动使画面多视角、多距离的运动变化，又指镜头内的场景、人物、内容的多种变化。大家在拍摄短视频时，如果想让镜头运动得更稳，可以为拍摄设备添置一个稳定器。

【课堂实训】使用手机拍摄 Vlog

Vlog（“video blog”的简称）指视频博客、视频网络日志，是博客的一种。Vlog 视频一般由真人出镜，记录创作者自己的所见所闻和日常生活，这类视频能够拉近用户和创作者之间的心理距离。

Vlog 的优点在于作品容易传递出温馨、亲切的感觉，且拍摄不复杂，也容易出爆款作品。那么，如何使用手机拍摄 Vlog 呢？

首先，来看景别。通过复杂多变的场景调度和景别交替使用，可以更清楚地表达 Vlog 的视频情节及人物的思想感情，从而增强视频的艺术感染力。例如，某健身塑形类抖音账号，因为发现很多女孩子有着腿粗、臀部不够饱满等身材问题，根据用户的这一痛点，拍摄了多条解决这一问题的短视频作品。其中一条短视频作品的景别变化与画面内容如表 3-1 所示。

表3-1 某健身塑形类视频作品的景别变化与画面内容

<table>
<tr><th>镜号</th><th>景别</th><th>时长</th><th>时间段</th><th>画面内容</th><th>内容目的</th><th>音效</th></tr>
<tr><td>1</td><td>近景</td><td>3秒</td><td>0~3秒</td><td>用户腿粗、臀部不饱满的图片</td><td>以痛点引入，引起关注</td><td rowspan="4">卡点音乐＋音频</td></tr>
<tr><td>2</td><td>近景</td><td>5秒</td><td>4~8秒</td><td>桃子被人出境讲解</td><td>提前展示结果，吸引用户继续往下看</td></tr>
<tr><td>3</td><td>远景</td><td>6秒</td><td>9~14秒</td><td>模特出境演练动作</td><td>用解决方案传递价值</td></tr>
<tr><td>4</td><td>近景</td><td>2秒</td><td>15~16秒</td><td>桃子出境并催大家收藏、联系</td><td>引导用户关注、评论，提高互动量</td></tr>
</table>

其次，就构图而言，在进行短视频拍摄时，应用一些构图技巧，如中心构图法、引导线构图法等，可以使画面更具美感和冲击力，同时也能使让短视频作品主体突出、有条有理。例如，在拍摄一个下班回家的 Vlog 时，开门的镜头可能有门锁、鞋垫、鞋子、鞋柜、钥匙等多个被拍摄物，为重点突出这些物体，可采用中心构图法，将鞋子放在镜头中央进行拍摄，如图 3-38 所示。

图3-38 中心构图法

接着，不同的光线应用也对视频起着不同的影响。在拍摄时，需要根据所摄物体的需要频繁切换光源。最后，在拍摄中还需要应用好镜头的运动方式。

为了让短视频作品呈现更好的视觉效果，后期还需要对视频进行剪辑，所以在拍摄过程中可以频繁使用多种景别、构图法、光源组合以及运镜方式。

【课后练习】

1. 用手机拍摄同一物体的特写、近景、中景镜头。
2. 用推镜头、拉镜头、跟镜头等镜头运动方式拍摄一只动物。

第 4 章 用单反相机拍摄出高质量的短视频

【学习目标】

- 了解单反相机的优缺点。
- 了解单反相机的外部结构组成。
- 了解单反相机的镜头类型。
- 掌握使用单反相机拍摄视频的操作要点。

虽然如今大多数的智能手机都可以轻松搞定短视频的拍摄，但对于追求高质量视频创作的专业创作人员来说，还是更青睐于使用功能强大的单反相机拍摄视频。本章将详细介绍使用单反相机拍摄视频的优势、单反相机的外部结构组成、单反相机的镜头类型，以及使用单反相机拍摄视频的操作要点。

4.1 认识单反相机

单反相机即数码单反相机，全称为单镜头反光数码照相机，英文缩写是DSLR。单反相机是一种比较专业的拍摄设备，不仅可以更换镜头，还拥有完整的光学镜头群和配件群，而且成像质量非常高，因此，深受广大摄影爱好者的青睐。

4.1.1 单反相机的优缺点

单反相机是使用单镜头取景方式对景物进行拍摄的一种相机，它不但功能强大，而且成像效果非常好，常常能拍出与众不同的作品。那么，单反相机到底有哪些优缺点呢？下面简单介绍了一下单反相机的优缺点。

1. 单反相机的优点

单反相机作为专业级别的拍摄设备，具有取景精准、成像质量高、镜头选择丰富、可手动调整各种拍摄功能等优点。

- **取景精确：** 单反相机反光镜和棱镜的独到设计，使用户可以从取景器中直接观察被拍摄景物的影像，并且用户看到的影像和拍摄出来的效果是一样的。
- **成像质量高：** 图像传感器（CCD或者CMOS）是数码相机重要的核心部件之一，它的大小直接关系拍摄的效果，面积越大，成像质量越高，反之，则成像质量越低。单反相机的图像传感器尺寸远远超过了普通的数码相机，所以，它的成像质量也很高。而且单反相机还有非常出色的信噪比，能记录宽广的亮度范围，这也使它拍摄出来的作品更加优秀。
- **镜头选择丰富：** 普通数码相机通常不能更换镜头，只有一个固定在机身上的镜头，而单反相机的镜头则可以随意更换（只要卡口匹配就行），并且佳能、尼康等品牌都拥有庞大的自动对焦镜头群，从超广角到超长焦，从微距到柔焦，用户可以根据自己的需求和爱好选择合适的镜头。
- **可手动调整拍摄功能：** 普通数码相机大多都以自动拍摄为主，而单反相机则具有非常强大的手动调节能力，可以手动调整相机中的各项功能和参数，如光圈大小、快门速度、曝光度、ISO大小、测光等均可以根据需求随意调整，这样更容易取得理想的拍摄效果。

2. 单反相机的缺点

单反相机的缺点主要体现在3个方面，即价格较高、投入较大；体积较大，携带不便；操作较为复杂。

- **价格较高、投入较大：** 单反相机的价格普遍较高，目前市面上的单反相机价格普遍在5000元以上。而且单反相机的后期投入也很大，大多普通相机都是一次性投入，但单反相机要想拍摄出优质的作品，后期就需要购置各种不同的镜头，这些镜头的价格少则一两千元，多则上万元。
- **体积较大，携带不便：** 单反相机的机身和镜头体积都比较大，而且比较笨重，十分不方便随时携带。所以，一般要携带单反相机外出拍摄时，都会配一个专门的相机包，方便收纳机身、镜头和各种配件。
- **操作较为复杂：** 因为可以手动设置拍摄功能和参数，而且通常拍摄一次就需要手动调整一次，所以，单反相机的操作相对自动拍摄的普通数码相机来说要复杂很多。

4.1.2 单反相机的外部结构组成

单反相机的外部结构由机身和镜头两个部分组成，如图 4-1 所示。其中，机身由取景屏、内部元件、电源开关、存储、工作菜单、调控键钮、回放等构成，镜头包括各种类型的镜头。下面以“佳能 6D”单反相机为例，简单地介绍一下单反相机的外部结构。

单反相机的机身（见图 4-2）正面包括自拍指示器、快门按钮、遥控感应器、反光镜、手柄（电池仓）、景深预览按钮、镜头卡口、EF 镜头安装标志、麦克风、镜头释放按钮、镜头固定销、触点等。

图4-1 单反相机的机身和镜头

图4-2 单反相机的机身正面结构示意图

单反相机的机身背面（见图 4-3）包括信息按钮、菜单按钮、放大 / 缩小按钮、图像回放按钮、删除按钮、实时显示拍摄 / 短片拍摄按钮、自动对焦启动按钮、自动曝光锁 / 闪光曝光锁按钮、自动对焦点选择按钮、速控按钮、设置按钮以及速控转盘锁释放按钮等各种拍摄按钮。同时，机身背面还有取景器目镜、眼罩、液晶监视器、速控转盘、方向键、屈光度调节旋钮、数据处理指示灯等。

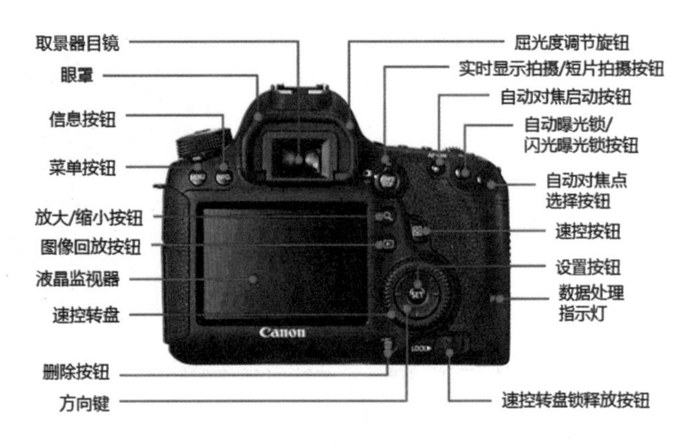

图4-3 单反相机的机身背面结构示意图

单反相机的机身顶部（见图 4-4）

包括ISO感光度设置按钮、驱动模式选择按钮、自动对焦模式选择按钮、测光模式选择按钮、液晶显示屏照明按钮、主拨盘、液晶显示屏、模式转盘、模式转盘锁释放按钮、电源开关、热靴、闪光同步触点、焦平面标记以及背带环等。

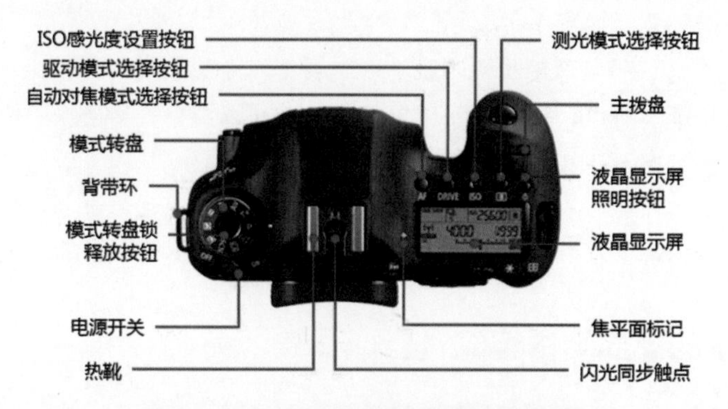

图4-4 单反相机的机身顶部结构示意图

单反相机的机身底部结构（见图4-5）与机身左侧结构（见图4-6）较为简单，其中，机身顶部只有电池仓盖和三脚架接孔；机身左侧只有一个背带环和存储卡插槽盖。

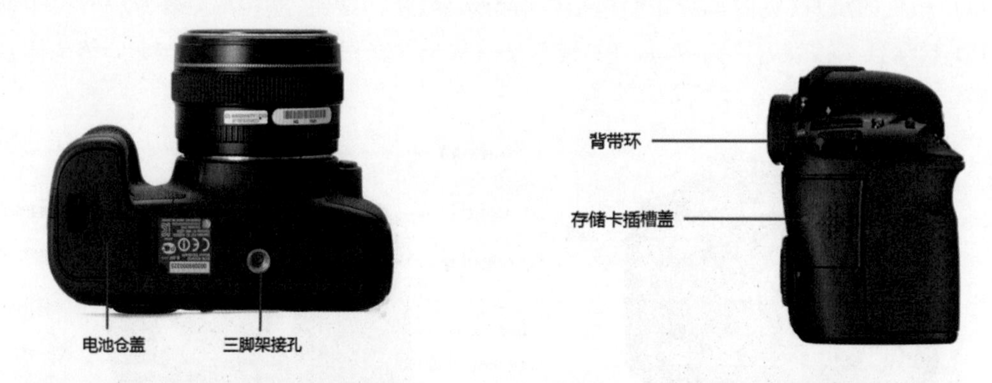

图4-5 单反相机的机身底部结构示意图

图4-6 单反相机的机身左侧结构示意图

单反相机的机身右侧结构（见图4-7）包括端子盖、扬声器以及4个端子。这4个端子分别为遥控端子（N3型）、外接麦克风输入端子、音频/视频输出/数码端子、HDMA mini输出端子。

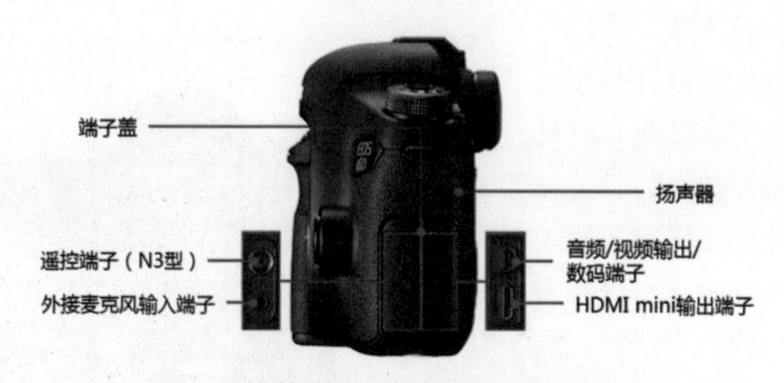

图4-7 单反相机的机身右侧结构示意图

4.1.3 单反相机的镜头类型

镜头是单反相机最重要的组成部分之一，它的好坏将直接影响作品最终的成像质量，镜头的类型和参数直接决定着拍摄画面的视觉效果。单反相机镜头的外部结构包括镜片、变焦环、对焦环、距离刻度和光圈叶片，如图 4-8 所示。

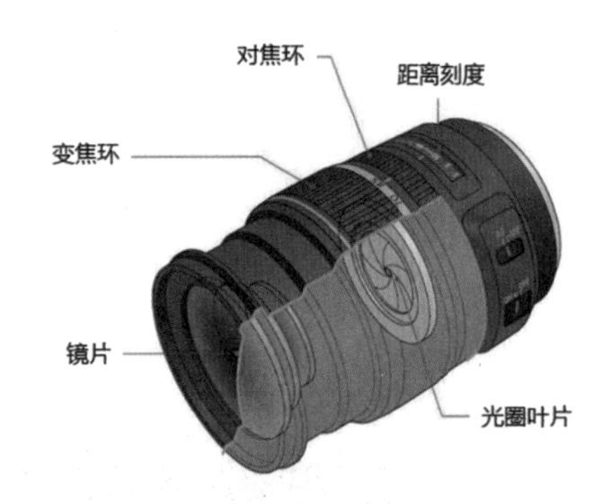

图4-8 单反相机镜头的外部结构示意图

在镜头参数中，焦距是指从镜头的光学中心到成像面（焦点）的距离，是镜头的重要性能指标。焦距越长，越能将远方的物体放大成像；焦距越短，越能拍摄更宽广的范围。每个镜头都有自己的焦距，焦距的不同决定了景物成像大小的不同。

单反相机的镜头类型有很多，根据单反相机镜头焦距的不同可以分为标准镜头、广角镜头（短焦距镜头）和长焦镜头（远摄镜头、望远镜头）；按照单反相机镜头的焦距是否可变，可以分为定焦镜头和变焦镜头。

1. 标准镜头

标准镜头（见图 4-9）是指与人眼视角（50° 左右的视角）大致相同的镜头，通常焦距在 40 mm ～ 55mm 之间的镜头被称为标准镜头。标准镜头是所有单反相机镜头中最基本的一种镜头。

图4-9 标准镜头

标准镜头取景成像有 3 个特点：一是与人眼视觉感受相似；二是没有夸张变形；三是成像质量好。这种类型的镜头适合拍摄视觉感正常的画面，如人像或人文纪录类题材的作品，如图 4-10 所示。

图4-10 使用标准镜头拍摄的画面

2. 广角镜头

广角镜头（见图 4-11）又称为短焦距镜头，通常它的焦距短于标准镜头、视角大于标准镜头。常用的广角镜头焦距为 9 mm ～ 38mm，视角为 60° ～ 180° 。其中，焦距在 20mm 左右、视角在 90° 左右的为超广角镜头；焦距在 10 mm 左右、视角接近 180° 的为鱼眼镜头。

图4-11 广角镜头

由于广角镜头的焦距短、视角大，在较短的拍摄距离范围内能拍摄到较大面积的景物，因此使用广角镜头拍摄出来的画面视野宽阔，空间纵深度大，可以展示出强烈的立体感和空间效果。广角镜头通常比较适合拍摄较大场景的画面，如建筑、风景等题材的作品，如图 4-12 所示。

图4-12 使用广角镜头拍摄的画面

提示 广角镜头对被摄物体的成像具有较大的透视变形作用，会造成一定程度的扭曲失真，在使用时需要注意这个问题。

3. 长焦镜头

长焦镜头（见图 4-13）即长焦距镜头，又称为远摄镜头或望远镜头，它的焦距可达几十毫米甚至上百毫米，视角在 20° 以内。长焦镜头又分为普通远摄镜头和超远摄镜头，普通远摄镜头的焦距接近标准镜头，而超远摄镜头的焦距却远远大于标准镜头。以 135 照相机为例，焦距为 85mm ～ 300mm 的摄像镜头为普通远摄镜头，焦距在 300mm 以上的为超远摄镜头。

图4-13 长焦镜头

长焦镜头的焦距长、视角小，在成像上具有明显的望远放大特点，能够将远距离的拍摄对象拉近放大，获得清晰、醒目的影像，如图 4-14 所示。在同样的拍摄距离内拍摄同样的景物，长焦镜头可以就某个局部拍得比普通镜头大且清晰，而且在拍摄远处物体的过程中，长焦镜头也能很好地表现远处景物的细节。因此，长焦镜头更适合拍摄特写镜头，或者拍摄一些我们不容易接近的拍摄体，如野生动物。

图4-14 使用长焦镜头拍摄的画面

提示

使用长焦镜头拍摄时，一般应使用高感光度及快速快门，如使用 200mm 的长焦距镜头拍摄，其快门速度应在 1/250 秒以上，以防止手持相机拍摄时相机震动而造成影像虚糊。在一般情况下，为了保持单反相机的稳定，最好将相机固定在三脚架上，无三脚架固定时，应尽量寻找依靠物帮助稳定相机。

4. 定焦镜头

定焦镜头，顾名思义就是指没有变焦功能的镜头。定焦镜头只有一个固定焦距的镜头，只有一个焦段或者只有一个视野。由于定焦镜头没有变焦功能，所以，相对变焦镜头而言，它的设计较为简单，对焦速度快，成像质量稳定。如图 4-15 所示为某品牌 50mm 定焦镜头。

图4-15 50mm定焦镜头

定焦镜头的口径一般比变焦镜头大，因此可以制作更大光圈的配置，容易拍出浅景深的效果，如图 4-16 所示。因为拥有大光圈，所以在弱光环境下使用定焦镜头拍摄也能较好地吸收光线，不用担心因快门速度不够而造成照片“糊掉”的问题。

图4-16 使用定焦镜头拍摄出浅景深效果

定焦镜头的缺点就是使用起来不太方便，当需要调整拍摄物体的大小时，只能通过拍摄者的移动来实现，在某些不适合移动的场合就无能为力了。

图4-17 变焦镜头

5. 变焦镜头

变焦镜头是指可以在一定焦距范围内调节焦距，从而得到不同宽窄的视角、不同大小的影像，以及不同景物范围的镜头。变焦镜头在不改变拍摄距离的情况下，可以通过变动焦距来改变拍摄范围，因此非常有利于画面构图。如图 4-17 所示为某品牌 16mm ～ 28mm 变焦镜头。

变焦镜头的优点是一只变焦镜头可以替代若干只定焦镜头，携带方便、使用简便，在拍摄过程中既不必频繁地更换镜头，也不必为拍摄同一对象、不同景别的画面而不停地更换拍摄位置。

变焦镜头的缺点是其口径通常较小，常常会给拍摄带来一些麻烦，若想用高速快门、大光圈拍摄，往往不能满足需要。另外，一般变焦镜头体积较大，使用起来也比较笨重，容易造成持机不稳的情况，而且变焦镜头的成像质量也要比定焦镜头差一些。

4.2 使用单反相机拍摄短视频的操作要点

很多人认为单反相机主要用来摄影，其视频拍摄功能远远不如专业的摄像机，甚至不如高端手机。其实这种认识是错误的，单反相机具有非常强大的视频拍摄功能，只要设置好相关的拍摄参数，同样可以拍摄出非常精彩的短视频作品。下面就讲解一下使用单反相机拍摄短视频的操作要点，以帮助各位短视频创作者拍摄出专业级别的视频效果。

4.2.1 设置视频录制格式和尺寸

在使用单反相机拍摄视频时，需要提前设置好视频录制的格式和尺寸。这一步非常重要，因为很多没有经验的拍摄新手经常都是一拿起相机就开始拍摄，拍摄完成以后才发现拍摄出的视频尺寸不对，但此时可能没有重新拍摄的机会了，后期也会造成很多不必要的麻烦和问题。

单反相机在中，设置视频录制格式与尺寸的操作很简单，在相机的设置菜单中设置即可，视频格式通常包括 MOV 和 MP4 两种；视频尺寸包括画面尺寸和帧频，画面尺寸通常有“1920×1080”“1280×720”“640×480”等 3 种，帧率通常有“24 帧 / 秒”“25 帧 / 秒”“50 帧 / 秒”等。我们要根据拍摄视频的实际需要来选择格式与尺寸。

不同的单反相机所支持拍摄的视频质量是有所差别的，主要体现在视频的尺寸上，也就是我们常说的清晰度。目前，市场上大部分的单反相机都支持拍摄高清视频。在没有特殊要求的情况下，建议一般选择录制“1920×1080”“25 帧 / 秒”“MOV”格式的高清视频，如图 4-18 所示。

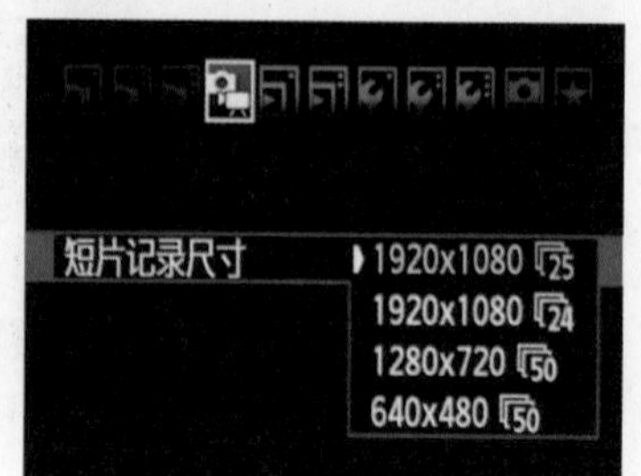

图4-18 设置视频录制格式和尺寸

提示 尺寸与帧率都会影响视频的存储空间，视频的尺寸越大所占的空间就越大，比如高清视频的尺寸为 1920×1080，这种视频所占用的存储空间就很大。帧率为 50 帧 / 秒的视频比帧率为 25 帧 / 秒的视频所占存储空间大得多。大多数视频的帧率都为 25 帧 / 秒，但有时为了后期制作需要选择 50 帧 / 秒，比如后期制作慢动作时就需要选择 50 帧 / 秒。

4.2.2 设置曝光模式

在取景相同的前提下，视频作品质量好坏的关键在于控制视频曝光的参数设置，拍摄时视频的曝光通常由光圈值、快门速度以及感光度（ISO）三者共同决定。单反相机一般自带 4 种曝光模式，分别用字母 M、A（Av）、S（TV）、P 来表示，如图 4-19 所示。其中，M 档模式表示手动曝光模式；A（Av）档模式表示光圈优先曝光模式；S（TV）档模式表示快门优先曝光模式；P 档模式表示程序自动曝光模式。

图4-19 单反相机的4种曝光模式

提示 单反相机中的 Auto 档属于全自动模式，光圈、快门、感光度、白平衡等参数都是自动设置的，拍摄者只管按快门拍摄即可。但是由于能够自行控制的参数寥寥无几，画质不一定能达到心理的预期，所以一般使用单反相机的人很少会使用 Auto 档模式。而 P 档模式，只管配对相机中的光圈和快门，除这两者外其他设置都可以自行控制。也就是说在 P 档模式下，只有曝光模式是自动的，其他拍摄参数还是需要自己手动去调整。

使用单反相机拍摄视频时，建议选择手动模式进行拍摄，也就是使用相机拨轮上的 M 档模式。使用手动曝光模式可以准确地设定相机的拍摄参数，无论是快门、光圈，还是感光度（ISO），都能直接参与到相机的参数设定中，从而精确地控制画面的曝光成像。

4.2.3 设置快门速度

快门是相机镜头前阻挡光线进入相机里照射胶片的装置。在拍摄时通常可以配合 M 档手动曝光模式和 S（TV）档快门优先曝光模式对快门进行相应调整。S（TV）档快门优先曝光模式多用于拍摄运动的物体或者抓拍，例如，拍摄体育运动以及高速路上奔驰的汽车。

提示 如果拍摄运动的物体时其主体出现模糊，通常是因为快门速度设置低了，这时可以使用快门优先模式，适当地提高快门速度。拍摄行人通常使用 1/125 秒，而拍摄下落的水滴则使用 1/1000 秒。

在拍摄照片时，快门速度越慢，画面的运动模糊越明显；反之，快门速度越快，画面越清晰、锐利。但拍摄视频与拍摄照片的快门设置所有不同，拍摄视频时通常需要频繁地移动相机和镜头来变换和调整合适的角度，所以为了保证视频画面的播放更符合人眼观看视频画面的运动效果，一般将快门速度设置为拍摄视频帧率的2倍，如果拍摄视频帧率设置为25帧/秒，则需要将快门速度设置为1/50秒，如图4-20所示。如果快门速度设置快了，则拍摄的视频会出现不连贯的现象，如果快门速度设置慢了，则拍摄的视频会出现拖影效果。

图4-20 设置快门速度

提示 如果要拍摄有拖影感的视频，则选择较低的快门速度来拍摄，比如1/30秒。拍摄夜晚的车水马龙或者丝绢般的流水时，则需要使用慢速快门来拍摄。

4.2.4 设置光圈

在使用单反相机拍摄视频时，光圈主要用于控制画面的亮度及背景虚化。光圈越大，画面越亮，背景虚化效果越强；反之，光圈越小，画面越暗，背景虚化效果越弱。

一般情况下，拍摄人物、花草或者其他静物时，使用大光圈获得背景虚化模糊的效果，从而来重点突出拍摄主体，如图4-21所示；拍摄风光画面时，使用小光圈使画面中的景象清晰可见，如图4-22所示。

图4-21 大光圈拍摄效果

图4-22 小光圈拍摄效果

提示 光圈值是用倒数表示的，数值越大，光圈越小。例如，f2.8是大光圈，f11是小光圈。但是，当光圈过小时会让画面变暗，这时需要感光度（ISO）来配合使用。

4.2.5 设置感光度

感光度（ISO）是协助拍摄者控制画面亮度的一个变量，在光线充足的情况下，感光度设置得越低越好，如图 4-23 所示。即使在比较暗的光线环境下，感光度也不要设置得太高，因为过高的感光度会在画面中产生噪点，从而影响画质。特别是感光度大于 2000 以后，在相机屏幕上会看到很多噪点，从而严重影响视频画质。

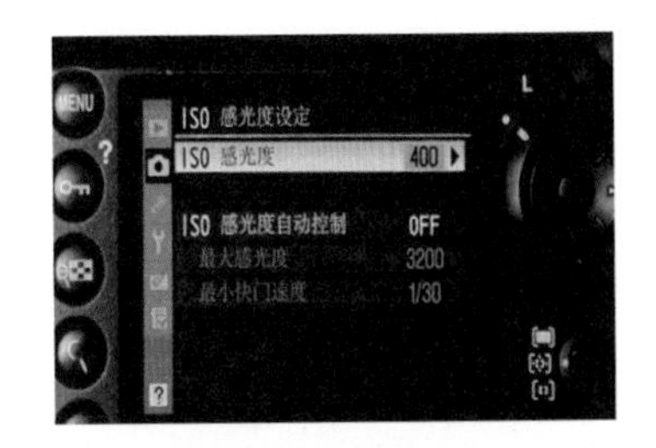

图4-23 设置感光度

4.2.6 调节白平衡

白平衡也是单反相机中非常重要的一项功能，它的作用是在不同的色温环境下使拍摄出来的画面呈现出正确的色彩。单反相机中虽然都带有自动白平衡功能，但由于拍摄视频时环境变化因素较多，使用自动白平衡就会直接导致所拍摄的各个视频片段画面颜色不一，画面效果出入很大。因此，使用单反相机拍摄视频时，建议手动调节白平衡，即手动调节色温值（K 值），如图 4-24 所示。

图4-24 调节白平衡

色温可以控制画面的色调冷暖，色温值越高，画面的颜色越偏黄色；反之，色温值越低，画面的颜色越偏蓝色。一般情况下，将色温调节到 4900K ～ 5300K，这是一个中性值，适合大部分拍摄题材。

4.2.7 使用手动对焦

单反相机的对焦模式分为自动对焦模式（AF 模式）和手动对焦模式（MF 模式），如图 4-25 所示。单反相机在实时取景时的自动对焦能力较弱，并且自动对焦也会影响画面的曝光，因此，建议在拍摄视频时尽量使用手动对焦模式。

使用手动对焦模式拍摄视频，首先需要提前准备好一台带滑轨的三脚架，将单反相机固定到三脚架上，以保证拍摄画面的稳定。设置手动对焦模式的具体方法如下：

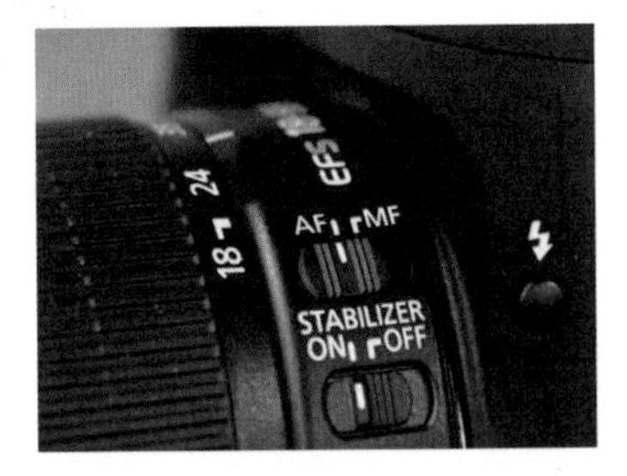

图4-25 单反相机的对焦模式

步骤 01 将对焦模式开关滑动至“MF”位置，开启手动对焦模式。

步骤 02 按下“实时显示拍摄 / 短片拍摄”按钮，启动实时显示拍摄。

步骤 03 通过方向键调整液晶监视器中的整体画面及构图，大致确定对焦位置。

步骤 04 通过“自动对焦点选择 / 放大”按钮将画面进行放大（每次按下“放大”按钮，图像放大 5 倍显示），从而清晰地找到画面中的主体。如果很难获得最佳对焦效果，可采用稍大动作操作对焦环，寻找最清晰的位置。

步骤 05 半按下“快门”按钮，这时候也可以清晰地显示画面了。当确定对焦位置并完成对焦后，应再次检查被拍摄对象及其周围环境是否发生了变化，确定画面整体没有问题后，轻轻地释放快门即可。

提示 不同品牌、不同型号的单反相机在按键上稍有差异，如有的单反相机“自动对焦点选择”按钮与“放大”按钮是合并在一起的，有的单反相机是分开的。在实际操作过程中，拍摄者根据自己单反相机的按键位置操作即可。

4.2.8 保持画面稳定

通常情况下，使用单反相机拍摄视频需要借助三脚架或手持云台稳定器来获得清晰、稳定的画面效果，如图4-26所示。在选择稳定器时，拍摄者要考虑稳定器的跟焦性能，现在的稳定器都有跟焦轮，但不同品牌的稳定器对单反相机的支持是不一样的，有些稳定器可以直接控制机身内部的电子跟焦。此外，稳定器的调平也很重要，精准的调平可以让画面保持水平且稳定。

图4-26 单反相机的三脚架和手持云台稳定器

如果需要长时间手持单反相机拍摄视频，应尽量选择支持“IS光学防抖”的镜头，并且建议使用广角镜头进行拍摄，因为长焦镜头会放大手抖所带来的影响，而广角镜头则不是那么明显。

【课堂实训】常见场景的单反相机视频拍摄技巧

通过本章的介绍，相信大家对单反相机已经有了一个基本的认识，也初步掌握了使用单反相机拍摄短视频的一些基本操作。单反相机功能丰富，拍摄出来视频画质也十分精美，但各种纷繁复杂的视频拍摄设置却让不少拍摄新手望而却步。其实，单反相机的视频拍摄并不像大家想象的那么难，只要掌握常用的参数设置，再多拍多练，就一定可以创作出高质量的短视频作品。

下面为大家整理了一些常见场景的单反相机视频拍摄技巧，如表4-1所示，以便于短视频创作者能更好地掌握这些常见场景的拍摄设置。只要后期不断地练习这些常见场景的视频拍摄，并总结相应拍摄经验，就一定能创作出高质量的视频作品。

表4-1 常见场景的单反相机视频拍摄技巧

拍摄场景	拍摄技巧
人物	选用A（Av）档模式；光圈设置为f5.6以内；焦距为50mm以上；拍摄距离视全身、半身、头部等身体的不同拍摄主体而定，使背景虚化；如果光线好，ISO设置为100，如果光线不好，ISO设置为400以内。 （运动中的人物画面使用追拍方式拍摄，详见下面运动物体的拍摄）
风景	选用A（Av）档模式；光圈设置为f8以上；使用广角镜头拍摄
夜景	选用A（Av）档模式；光圈设置为f8以上，小光圈可以使灯光呈现出星光的效果，使用反光板预升功能，减少按快门后反光板抬起引起的机震；ISO设置为200以内，尽量使曝光时间加长，这样可以使一些无意走过的人从画面中消失，不留下痕迹，净化场景；自定义白平衡或白炽灯；夜间拍摄一定要使用三脚架，保证画质稳定
夜间人像	选用A（Av）档模式；光圈设置为f8左右；ISO设置为100～400；调节白平衡，自动或自定义白平衡；夜间拍摄一定要使用三脚架，保证画质稳定；使用慢速同步闪光，后帘闪光模式，此时，闪光灯会闪两次，按下“快门”按钮时闪一次，曝光结束前再闪一次，这期间人不能离开画面。这样拍摄出来的视频，人物清晰，背景霓虹也很漂亮，不至于出现背景曝光不足的情况
花、鸟、虫等静物特写	选用A（Av）档模式；光圈设置为f5.6或以下；焦距为50mm以上；尽量在1m以内进行拍摄，使背景虚化；如果光线好，ISO设置为100，如果光线不好，ISO设置为400以内
运动物体	选用A（Av）档模式；光圈设置酌情处理，大小光圈均可；拍摄动感效果的视频，选用S（TV）档模式，快门速度设置为1/30秒，对焦按下“快门”按钮的同时，镜头以合适的速度追着拍摄对象移动，呈现出来的效果非常动感
流水或喷泉	选用S（TV）档模式，快门速度设置为1/50秒左右，可以将流水拍出缎子的效果
烟花	选用A（Av）档模式；光圈设置为f8以上；使用广角镜头拍摄

【课后练习】

1. 使用单反相机拍摄一条包含风景画面的短视频作品。
2. 使用单反相机拍摄一条具有动感效果的短视频作品。

第 5 章 用手机轻松拍摄短视频

【学习目标】

- 掌握使用手机拍摄短视频的要点。
- 掌握使用抖音 App 拍摄短视频的方法。
- 掌握使用快手 App 拍摄短视频的方法。
- 掌握使用美拍 App 拍摄短视频的方法。

许多优秀的短视频创作者都能利用有限的拍摄设备（如手机）制作出具有大片观感的短视频。在价格方面，手机价格较低；在外形方面，手机有着小巧、轻便，易携带等优点；在功能方面，手机自带视频拍摄功能，可以将拍摄的视频直接分享到各个短视频平台，实时显示视频的播放、点赞等数据。由此可见，对于初入短视频行业的创作者而言，利用手机拍摄短视频是非常不错的选择。

5.1 使用手机拍摄短视频的操作要点

即使是新手小白，在掌握一定的手机拍摄技巧之后，也能拍出具有大片感的短视频。特别是近年来，各种品牌手机的配置越来越高，手机拍摄功能日趋成熟，比如，在视频拍摄方面增加了超感光录像、变焦录像功能，这些功能可以帮助创作者拍摄出更优质的短视频。因此，短视频创作者只需掌握手机拍摄短视频的要点，如防止抖动措施、选择画幅尺寸、选择拍摄模式、选择手动对焦等，也能拍摄出精美的短视频作品。

5.1.1 防止抖动措施

很多短视频创作者没有拍摄经验，拍摄的视频会出现画质模糊的现象，究其原因主要是拍摄过程中的抖动造成的。因此，只要拍摄时做好防止抖动措施就能解决这一问题。

1. 正确的拍摄姿势

由于手机很轻，并且体积也小，在拍摄视频时只要有细微的抖动，就会造成视频模糊。造成抖动的原因主要是拍摄者的拍摄姿势不正确，因此，在拍摄视频时应掌握手机拍摄的正确姿势。

（1）拍摄视频时一定要双手把持手机（见图 5-1），避免单手拍摄，这样拍摄出来的画面会更为稳定。

图5-1 双手把持手机拍摄

（2）拍摄时减少上肢动作，尽量保持上身肢体固定，以整个上身为轴，由下身去动。

（3）如果拍摄时间较长，尽量让胳膊（或手臂）靠在一个固定物体上，不要空悬，以防止手臂抖动，或者夹紧肘臂进行拍摄，把手肘紧靠在身子前方以便保持平稳。

提示 | 手机有防抖功能的，在夜间或室内拍摄时，可以将防抖功能打开。

2. 使用辅助工具

除了保持正确的拍摄姿势之外，防止拍摄抖动最简单的方法就是使用一些辅助工具，如手机三脚架、手持云台等。

手机三脚架（见图5-2）是用得较多的一种辅助性拍摄工具，其最大的特点在于“稳”，使用手机三脚架可以防止手机抖动。虽然现在大多数智能手机都具有防抖功能，但是要让人的双手长时间保持静止不动几乎是不可能的，这时候就可以使用手机三脚架来稳定手机，从而防止手机拍摄时的抖动了。

提示 手机三脚架与相机三脚架相比，主要不同点在于云台，手机三脚架一般是球形云台、三维云台或简易的可旋转900°到1800°的云台。

另外，手持云台（见图5-3）也是一个很好的拍摄防抖辅助工具。手持云台具有自动稳定协调系统，可以实现拍摄过程中的自动稳定平衡，可满足日常拍摄和影视制作需求。只要把手机夹在三轴手持云台上，无论手臂是什么姿势，手持云台都可以自动随着动作调整手机状态，始终让手机处在稳定平衡的角度上。有了它就可以随时随地拍摄出高精度的、流畅的稳定画面，从而避免因手抖动而造成的视频画面模糊等问题。

图5-2 手机三脚架

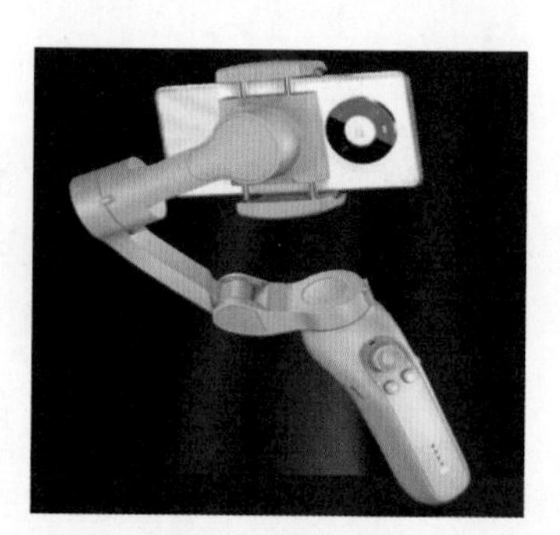

图5-3 手持云台

5.1.2 选择画幅比例

视频画幅比例是指视频画面的宽高比，手机拍摄短视频的常见画面宽高比例有16:9、1:1、10:8、7:5等。如图5-4～图5-6所示分别为16:9、9:16、1:1（正方形）画幅尺寸的视频画面截图。

图5-4 16:9画幅尺寸

图5-5 9:16画幅尺寸

图5-6 1:1画幅尺寸

使用手机拍摄短视频时，短视频创作者首先应该选择拍摄视频的画面宽高比例，如果选择竖屏拍摄，其画面宽高比例为 9:16；如果选择横屏（宽屏）拍摄，其画面宽高比例为 16:9。

选择哪种画面宽高比例来拍摄，取决于短视频创作者拍摄视频的用途，如果短视频创作者拍摄的视频是用在横屏（宽屏）的投影仪上进行播放，则可以选择宽屏来拍摄，即 16:9 的画面宽高比例。如果短视频创作者拍摄的视频是用在竖屏的广告牌上进行播放，则可以选择竖屏来拍摄，即 9:16 的画面宽高比例。

如果视频主要用在社交媒体上，那么这种视频既可以用横屏（宽屏）来拍摄，也可以用竖屏来拍摄，最后根据实际情况来调整视频的画面宽高比例即可。例如，所需短视频的实际画面宽高比例为 1:1 的正方形，这时就需将所拍摄的视频（竖屏或横屏）进行调整后再使用，调整视频画面宽高比例的方法如下：

步骤 01 在手机（这里以 iPhone X 手机为例）上打开需要调整画幅尺寸的视频，点击页面右上角的“编辑”按钮，如图 5-7 所示。

步骤 02 在视频编辑页面中，点击页面右下角的“（裁剪）”按钮，如图 5-8 所示。

图5-7 点击“编辑”按钮

图5-8 点击“（裁剪）”按钮

步骤 03 进入视频编辑页面，点击页面右上角的“（尺寸）”按钮，如图 5-9 所示。

步骤 04 选择画幅尺寸（这里以选择“正方形”为例），然后点击页面右下角的“完成”按钮，如图 5-10 所示。

提示

在选择视频画面宽高比例时，可参考“横屏重内容、竖屏重人物”这一原则。因为，横屏一般以展现人物背景周边的事务为主，人物在画面中不是主要的出镜对象；而竖屏基本只能看到一个人的上半身，所以关注点都在人物身上。诸如 Vlog、风景之类的短视频，更适合横屏拍摄，这样也方便在视频的上、下部位放置一些关键信息，让用户更好理解视频内容。而对于生活类、娱乐类等短视频更适合竖屏拍摄。因为竖屏更适合打造 IP 形象，有较强的人物视觉冲击力。

图5-9 点击“▣（尺寸）”按钮

图5-10 点击“完成”按钮

5.1.3 选择拍摄帧率

简单来说，帧率就是手机（摄像机）每秒所拍摄图片的数量，这些图片连续播放就形成了动态的视频。通常，当视频帧率高于16fps时，即每秒视频由16张图片构成时，播放的内容就处于连贯状态，如果低于16fps，则视频播放内容就不连贯了。帧率越高，视频画面越流畅、越逼真，视频所需的存储空间也越大。

一般情况下，将短视频的帧率设置为30fps就可以了，如果短视频创作者要拍摄高清视频，则可以将帧率设置为60fps，可以明显提升视频的交互感和逼真感。

如果想用手机拍出高清视频，在拍摄之前，一定要先选择手机的拍摄帧率。以iPhone X手机为例，选择拍摄帧率的操作如下：

步骤01 在手机上打开“设置”图标，如图5-11所示。

步骤02 在设置页面中点击“相机”按钮，如图5-12所示。

步骤03 进入相机设置页面，点击“录制视频”按钮，如图5-13所示。

步骤04 在录制视频页面中，选择帧率（这里以选择4K，60fps为例），如图5-14所示。

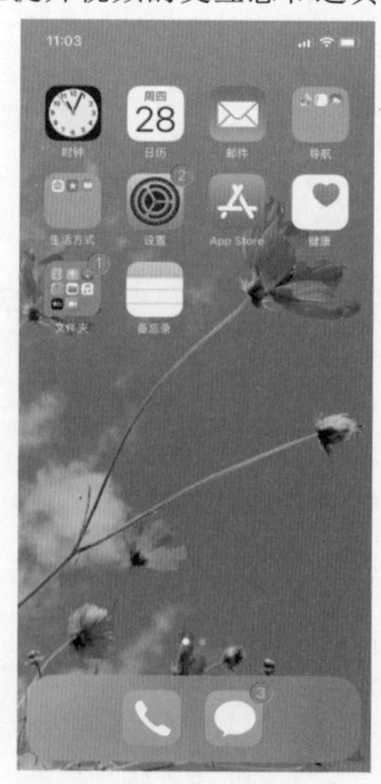

图5-11 点击“设置”图标

图5-12 点击“相机”按钮

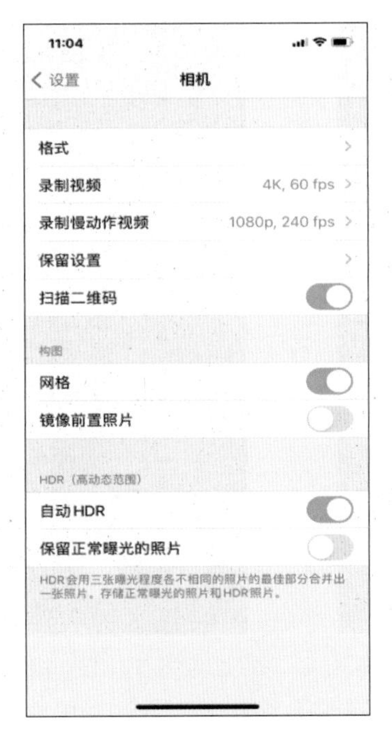

图5-13 点击“录制视频”按钮

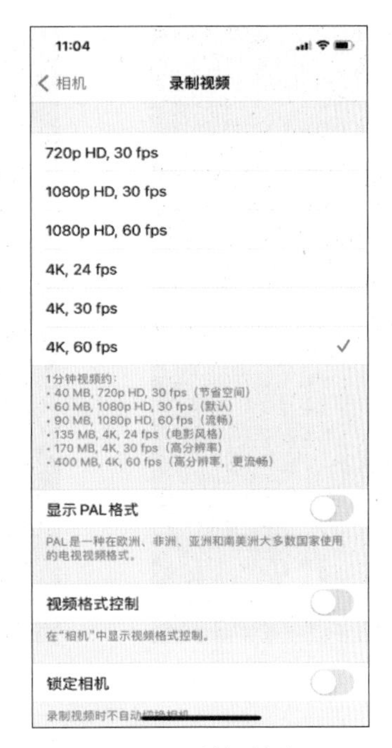

图5-14 选择帧率

操作完以上步骤，再返回相机即可看到所选择的拍摄帧率。在选择拍摄帧率时，还能看到如 1080p、4K 等分辨率的字样。

提示

分辨率指单位长度内的有效像素值，通常用 PPI（Pixel per inch 每英寸像素）表示。分辨率数值越大，在其他条件相同的情况下，视频就会越清晰。对于拍摄短视频而言，一般选用 4K，60fbs 即可。

5.1.4 选择拍摄模式

在拍摄视频时，短视频创作者可以根据拍摄的环境、对象和要求，选择不同的拍摄模式。这里以华为（P40）手机为例，打开手机中相机的录像功能，可以看到“录像”“专业”“更多”等选项，如图 5-15 所示。其中，“录像”就是通常所说的自动拍摄功能；“专业”就是通常所说的手动拍摄模式；“更多”是指手机的一些其他特殊拍摄模式，如“慢动作”“全景”“黑白艺术”“流光快门”“高像素”等拍摄模式，如图 5-16 所示。

通常情况下，大多数人在拍摄视频时都使用了自动模式（录像），都是直接打开相机，然后点击“录像”按钮就开始拍摄视频了。在自动模式下手机会根据当时的拍摄环境和对象对画面进行对焦和优化，非常简单，这也体现了手机拍摄方便、简洁、易用的特点。但对于部分喜欢摄影的用户来说，要拍摄出更加出色的照片和视频，自动拍摄模式就无法满足了要求，这时使用专业模式（手动模式）就成了他们的最爱，因为专业模式可以让他们在不同场景按照自己的想法拍摄出更加优秀的作品。专业模式可以手动控制视频拍摄的所有参数，从而营造出理想的视觉效果，如图 5-17 所示。

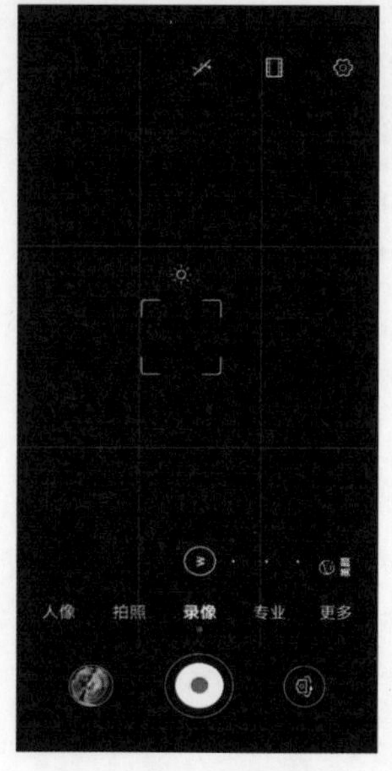

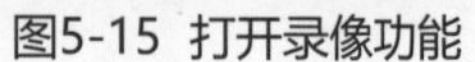

图5-15 打开录像功能

图5-16 更多拍摄模式

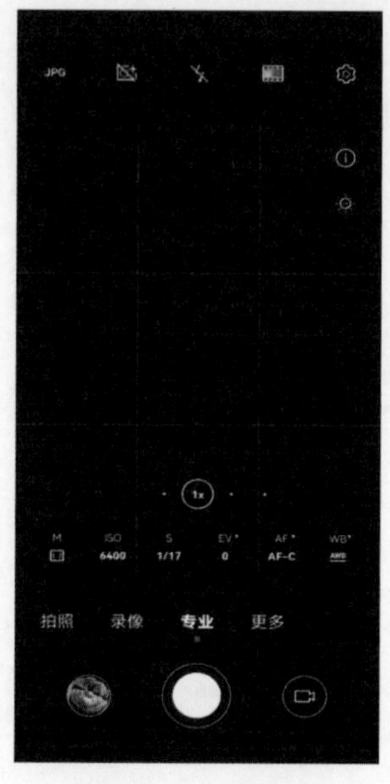

图5-17 专业模式

专业模式下可以调节的常用参数有：M（测光方式）、ISO（感光度）、S（快门速度）、EV（曝光补偿）、AF（对焦方式）、WB（白平衡）等参数，这些常用参数的功能和作用如表 5-1 所示。

表5-1 专业模式下的常用参数的功能与作用

参数名称	调节要点
M（测光方式）	根据需要选择不同的测光方式： 矩阵测光：对画面整体测光，适合在白天光线均匀的情况下使用，如拍摄自然风景。 中央重点测光：对画面中央区域测光，适合拍摄单独的事物，如拍摄人像、一棵树、一朵花等。 点测光：对画面中心极小的区域测光，适合拍特写镜头，如人物的眼睛、嘴角等
ISO（感光度）	ISO是衡量底片对于光的灵敏程度，ISO值越小，画面越暗；ISO值越大，画面越亮。可以在点击“ISO”后，滑动ISO的数值来调节，如镜头光线较弱时，提高感光度；当光线充足时，降低感光度。如在光线较暗的夜晚，可将ISO数值设置为800～1600；在自然光比较好的白天，可将ISO数值设置为200～400
S（快门速度）	S是快门速度，S值越小，快门速度越快；S值越大，快门速度越慢。在拍摄相对静止的画面时，如素描模特、风景，可以调低快门速度，如选择1/80；在拍摄相对运动的画面时，如拍摄运动员、海浪，可以调高快门速度，选择1/125
EV（曝光补偿）	EV是曝光补偿，是一种曝光控制方式，当光线偏暗时，可增加曝光值；当光线过亮时，则可以调低曝光值。如在拍摄白云、雪地等白色为主的物体时，可以通过调节曝光补偿来达到理想的明暗效果；在拍摄夜晚街道时，可以调低曝光值，以保证主体曝光的同时亮部细节不丢失
AF（对焦方式）	AF是对焦模式，包括AF-S、AF-C、MF三种模式。 AF-S：单次对焦，适合拍摄静止物体，如静止的人物、风景等。 AF-C：连续对焦，适合拍摄移动物体，如运动的人物、动物等。 MF：手动对焦，通过点击屏幕进行手动对焦
WB（白平衡）	WB是白平衡，也就是决定画面的白色。通过调整白平衡可以改变画面的色彩风格，可选择默认、阴天、荧光灯、晴天、自定义等模式。可根据不同的环境选择不同的白平衡模式，如阴天选择阴天模式；晴天选择晴天模式

在了解了专业模式的各项参数后，下面通过拍摄同一煎饼在不同模式下的成像情况，来查看专业模式的效果。图 5-18 所示为手机默认自动模式的拍摄效果，可以看出白色的煎饼在黑色背景的冲击下，由于曝光值和对焦等问题，出现了煎饼的主体失真、边缘不清等问题。图 5-19 所示为专业模式的拍摄效果，通过手动调整画面的感光度、曝光值以及白平衡等参数，煎饼主体清晰并呈现诱人的微黄色，大大提高了煎饼的色泽，使拍摄对象更接近真实，使人产生想吃煎饼的欲望。

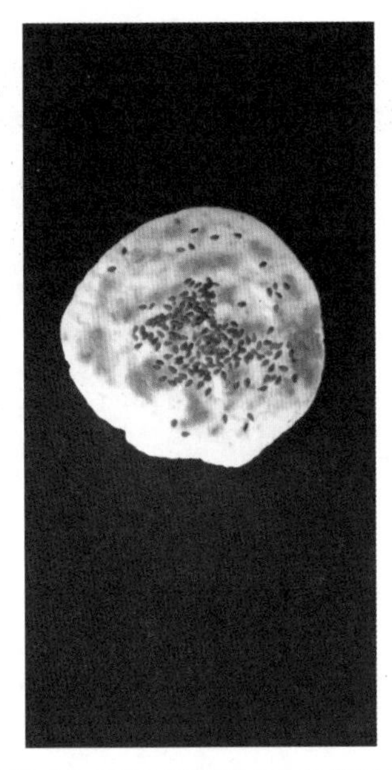

图5-18 手机默认模式的拍摄效果

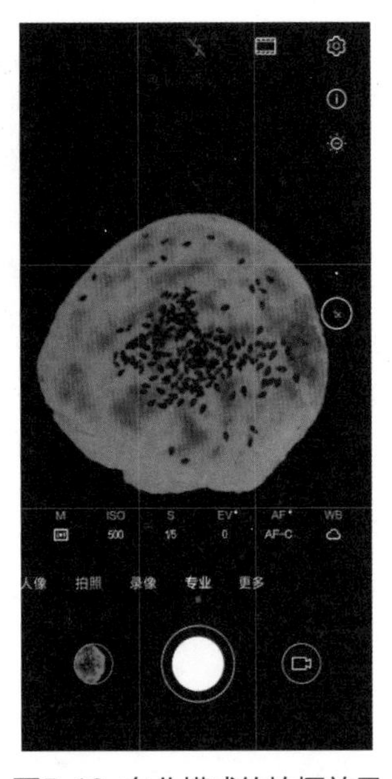

图5-19 专业模式的拍摄效果

由此可见，同一画面经过不同拍摄模式可产生不同的画面效果。短视频创作者可以在拍摄时结合拍摄需求及实际情况，选择适合自己的拍摄模式。

提示

在专业模式下拍摄视频，一般先把白平衡设置为手动，用来调节整个画面的色温到接近真实环境的效果。固定好白平衡后，如果要获得好的景深，这里对焦最好选择 MF 档，然后手动对焦，如果把快门和感光度设置为手动，这时的曝光补偿按钮变成灰色，说明这时画面的亮度全是由快门和感光度来控制，通常白天将感光度设置为 50，快门控制在 1/30 以内。

5.1.5 选择手动对焦

现在的智能手机都有自动对焦功能，通常情况下，我们拍摄视频或图片时只要对准拍摄对象，手机就会根据环境和手机与拍摄对象的距离进行自动对焦，以使所拍摄画面为最清晰状态，省去了手动对焦的麻烦，也节约了拍摄时间。但在面对以下情况时，就要用到手动对焦来调整视频画面的亮度和曝光度。

（1）微距拍摄。

（2）光线不够，环境比较暗。

（3）反差很小，没有明显线条的物体。

（4）隔着透明物体（玻璃）拍摄。

（5）在复杂场景下，主体前有障碍物遮挡，很多被摄体重叠一起。

这里以 iPhone X 手机为例，手动对焦的操作如下：

步骤 01 在手机上打开“相机”图标，选择“视频”模式，可以看到手机自动对焦的画面，如图 5-20 所示。

步骤 02 先点击屏幕选择焦点（即拍摄的对象），长按 3 秒，即可完成锁定对焦，再在屏幕上上下滑动以调整画面的亮度和曝光度，直至画面清晰，如图 5-21 所示。

所以，不要为了怕麻烦而一味地使用自动对焦，在某些特殊的情况下，使用手动对焦可以大大提高视频画面的清晰度。

图5-20 手机自动对焦的画面

图5-21 手动对焦后的画面

5.2 使用手机 App 拍摄短视频

短视频创作者不仅可以使用手机自带的相机来拍摄视频，还可以使用手机中常用的 App 来拍摄视频，如抖音、快手、美拍等。并且，还可以直接使用这些 App 来编写视频，为视频添加滤镜、贴纸、音乐等元素，最后在其平台上发布，吸引平台用户点赞、评论。

5.2.1 常用的手机短视频拍摄 App

目前市场上有很多功能强大的手机短视频拍摄 App，热门的短视频拍摄 App 有抖音、快手、美拍等。这些短视频拍摄 App 各有特色，其拍摄视频的方法也有所差异，短视频创作者应该掌握这几款短视频拍摄 App 的基本用法，以便在多个平台分享自己的视频内容，吸引粉丝关注账号。

1. 抖音 App

抖音是一款由抖音集团研发并运营的短视频创意社交软件，于 2016 年 9 月上线。根据相关数据统计，抖音近几年的日活跃用户数量呈非常明显的增长状态，如图 5-22 所示。截至 2021 年 4 月，抖音的日活跃用户数量平均值已超 6 亿。由此可见，抖音作为一款短视频社交软件，已经在短视频市场中占据了很大的份额。

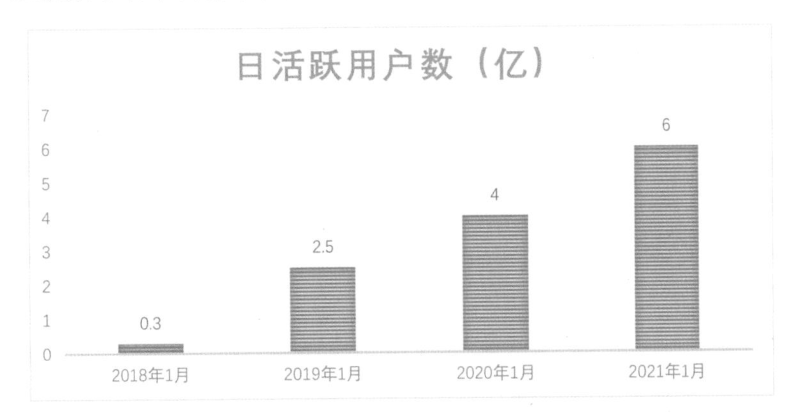

图5-22 抖音日活跃用户数量

抖音 App 首页的“推荐”页面如图 5-23 所示。

图5-23 抖音App首页的“推荐”页面

> **提示**
>
> 抖音 App 作为一款社交软件，用户可以将自己的生活在抖音 App 上进行分享，从而认识更多的朋友，了解各种奇闻趣事。在抖音 App 上，短视频创作者不仅可以自己拍摄视频，还可以利用已发布的短视频进行引流和推广，以及直播“带货”。

2. 快手 App

快手是北京快手科技有限公司旗下的一款产品，最初是一款用来制作、分享 GIF 图片的手机应用软件。2012 年 11 月，快手从一个图片工具软件转型为短视频社区，用于用户记录和分享生活的平台。后来，随着移动智能手机的普及和移动流量成本的下降，以及短视频爆发的冲击，快手在短视频市场迅速站稳脚跟，成为当下比较热门的短视频平台之一。

根据相关数据统计，2015 年 6 月至 2016 年 2 月，快手短视频仅仅用了 8 个月的时间就实现了用户 1 亿到 3 亿的跨越。根据快手官方发布的 2021 年第二季度财务报告来看，快手 2021 年第二季度平均日活跃用户为2.932亿，平均月活跃用户为5.06亿，也属于用户数量较大的短视频平台。

快手 App 首页的“精选”页面如图 5-24 所示。

提示

快手和抖音同为短视频平台的两大巨头，二者之间有联系也有区别。就区别而言，主要体现在平台定位、目标用户群体等方面，具体内容如下：

- 抖音是一款专注年轻人拍摄短视频的音乐创意短视频社交平台，其主要目标群体为一、二线城市的年轻人。抖音的用户特征为：商业意识、自我展现意识较强，运营模式是注重营销推广。
- 快手是一款大众用来记录和分享生活的平台，其主要目标群体为三、四线城市的居民。快手的用户特征为：好奇心、自我展现意识较强，运营模式是注重内容产出。

3. 美拍 App

美拍是由厦门美图网络科技有限公司出品的一款可以直播、美图、拍摄、后期制作的短视频社交软件。美拍 App 于 2014 年 5 月上线，上线后连续 24 天蝉联 App Store 免费下载总榜冠军，并成为当月 App Store 全球非游戏类下载量第一名。

用户可以在美拍上面观看视频和直播、拍摄视频、特效处理、寻找同好等，因此深受年轻人的喜欢。此外，美拍推出的“礼物系统”功能，让创作者无论是拍摄短视频还是直播都可以接受粉丝的在线送礼，大大活跃了平台气氛，使得美拍 App 用户剧增，迅速成长为具有代表性的娱乐直播平台，创造了戛纳电影节直播等经典案例。

美拍 App 首页的“发现”页面如图 5-25 所示。与抖音、快手相比，美拍的页面结构布局明显有所不同，美拍 App 有“情感”“美妆”“宠物”等分类，用户可以根据自己的喜好查看内容。

图5-24 快手App首页的“精选”页面

图5-25 美拍App首页的“发现”页面

5.2.2 使用抖音 App 拍摄短视频

抖音作为一款短视频社交软件，其愿景是做一个适合年轻人的音乐短视频社区产品，让年轻人可以轻松表达自己。抖音也会根据用户喜好、好友名单、关注账号等信息自动向用户推荐内容。

短视频创作者可以在抖音 App 上直接拍摄、发布视频，具体操作步骤如下：

步骤 01 在手机上打开抖音 App，进入抖音 App 首页，点击页面下方的“[+]（拍摄及上传）”按钮，如图 5-26 所示。

步骤 02 进入抖音 App 的内容创作页面，可选照片、视频、文字等多种内容模式（这里以选择“视频”为例），视频内容还包括分段拍、快拍等模式（这里以选择“快拍”为例），长按“[快拍图标]（快拍）”按钮开始拍摄视频内容，如图 5-27 所示。

图5-26 点击“[+]（拍摄及上传）”按钮

图5-27 长按“[快拍图标]（快拍）”按钮拍摄视频

步骤 03 拍摄好视频后，自动进入视频编辑页面，可对视频进行剪辑，添加文字、特效、贴纸等操作。编辑好视频后，点击页面右下角的“下一步”按钮，如图 5-28 所示。

步骤 04 进入视频发布页面，在此页面编写视频文案、选择视频封面和进行其他内容的设置等操作，确认无误后，点击页面右下角的“发布”按钮，如图 5-29 所示。

提示 短视频发布后，可以在抖音的主页中查看各条视频作品的观看量数据，以了解该条视频的具体效果。

图5-28 点击“下一步”按钮

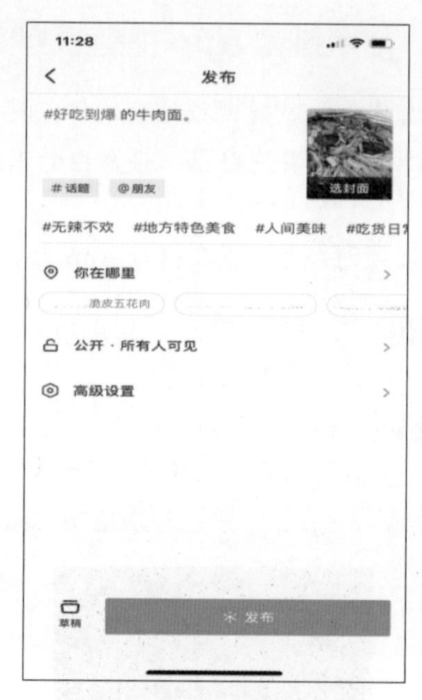

图5-29 点击“发布”按钮

5.2.3 使用快手 App 拍摄短视频

快手 App 以记录用户生活为主，是一个围绕“网红”“达人”去运营的平台，即使是一个“草根”群众、一个普通人，在快手平台上也可能成为焦点，成为一个红人。

快手 App 的操作也很简单，用户可以直接利用快手 App 拍摄、发布视频。使用快手 App 拍摄短视频的步骤如下：

步骤 01 在手机上打开快手 App，进入快手 App 首页，点击页面下方的“◎（拍摄及上传）”按钮，如图 5-30 所示。

步骤 02 进入内容创作页面，可选拍照、视频、文字等多种内容模式（这里以选择“视频”为例），视频内容还包括多段拍、随手拍等模式（这里以选择“随手拍”为例），长按“●（随手拍）”按钮开始拍摄视频内容，如图 5-31 所示。

图5-30 点击“◎（拍摄及上传）”按钮

图5-31 长按“●（随手拍）”按钮拍摄视频

步骤 03 拍摄好视频后，进入视频编辑页面，可对视频进行美化、配乐、剪辑等操作。编辑好视频后，点击页面右下角的“下一步”按钮，如图 5-32 所示。

提示　短视频创作者也可在这一步直接点击“发布”按钮，发布视频。

步骤 04 进入到视频发布页面，在此页面设置视频文案、编排视频封面等操作，确认无误后，点击页面右下角的“发布”按钮，如图 5-33 所示。

图5-32 点击“下一步”按钮

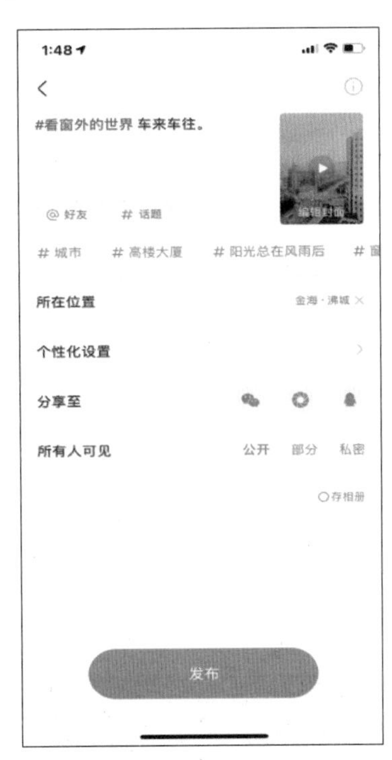

图5-33 点击“发布”按钮

完成以上操作，即可在快手平台拍摄并发布一段短视频作品。

5.2.4 使用美拍 App 拍摄短视频

美拍主打直播和短视频拍摄，拍摄时有单独的“频道”模块，并且加入排行榜功能，通过标签与分类，短视频创作者可以自主选择不同的领域，大大提高了用户的黏性。

使用美拍 App 拍摄、发布视频的操作也很简单，，其具体的操作步骤如下：

步骤 01 在手机上打开美拍 App，进入美拍 App 首页任意一个频道，点击页面下方的“（拍摄及上传）”按钮，如图 5-34 所示。

步骤 02 进入内容创作页面，点击“（拍摄）”按钮开始拍摄视频，拍摄完成后，点击“（拍摄完成）”按钮进入下一步，如图 5-35 所示。

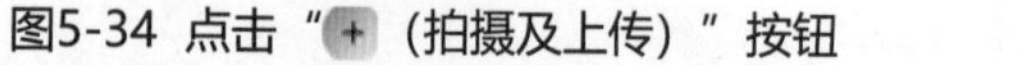
图5-34 点击“+（拍摄及上传）”按钮

图5-35 长按“●（拍摄）”按钮拍摄视频

步骤03 进入视频编辑页面，在此页面对视频进行添加音乐、滤镜、文字等操作如图 5-36 所示。

步骤04 编辑好视频后，点击页面右上角的“下一步”按钮，进入视频发布页面，在此页面设置视频标题、文案、视频封面等操作。确认无误后，点击页面右下角的“发布”按钮，如图 5-37 所示。

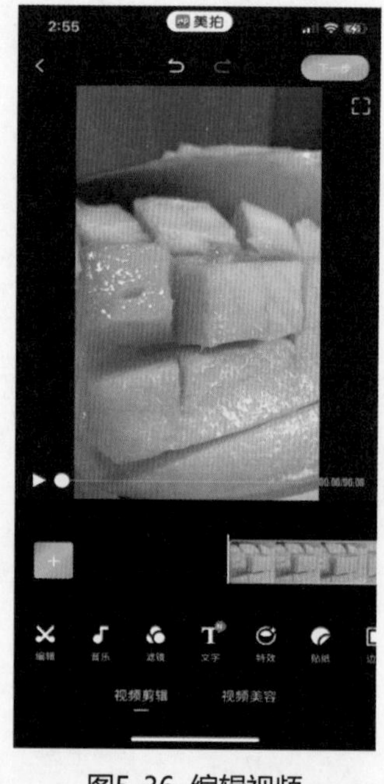

图5-36 编辑视频

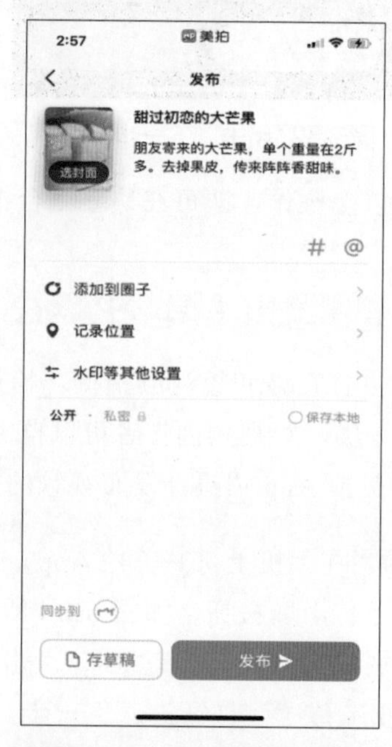

图5-37 点击“发布”按钮

完成以上操作，即可在美拍平台拍摄并发布一段视频作品。

【课堂实训】用手机拍摄短视频并上传至抖音

通过本章的介绍，相信大家已经掌握了有关手机拍摄视频的一些基本方法与操作技巧。为了巩固所学知识，下面请拿出你的手机，按照下面的操作提示步骤来拍摄一段关于花的短视频，然后上传到抖音 App 中进行发布。操作提示步骤如下：

步骤 01 打开手机中（这里以华为手机为例进行操作展示）的“相机”图标，选择“录像”功能，点击页面右上角的“（设置）”按钮，如图 5-38 所示。

步骤 02 进入录像设置页面，对视频的分辨率、画幅比例、参考线等内容进行设置。这里以分辨率为例进行设置，点击“分辨率”按钮，如图 5-39 所示。

步骤 03 进入视频分辨率设置页面，可在该页面中设置视频画幅尺寸及拍摄帧率（画幅比例为 16:9，分辨率为 1080P，拍摄帧率为 30fps），如图 5-40 所示。

步骤 04 设置完成后，返回录像页面，点击“（录像）”按钮开始录像，如图 5-41 所示。

图5-38 点击“（设置）”按钮

图5-39 点击“分辨率”按钮

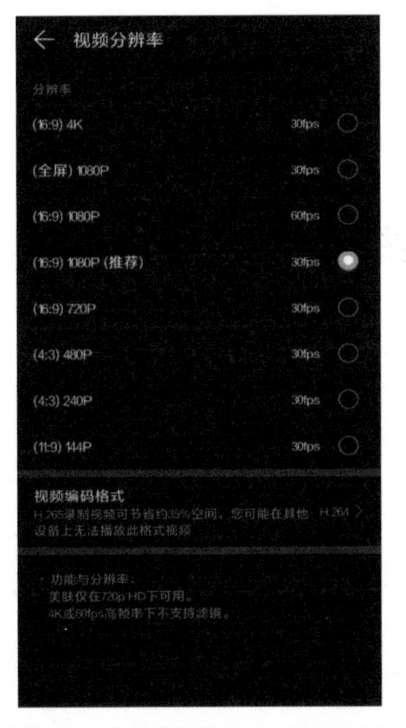

图5-40 选择视频画幅比例和拍摄帧率

图5-41 开始录像

提示 | 1080P 是指视频的分辨率为 1080 级别，即支持屏幕的分辨率为 1920 像素 ×1080 像素。

步骤05 视频录制完成后，打开抖音 App，进入抖音 App 首页，点击页面下方的“[+]（拍摄及上传）”按钮，如图 5-42 所示。

步骤06 进入抖音内容创作页面，选择“快拍”选项，点击“相册”按钮，如图 5-43 所示。

图5-42 点击“[+]（拍摄及上传）”按钮

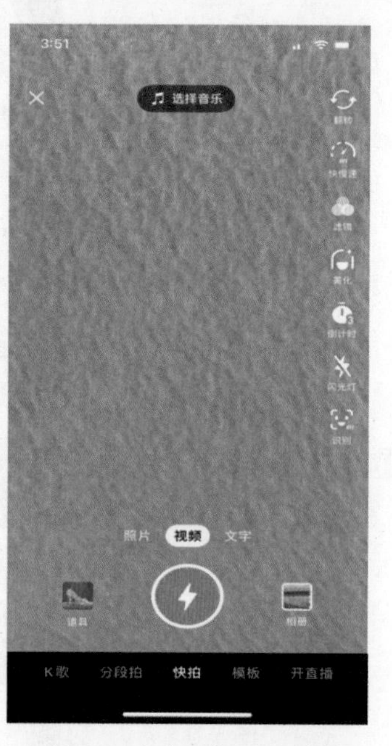

图5-43 点击“相册”按钮

步骤07 进入选择照片 / 视频页面，在“视频”选项下选择之前拍摄好的视频，如图 5-44 所示。

步骤08 页面自动跳转至视频作品的设置页面，可对该视频进行添加音乐、贴纸等操作，设置完成后，点击“下一步”按钮，如图 5-45 所示。

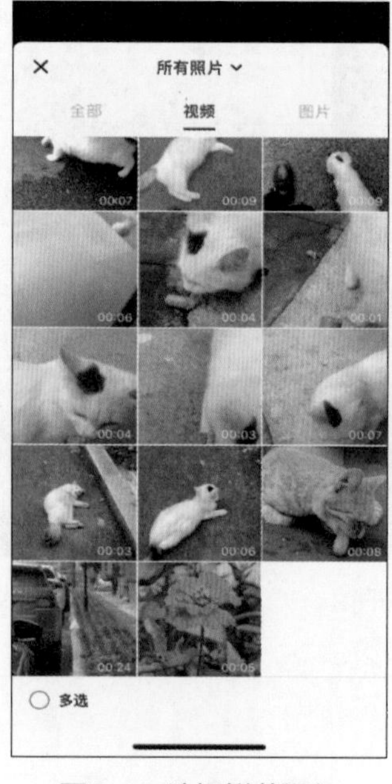

图5-44 选择鲜花视频

图5-45 视频设置页面

步骤 09 系统自动跳转至发布视频作品页面，在该页面设置作品文案、封面等信息后，点击“发布”按钮，如图 5-46 所示。

步骤 10 系统自动跳转至视频作品发布成功页面，可查看完整的视频作品以及点赞、评论等互动信息，如图 5-47 所示。

图5-46 点击“发布”按钮

图5-47 视频作品发布成功页面

至此，一个短视频作品从拍摄到编辑，再到发布的过程就完成了。大家可根据以上内容，自己拍摄并在抖音上发布一个完整的短视频作品。

【课后练习】

1. 用抖音 App 拍摄并发布一段短视频作品。
2. 用美拍 App 拍摄并发布一段短视频作品。

第 6 章 短视频的剪辑思路

【学习目标】

- 熟悉剪辑短视频的基本流程。
- 掌握为短视频添加声音与字幕的操作。
- 了解剪辑短视频的注意事项。

视频剪辑是短视频制作过程中的关键环节，通过后期处理可以让原视频变得更具吸引力。在拍摄大量视频素材后，往往还需要对这些素材进行编辑和整理，如删减视频内容，添加音乐、字幕、特效，调整视频色彩，等等。特别是很多短视频作品都是由多个视频素材组合而成的，必须由后期对视频进行剪辑，并配上适合内容氛围的音乐及字幕，才能让整个短视频作品更具观赏性。

6.1 剪辑短视频的基本流程

在剪辑短视频之前，先来了解一下剪辑短视频的基本流程。一个完整的视频包括视频画面、字幕、音乐等内容，所以在剪辑时，需要一一为视频增减画面内容，添加字幕、音乐等，同时，为了让视频呈现更好的视觉效果，往往还需要为视频增加滤镜、特效等，最后再输出成品。综合而言，剪辑短视频的流程如图 6-1 所示。

粗剪 精剪 加特效 加滤镜 输出保存

图6-1 剪辑短视频的流程

6.1.1 剪辑前的准备

视频剪辑需要借助一些工具，如常见的剪映 App、Premiere 等。剪映 App 号称“抖音官方剪辑神器”，不仅支持视频剪辑、添加音频、添加贴纸、添加滤镜等功能，还支持无水印保存导出视频，以及直接将视频分享至抖音 App。为方便用户熟悉、使用剪映，抖音官方还推出了剪映 App 的音频实操课程，讲述如何加字幕、加音乐、加特效、转场等操作。这里就以剪映 App 为例，进行视频剪辑相关内容的讲解。

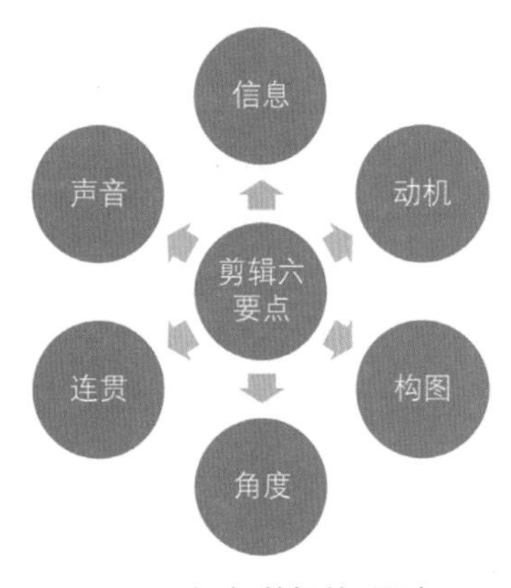

图6-2 视频剪辑的6要点

优秀的视频剪辑是将数量巨大的视频素材有机排列，让视频整体流畅自然，节奏有起有落，并且让用户感觉不到剪辑的痕迹。视频剪辑有 6 个要点，如图 6-2 所示，它们是进行视频剪辑的基础。

- **信息**：信息是指通过镜头呈现给用户的内容，是每一个镜头想要表达的内容，也是所有镜头连接在一起想要表达给用户的整体内容。视频中的信息一般由视觉信息和听觉信息共同构成，视觉信息指画面呈现的一切内容，包括演员、场景、道具等；听觉信息主要是背景音乐、旁白、台词等。
- **动机**：不论是镜头的切换，还是演员的动作，都一定是有动机的，这涉及整个视频的内在逻辑。在剪辑工作中，要遵守这一内在逻辑来进行剪辑安排，不能将无关联的镜头拼凑在一起，而是要去优化在拍摄工作中没能做好的部分。
- **构图**：视频的构图是由被拍摄主体、周边对象以及背景所共同构成的，不同的构图所展现的含义是不一样的，在剪辑的过程中要保证镜头语言与台词意图的一致性。
- **角度**：角度主要是由前期拍摄决定的，受到摄影机的摆放位置、人物的站位以及拍摄主体不同的影响。在剪辑时可以调整这些角度，同时需要思考如何通过不同的角度去展现人物的特点，获得最佳的后期效果。
- **连贯**：连贯是指视频内容的连贯性，好的剪辑能够使视频呈现平稳、连贯的效果，给用户提供更加流畅的感官体验。
- **声音**：声音的剪辑方法包括对接剪辑和拆分剪辑。对接剪辑就是画面和声音的剪辑点一致；拆分剪辑是指画面先于声音被转换，保证画面切换更自然。

6.1.2 粗剪

在拍摄完短视频后，为了让短视频作品呈现出更好的视觉效果，还需要进行剪辑。特别是很多新手，误以为视频是一镜到底，直接将拍摄好的视频随便加上一个音乐就进行发布，带来的效果可想而知。

视频粗剪相当于是为完整的短视频作品搭建一个整体框架，把多个视频素材进行拼接。例如，确定整个视频有哪些部分，每一个部分分别应该放在哪里，从而生成一个有开头、有中间、有结尾的完整视频。在这一步骤里，最为关键的一个操作环节就是剪切。即裁剪多个视频素材的无用环节，再将有用视频内容进行拼接。利用剪映App可以很方便地剪切视频，具体操作如下：

图6-3 点击“开始创作”按钮

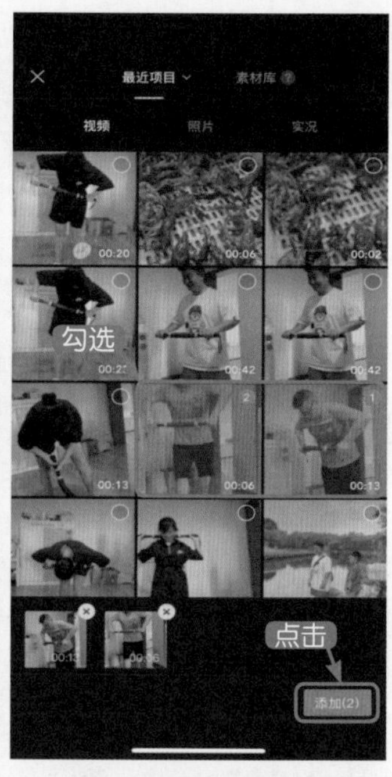

图6-4 点击“添加”按钮

步骤01 打开剪映App，点击“开始创作”按钮，如图6-3所示。

步骤02 在弹出的视频页面中勾选一段或多段视频，点击“添加”按钮，如图6-4所示。

步骤03 在视频编辑页面，点击视频末尾的“+”按钮，如图6-5所示。

步骤04 又跳转至增添视频页面，勾选一段或多段视频，点击“添加”按钮，如图6-6所示。

完成以上操作，即可将几个视频合成一个新的视频。这是增添视频操作，在剪辑视频时，还可对视频进行删减处理，具体可续上述操作。

图6-5 点击“+”按钮

图6-6 点击“添加”按钮

步骤 05 返回视频编辑页面，点击“剪辑”按钮，如图 6-7 所示。

步骤 06 跳转至剪辑视频页面，选中一段视频，点击“删除”按钮，如图 6-8 所示。

完成以上操作即可删减视频。

图6-7 点击“剪辑”按钮

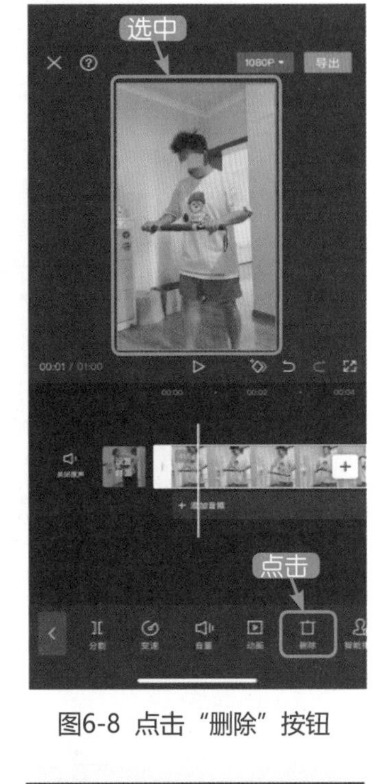

图6-8 点击“删除”按钮

6.1.3 精剪

在搭建好短视频的整体框架后，还应对短视频的内容进行美化。视频精剪这一步骤主要是通过给视频添加音乐和字幕，让视频里的信息得到有效传播。

1. 添加音乐

应景的背景音乐能够增加短视频作品的真实感、代入感，起到渲染气氛的作用。短视频创作者应该掌握一些给视频添加音乐的基本方法，快速为视频添加合适的音乐，从听觉方面抓住用户的注意力。为短视频添加音乐的方法很简单，具体的操作步骤如下：

步骤 01 在剪映 App 中添加一段视频素材，在编辑页面的功能列表区域点击“音频”按钮，如图 6-9 所示。

步骤 02 在弹出的“音频”功能菜单中，点击“音乐”按钮，如图 6-10 所示。

步骤 03 系统自动跳转到“添加音乐”页面，选择合适的背景音乐，并点击该音乐进行试听，确定使用该音乐后，点击“使用”按钮，如图 6-11 所示。

图6-9 点击“音频”按钮

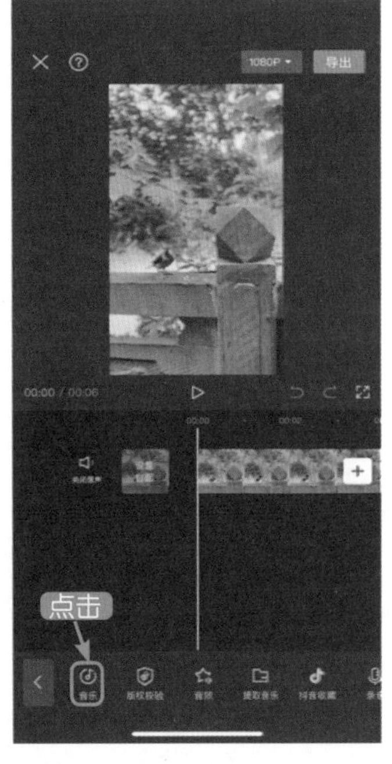

图6-10 点击“音乐”按钮

步骤 04 跳回视频编辑页面，即可看到刚才添加的音乐，如图 6-12 所示。

图6-11 点击“使用”按钮

图6-12 成功添加音乐的视频

在导入音乐后，还可对音乐素材进行更详细的设置，如调整音量、淡化、分割、踩点等。

2. 添加字幕

在短视频中添加字幕，既便于用户理解视频内容，也能提高他们的观感度。给短视频添加字幕的方法主要包括手动输入和系统识别两种。手动输入文本添加字幕非常简单，具体的操作步骤如下：

步骤 01 在剪映 App 中打开一段视频，在编辑页面的功能列表区域点击“文本”按钮，如图 6-13 所示。

步骤 02 在弹出的文本页面中点击“新建文本”按钮，如图 6-14 所示。

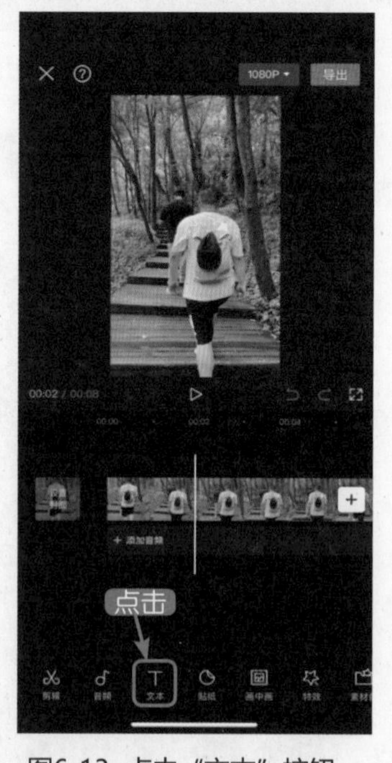

图6-13 点击“文本”按钮

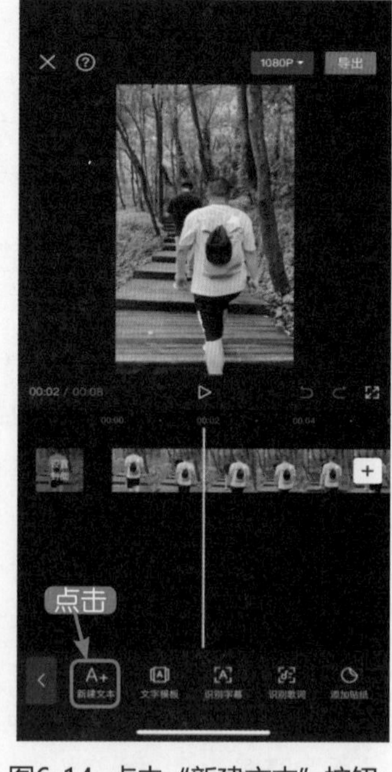

图6-14 点击“新建文本”按钮

步骤 03 在弹出的键盘页面中输入文字字幕后点击“√（确定）”按钮，即可生成字幕，如图 6-15 所示。同时，还可以根据视频的画面选择文字的样式、花字、气泡、动画等效果。

如果视频文字较多，手动输入较为烦琐，则可以通过自动识别字幕的方式来添加字幕，具体操作如下：

步骤 01 在剪映 App 中打开一段视频，在工作页面的信息列表区域点击“文本”按钮，如图 6-16 所示。

步骤 02 在弹出的页面中点击“识别字幕”按钮，如图 6-17 所示。

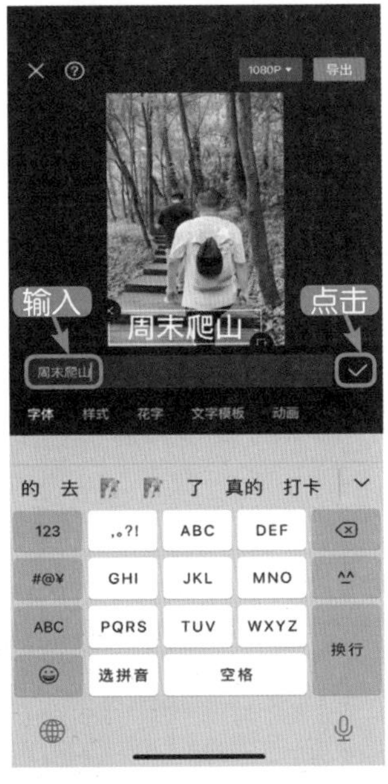

图6-15 输入文字

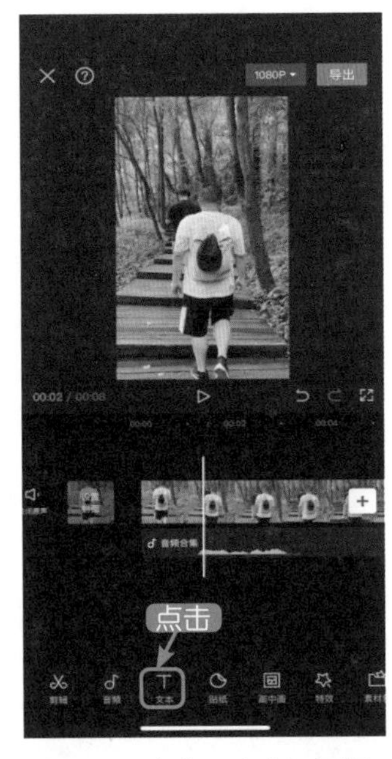

图6-16 点击“文本”按钮

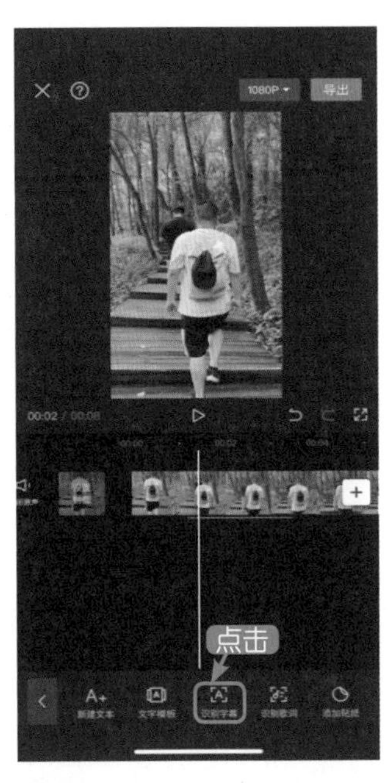

图6-17 点击“识别字幕”按钮

步骤 03 在弹出的提示中点击“开始识别”按钮，如图 6-18 所示。

步骤 04 在弹出的页面中即可看到系统自动识别出的字幕信息，如图 6-19 所示。

图6-18 点击“开始识别”按钮

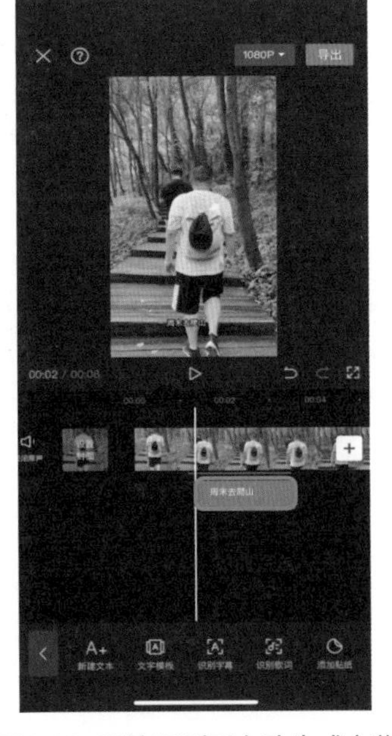

图6-19 系统识别后自动生成字幕

系统生成字幕后，也可以根据视频的画面调整字幕的样式、大小、位置等。如果自动识别字幕时发现有错别字，可对字幕进行手动编辑。

当然，视频精剪不仅限于添加音乐、字幕等内容，还可以根据自身需求对视频进行更多美化。

6.1.4 特效

要想使自己创作的短视频作品更受欢迎，还可以为短视频增加一些特效，使它具有更好的视觉效果。就目前而言，很多视频剪辑软件都具备特效功能，大家按需添加即可。

这里以用剪映 App 为例，为视频人物增加一个“猩猩脸”特效，增强视频的趣味性，具体操作步骤如下：

步骤 01 在剪映 App 中打开一段视频，在编辑页面的功能列表区域点击“特效”按钮，如图 6-20 所示。

步骤 02 在弹出的文本页面中点击“人物特效”按钮，如图 6-21 所示。

步骤 03 在弹出的特效页面中选择心仪的特效，然后点击“√”按钮即可为视频中的人物添加特效，如图 6-22 所示。

图6-20 点击“特效”按钮

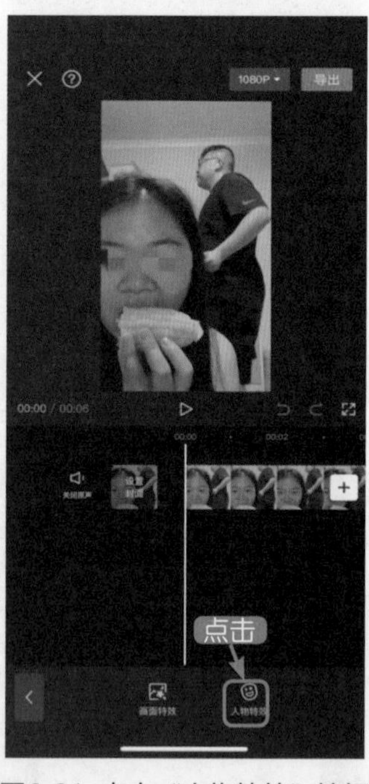

图6-21 点击“人物特效”按钮

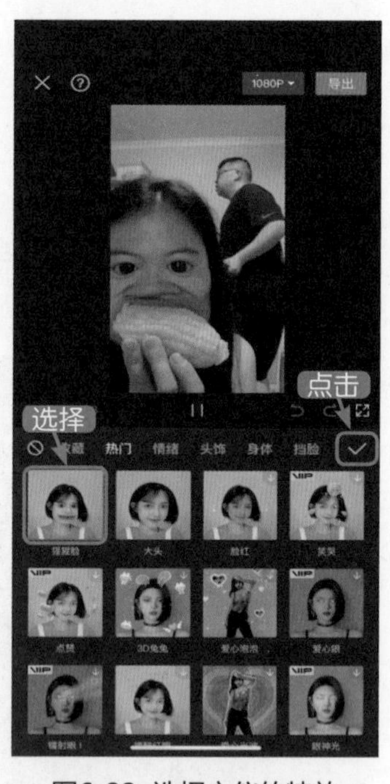

图6-22 选择心仪的特效

在添加特效时，可以选择特效时长以及具体人物，十分灵活。大家可根据自己的需求和爱好增加特效。

6.1.5 调色

很多唯美的视频画面其实都是通过后期调色来呈现的，比如霓虹光感效果、蓝色梦幻海景效果、洁白纯净的雪景效果、浪漫的落日效果，以及具有年代烙印的复古色调等。

大家可以借助视频剪辑工具对视频进行调色，这里以使用剪映 App 对海边景色进行调色为例进行讲解，具体操作步骤如下：

步骤 01 在剪映 App 中打开一段视频，在编辑页面的功能列表区域点击“滤镜”按钮，如图 6-23 所示。

步骤 02 在弹出的滤镜页面中点击“风景”下的“橘光”按钮后再点击“√”按钮，即可成功为视频增加橘光效果，如图 6-24 所示。

图6-23 点击“特效”按钮

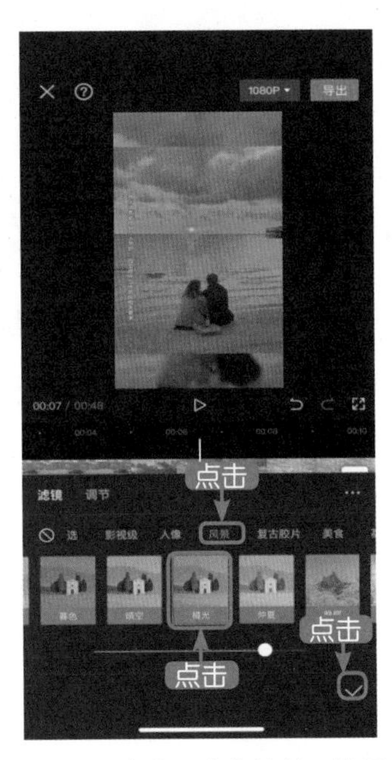

图6-24 点击“人物特效”按钮

通过为视频增加“橘光”滤镜，可以让视频页面中的夕阳颜色更深，呈现夕阳西下的浪漫氛围。

6.1.6 添加片头片尾

如同电影都有片头和片尾一般，大家也可以为短视频添加片头和片尾，而且有头有尾的短视频作品更容易获得用户的青睐。这里以剪映 App 为例，详细讲解给视频添加片头、片尾的具体操作步骤。

1. 添加片头

用剪映 App 为视频添加片头的操作步骤如下：

步骤 01 在剪映 App 中添加一段视频素材，将进度条放置在添加片头的地方，点击“动画”按钮，如图 6-25 所示。

步骤 02 在弹出的“动画”功能菜单中点击“入场动画”按钮，如图 6-26 所示。

步骤 03 系统自动跳转到新页面，点击选择合适的入场动画（这里以选择“动感放大”为例）后点击“√”按钮即可，如图 6-27 所示。

图6-25 点击“动画”按钮

图6-26 点击“入场动画”按钮

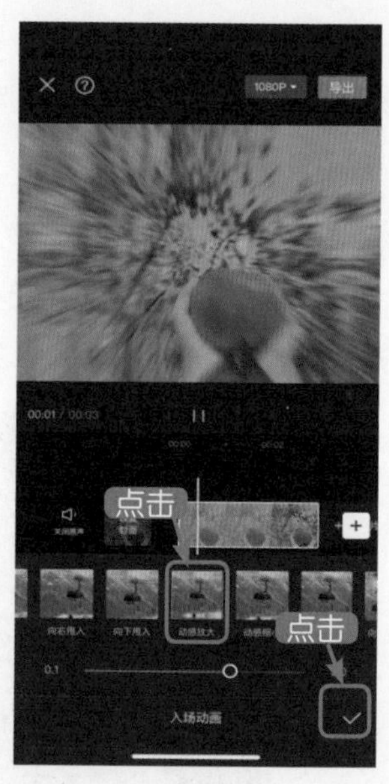

图6-27 点击选择合适的入场动画

2. 添加片尾

用剪映 App 为视频添加片尾的操作步骤如下：

步骤 01 在剪映 App 中添加一段视频素材，将进度条放置在添加片尾的地方，点击“动画”按钮，如图 6-28 所示。

步骤 02 在弹出的“动画”功能菜单中点击“出场动画”按钮，如图 6-29 所示。

步骤 03 系统自动跳转到新页面，点击选择合适的出场动画（这里以选择“渐隐”为例）后点击“√”按钮即可，如图 6-30 所示。

图6-28 点击“动画”按钮

图6-29 点击“出场动画”按钮

图6-30 点击选择合适的入场动画

6.1.7 成品输出

大家在剪辑视频后即可保存输出成品了。这里以剪映 App 为例，讲解视频成品输出的操作步骤。

步骤01 在已经剪辑好的视频页面中点击右上角的“导出”按钮，如图 6-31 所示。

步骤02 系统自动跳转到导出成品页面，如图 6-32 所示。

步骤03 当导出成品的进度条到达 100% 后，系统提示“已保存到相册和草稿”，如图 6-33 所示。

图6-31 点击“导出”按钮

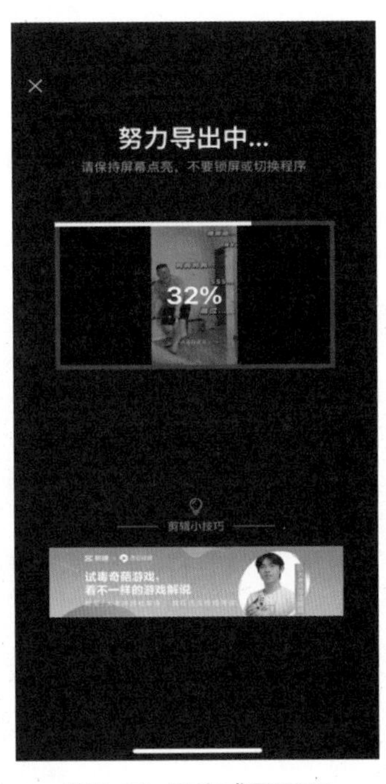

图6-32 导出成品页面

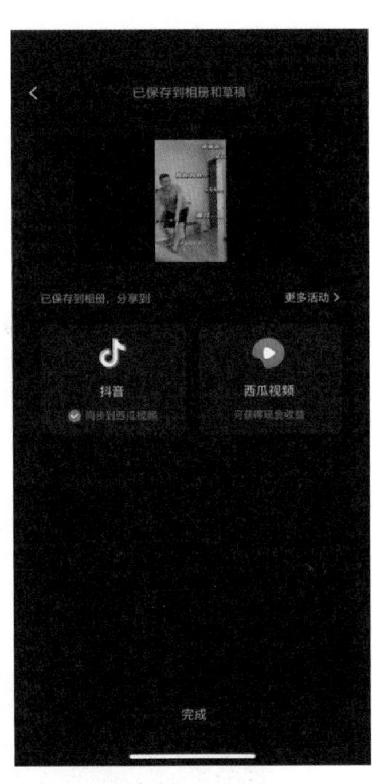

图6-33 导出完成

在导出成品后，可以返回剪映 App 首页，或选择将成品分享至抖音、西瓜视频等平台。

6.2 声音与字幕

声音与字幕在短视频剪辑中占有非常重要的作用，二者不仅承担着信息输出的作用，还可以优化视频效果。

优美动听的背景音乐可以提升短视频的活力，恰当的音效可以增强视频画面的感染力，音频变声可以增加视频的趣味性，音乐踩点可以让视频画面动感十足。字幕不仅可以增强普通用户的理解力和记忆力，还可以让用户观看更加自由，即使视频没有声音，也可以通过字幕欣赏视频的内容。因此，短视频创作者必须认识到声音与字幕的重要性，并能结合实际剪辑情况对声音与字幕进行编辑。

6.2.1 声音的剪辑

好的短视频作品，可以同时具备多种声音，不仅不会突兀，反而能增强视频的可看性和趣味性。短视频的声音主要包括背景音乐、音效以及变声处理，为视频添加背景音乐的方法在前面已经讲过了，这里不再赘述，重点讲解为视频增加音效和变声处理的方法与步骤。

1. 添加音效

在编辑短视频时，如果给视频的场景画面配上恰当的音效，会增强画面的感染力。比如，下雨场景添加大自然的风声、雷声、雨声，会让人真切地感受到画面中下雨的情况。又如，给动物视频画面配上恰当的音效会增加画面的真实性和感染力。下面详细介绍使用剪映 App 添加音效的方法与步骤。

步骤 01 在剪映 App 中添加一段视频素材，在编辑页面的功能列表区域点击“音频”按钮，如图 6-34 所示。

步骤 02 在弹出的“音频”功能菜单中点击“音效”按钮，如图 6-35 所示。

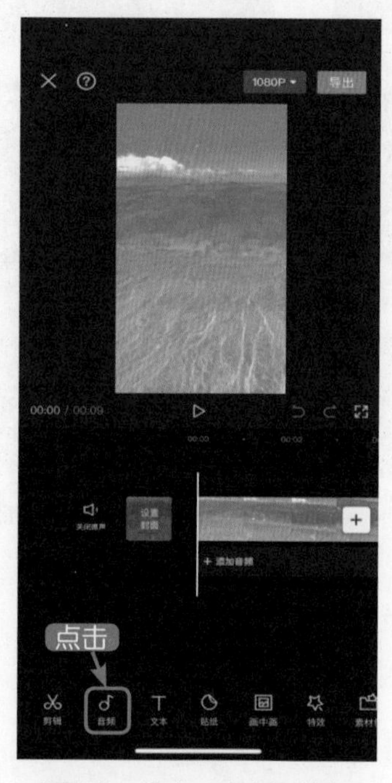

图6-34 点击“音频”按钮

图6-35 点击“音效”按钮

步骤 03 系统自动跳转到“添加音效”页面，选择合适的背景音乐，如图 6-36 所示。

步骤 04 也可以在输入框中输入想要的音效（这里以“海浪”为例）进行搜索，找到多个与海浪相关的音效，点击心仪音效后面的“使用”按钮，即可为视频成功添加音效，如图 6-37 所示。

图6-36 选择音效

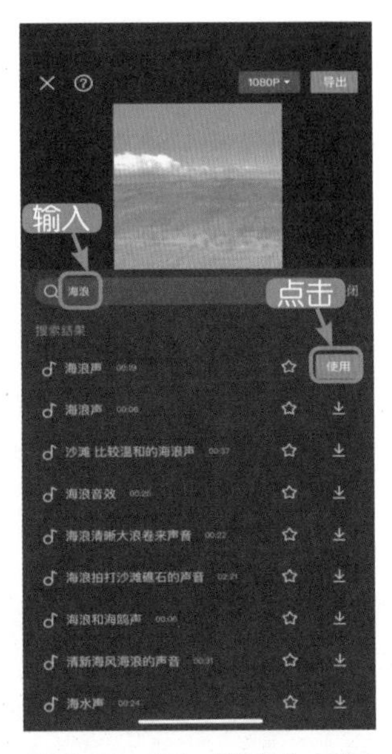

图6-37 点击“使用”按钮

2. 变声处理

为了增加视频的趣味性，部分短视频创作者会对台词进行一些变声处理，如男声变女生、成人声变动漫声，或者变为一些方言声。这里以剪映 App 为例，将视频的普通话变成机器人声，具体的操作步骤如下：

步骤 01 在剪映 App 中添加一段视频素材，在编辑页面的功能列表区域点击“变声”按钮，如图 6-38 所示。

步骤 02 在弹出的“变声”功能菜单中点击“机器人”按钮，如图 6-39 所示。

图6-38 点击“变声”按钮

图6-39 点击“机器人”按钮

完成上述操作，视频中的声音就从普通话变成机器人声了，带有一定的趣味性。

6.2.2 套用热门声音

在短视频平台中，有许多短视频作品的声音都非常有吸引力，不少人在制作短视频时也想将这些优秀的视频配乐运用到自己的短视频作品中。那么，如何套用这些热门声音呢？以抖音平台为例，直接套用热门声音的具体操作方法如下：

步骤01 在其他用户的抖音短视频作品中点击配乐处，如图 6-40 所示。

步骤02 跳转至该歌曲页面，点击“拍同款”按钮，创作带有该歌曲的短视频作品，如图 6-41 所示。

图6-40 点击短视频作品中的配乐处

图6-41 点击“拍同款”按钮

如果不想立马进行创作，可以在歌曲页面点击“收藏”按钮，将配乐添加到“我的收藏”，后面需要进行创作时，直接进入“我的收藏”页面选择该配乐即可开始创作。

6.2.3 字幕样式编辑

短视频中的字幕并非一成不变，可以根据实际情况来编辑字幕样式，如粗体、倾斜，以及各种字体颜色等。这里以剪映 App 为例，对视频字幕进行样式编辑。

1. 编辑字体

在剪映 App 中添加一段视频素材并输入字幕，在字幕下面可以看到字体选项，点击喜欢的字体进行应用，接着点击“√”按钮即可，如图 6-42 所示。

2. 编辑字体样式

除了设置字体外，还可以对字体样式进行编辑。点击“样式”按钮，进入字体样式设置页面，可对字体的字号、透明度等内容进行设置，设置完成后点击“√”按钮即可，如图 6-43 所示。

图6-42 选择心仪字体

图6-43 设置字体样式

3. 套用花字样式

如果对自己设置的字体样式不满意，可以直接套用花字。点击“花字”按钮，进入花字设置页面，在字幕下面可以看到字体选项，点击喜欢的字体进行设置，然后点击“√”按钮即可，如图 6-44 所示。

4. 设置动画效果

短视频字幕可以设置动画效果，使其画面更具灵动性。点击“动画”按钮，选择动画效果后点击“√”按钮即可，如图 6-45 所示。

图6-44 选择花字样式

图6-45 设置动画效果

6.2.4 套用文字模板

文字模板是剪映 App 自带的具有文字样式的文本，可以方便快捷地生成美观的字幕效果，不需要再对文字进行烦琐的设置了。套用文字模板的操作步骤如下：

步骤 01 在剪映 App 中添加一段视频素材，在编辑页面的功能列表区域点击“文本”按钮，如图 6-46 所示。

步骤 02 在弹出的“文本”功能菜单中点击“文字模板”按钮，如图 6-47 所示。

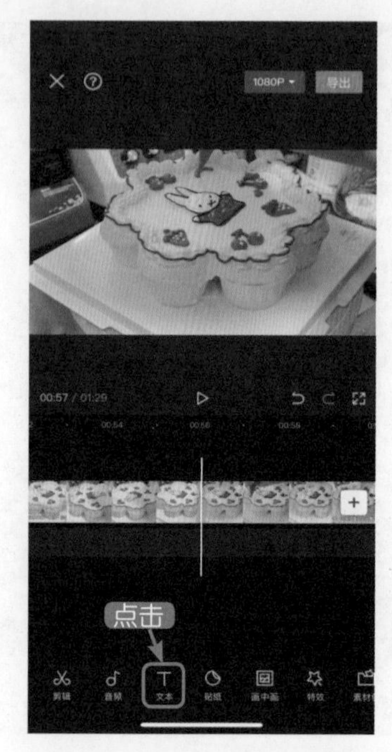

图6-46 点击“文本”按钮

图6-47 点击“文字模板”按钮

步骤 03 在文字模板中点击选择心仪的文字模板，然后点击“√”按钮，如图 6-48 所示。

步骤 04 文字模板套用效果如图 6-49 所示。

图6-48 点击选择心仪的模板

图6-49 文字模板套用效果

文字模板中有海量模板可供使用，包括一些常见的片头字幕、片尾字幕，以及一些热门的字幕等，大家可以根据视频内容的场景选择合适的模板。

6.3 剪辑短视频的注意事项

剪辑短视频看似简单，但其实内含很多需要注意的细节，只要有一个地方出错，就会导致整个视频效果不佳。在剪辑短视频时，常见的注意事项如图 6-50 所示。

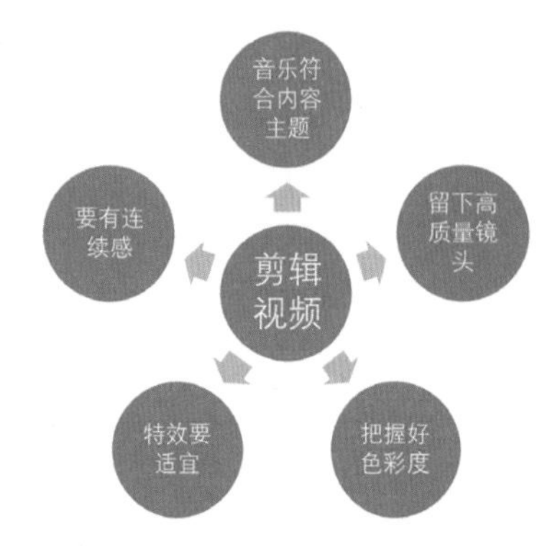

图6-50 剪辑短视频的注意事项

- **音乐符合内容主题：** 很多人都喜欢热门的东西，故有人在剪辑视频时喜欢将热门音乐放入视频中。其实，音乐与视频的关系应该是相辅相成的，音乐能烘托内容氛围。如视频正在展示一对异地恋人重聚的画面，音乐自然是要甜蜜、温情。
- **留下高质量镜头：** 剪辑的一大作用就是剔除无用的花哨镜头，保留高质量的镜头。尤其一些新手认为拍摄不易，因此想尽可能地留下每一帧镜头。但短视频用户大多是利用碎片化时间观看视频，花哨镜头反而带来不好的观看体验。
- **把握好色彩度：** 色彩是画面体现的重要因素，直接影响视频画面是否具有观赏性。因此，大家在对视频进行调色时，也要注意尺度，避免调色过重导致被摄物失真。
- **特效要适宜：** 虽然一些特效确实能为视频加分，不仅能激发用户的观赏兴趣，还能增强观众记忆，但如果一个视频特效过多，容易给人带来眼花缭乱的杂乱感。所以，特效适宜即可，不用叠加太多。
- **要有连续感：** 在剪辑视频时，一定要有清晰的剪辑思路，让视频画面层次分明、环环相扣。如果遇到实在不连续的镜头，也要用好转场特效来连接各个镜头的画面。

剪辑时如果不确定自己所剪辑的视频效果是否好，可以用同一素材剪辑多条视频作品，再通过对比方式来挑选出最佳的剪辑作品。

【课堂实训】旅游 Vlog 视频剪辑赏析

某短视频创作者将宁德市某小岛之行的一些片段进行剪辑后，生成一条独具吸引力的旅游 Vlog。在剪辑视频素材时，首先要明确主题，才能选取到符合主题的素材，如该条视频的主题为“黑色沙砾的黑沙滩”。在确定主题后，整个视频的调色、声音、字幕等方面都围绕这一主题展开。

沙滩在大多数人的印象里都有阳光、海浪等让人心情愉悦的因素。但这个堆满黑色砂砾的沙滩不一样，它更多的是一种孤独感。所以该短视频创作者在剪辑视频时，虽然也增添了海浪等音效，但整个滤镜颜色偏暗，给人一种很强的视觉冲击力，如图 6-51 所示。

在音乐方面，视频则是应用了低沉、悲伤的背景音乐，与视频内容主题“孤独”相呼应，为视频强调“无人打扰”的孤独感，如图 6-52 所示。

最后来看字幕，该条视频中共出现 3 种字幕样式。首先是突出视频内容主题的标题“黑沙滩”，应用了大字号，其目的就是迅速抓住用户的眼球，如图 6-53 所示。其次，视频中还应用了普通的台词文本，放置在视频中下方，目的是便于用户理解视频中的重要信息。最后，为了给用户传达更多信息，创作者在视频结尾处放置了一些信息提示文字，如穿鞋建议等，如图 6-54 所示。不管是普通的字幕还是信息提示文字，都选用了简洁的白色文字，既与整个视频画面的黑白色相符，也便于用户阅读。

整个视频的转场特效应用频繁，强化了不同镜头下的故事感。整个视频所流露出来都是独自一人在黑色沙滩的孤独感，使得不少追求内心平静、喜欢独处的用户纷纷点赞、留言，从而提高该视频的浏览量和互动量。

图6-51 视频调色效果

图6-52 强调视频孤独感的画面

图6-53 标题字幕

图6-54 信息提示文字

【课后练习】

1. 剪辑一条有字幕和音乐的短视频作品。
2. 剪辑一条包含片头、片尾的短视频作品。

第 7 章 使用剪映 App 剪辑短视频

【学习目标】

- 熟悉剪映 App 剪辑工具。
- 掌握使用剪映 App 剪辑视频的方法。
- 掌握使用剪映 App 编辑音频的方法。
- 掌握使用剪映 App 制作视频特效的方法。
- 掌握使用剪映 App 进行字幕处理的方法。

为了适应短视频制作快速、便捷的需求，影视制作行业中出现了很多脱离电脑也可以方便、快捷制作短视频的手机剪辑软件。想要制作出优秀的短视频，并不需要局限于专业的影视制作后期软件，熟练地运用手机剪辑软件也能够制作出具有大片观感的短视频。在众多手机剪辑软件中，使用度最高的当属剪映 App，它是抖音短视频平台的官方视频编辑工具，自带剪辑、特效、音频、字幕等多种视频后期制作功能，视频制作完成后可以直接分享到短视频平台。剪映 App 不仅功能丰富，而且操作简单、易于上手，对于初入短视频行业的创作者而言非常友好。

7.1 认识剪映 App 剪辑工具

剪映 App 是由抖音官方推出的一款手机视频编辑工具，用于手机短视频的剪辑制作和发布，软件带有非常全面的剪辑功能，有多种滤镜和美颜效果，有丰富的曲库资源。即使是新手小白，在掌握了软件中的各种功能后，也能剪辑出具有大片感的短视频。因此，短视频创作者需要掌握剪映 App 中的各种功能，如剪辑、音频、特效、字幕和剪同款等，然后熟练运用这些功能制作出精美的短视频作品。

7.1.1 特色功能介绍

剪映 App 主要分为 3 大功能区：剪辑功能、“剪同款”功能和创作课堂。剪映 App 中有很多当下最先进的剪辑“黑科技”，主要包括：色度抠图、曲线变速、视频防抖、图文成片、切割、变速、倒放等高阶功能。另外，短视频创作者还可以通过剪映 App 的“剪同款”功能快速制作抖音同款热门视频。如果是不懂视频剪辑的新手创作者，还可以通过剪映 App 中的创作课堂学习视频剪辑课程。

1. 剪辑功能

剪映 App 的视频创作区工具栏位于编辑页面的最下方，主要分为一级工具栏和二级工具栏。一级工具栏主要包括剪辑、音频、文本（文字）、贴纸、画中画、特效、素材包、滤镜、比例、背景、调节等主要功能，如图 7-1 所示。点击一级工具栏图标后可进入二级工具栏，如点击“剪辑”图标即可进入剪辑功能的二级工具栏，剪辑功能的二级工具栏包括分割、变速、动画等具体功能，如图 7-2 所示。当然有些功能下面还设有三级工具栏，这里展示一、二级工具栏。

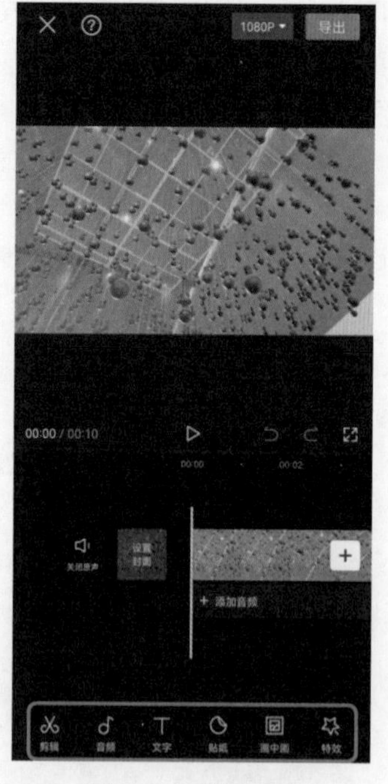

图7-1 一级工具栏

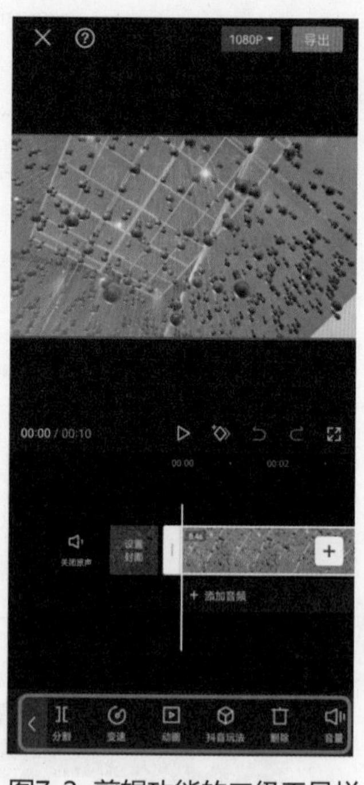

图7-2 剪辑功能的二级工具栏

下面来看看剪辑工具栏、音频工具栏、文本工具栏、特效工具栏中的主要功能，以及剪映 App 编辑页面中的其他功能。

（1）剪辑工具栏

剪辑工具栏中的主要功能如下：

- 【分割】：快速自由分割视频，一键剪切视频。
- 【变速】：分为常规变速与曲线变速，节奏快慢自由掌控。
- 【音量】：调整视频音量。
- 【动画】：主要给视频添加不同的动画，包括入场动画、出场动画和组合动画。
- 【删除】：删除不必要的视频段落。
- 【智能抠像】：一键将主体人物与背景分离。
- 【编辑】：主要分为视频镜像、画面的旋转以及画幅尺寸的裁剪，多种比例随心切换。
- 【美颜美体】：主要包括智能美颜、智能美体、手动美体三大功能，能够智能识别脸型、身材快速进行人物美化，也可通过手动调整参数定制独家专属美颜方案。
- 【蒙版】：蒙版是合成图像的重要工具，其作用是在不破坏原始图像的基础上实现特殊的图层叠加效果，通过剪映可以创建不同形状的蒙版。
- 【色度抠图】：通过拾色器吸取想要抠取的颜色，通过强度和阴影设置进行抠图。
- 【替换】：选中一段素材，可以在手机相册或者素材库中替换新的素材。
- 【防抖】：可以一键处理视频因为拍摄不稳产生的晃动、抖动情况。
- 【不透明度】：选中视频，调整其透明度，透明度值为0~100。
- 【变声】：软件中自带变声音效，有基础、搞笑、合成器、复古等不同风格的声音效果。
- 【降噪】：智能一键开启优化视频中的声音噪点。
- 【复制】：选中视频段落进行复制。
- 【倒放】：将视频顺序倒置，一键快速实现视频倒放功能。
- 【定格】：选中定格画面后，可一键将活动画面停止在一个画面上。

（2）音频工具栏

音频工具栏中的主要功能如下：

- 【音乐】：为视频添加音乐，在海量抖音音乐库中按照想要的类型去选择所需要的音乐。
- 【版权校验】：为避免版权纠纷可以通过此功能对从外部添加的音乐素材进行校验。
- 【音效】：通过联网可以下载当下火爆的视频音效，包括笑声、综艺、机械、BGM等音效。
- 【提取音乐】：可从其他视频中提取想要的音乐素材。
- 【抖音收藏】：在抖音上收藏的音乐，可以在剪映上登录抖音账号同步进行使用。
- 【录音】：按住录音按键，可直接录制语音，生成配音素材。

（3）文本工具栏

文本工具栏中的主要功能如下：

- 【新建文本】：输入文字后可以进行字体、样式、花字、气泡、动画等文字设计。
- 【文字模板】：抖音自带花字字体库，可根据需求随意选择，并且可更改文字。
- 【识别字幕】：能够自动识别视频、录音中的声音文本，形成字幕。
- 【识别歌词】：自动识别视频中的歌词，形成文本。

（4）特效工具栏

特效工具栏中的主要功能如下：

- 【画面特效】一键添加视频特效，特效种类丰富，可根据需求进行选择。
- 【人物特效】针对画面主体人物添加效果。
- 【素材包】收录海量特效素材，在同一个主题下，将音效、贴纸、花字等不同类型的素材进行组合形成组合特效。剪映的素材设计师们从各类最新的综艺节目和电视节目中吸收灵感，围绕视频的不同场景和情绪表达持续生产好用的组合素材，为剪映的用户创作提供灵感。
- 【滤镜】多种高级专业的风格滤镜，支持视频一键调色。
- 【比例】可根据视频需求调整画幅比例尺寸，通常为9:16、16:9、1:1、4:3、2:1等不同尺寸。
- 【背景】为视频添加背景，可以任意选择画布颜色、样式，同时也可以进行背景模糊。
- 【调节】手动对视频的亮度、对比度、饱和度、光感、锐化等参数进行调整。

（5）其他功能

剪映 App 编辑页面中的其他功能如下：

- 【贴纸】可以任意添加独家设计的手绘贴纸，也可以根据关键词进行搜索。
- 【画中画】在原始画面基础上增加新的视频素材。

2. “剪同款”功能

剪映 App 的“剪同款”功能中拥有非常丰富的爆款短视频模板，创作者可以根据自己的创作需求、热度去选择喜欢的视频板块效果，一键套用模板。“剪同款”功能常用的视频模板类型主要包括卡点、日常碎片、萌娃、玩法、旅行、纪念日、美食、Vlog等，如图7-3所示。“剪同款”功能的操作十分简单，创作者选好模板后，只需点击“剪同款”图标，上传对应的照片 / 视频素材后即可一键生成爆款短视频，如图7-4所示。

图7-3 “剪同款”功能页面

图7-4 点击“剪同款”按钮

3. 创作课堂

创作课堂（见图7-5）是剪映 App 中自带的短视频创作课程教学，课程内容覆盖短视频创作的全部过程，包括脚本的构思、视频拍摄、后期剪辑、调色、账号运营等多个分类。从新手入门、创作初级到高阶大神，海量课程可以满足不同阶段的创作者需求。部分课程支持不同程度的创作者边学边剪，通过即时实操提升用户学习成效。

图7-5　剪映App中的创作课堂页面

7.1.2　下载与安装剪映 App

在学习剪映 App 前，先要在手机上安装剪映 App。现在市面上主要使用的手机系统为 iOS 和安卓，那么接下来就分别介绍一下剪映 App 在 iOS 和安卓上的下载与安装方式。

1. 使用 iOS 系统下载与安装剪映 App

使用 iOS 系统下载与安装剪映 App 的具体方法如下：

步骤 01 点击苹果手机上的“App Store”图标，如图 7-6 所示。

步骤 02 在搜索页面输入“剪映”，点击剪映软件的“获取”按钮，如图 7-7 所示。

步骤 03 下载成功后会自动安装，在手机主页面中就会出现剪映 App 的图标，如图 7-8 所示。

图7-6　点击“App Store”图标

图7-7　点击“获取”按钮

图7-8　剪映安装成功

2. 使用安卓系统下载与安装剪映 App

使用安卓系统下载与安装剪映 App 的具体方法如下：

步骤01 点击安卓手机上的“应用市场”图标，如图 7-9 所示。

步骤02 在搜索页面输入“剪映”，点击“搜索”按钮，如图 7-10 所示。

图7-9 点击“应用市场”图标

图7-10 点击“搜索”按钮

步骤03 在“剪映”应用页面，点击“安装”按钮，如图 7-11 所示。

步骤04 安装成功后，在手机主页面中就会出现剪映 App 的图标，如图 7-12 所示。

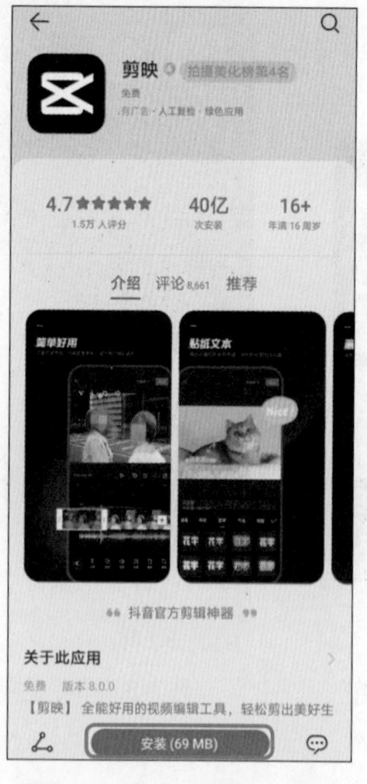

图7-11 点击“安装”按钮

图7-12 剪映App安装成功

7.1.3 认识剪映 App 的工作页面

使用剪映 App 制作短视频之前，要先熟悉剪映 App 的工作页面。剪映 App 的主工作页面十分简洁，主要包括开始创作、本地草稿、快捷工具栏等几大区域，如图 7-13 所示。

下面为大家展示如何在剪映 App 工作页面中导入需要剪辑的素材，具体操作步骤如下：

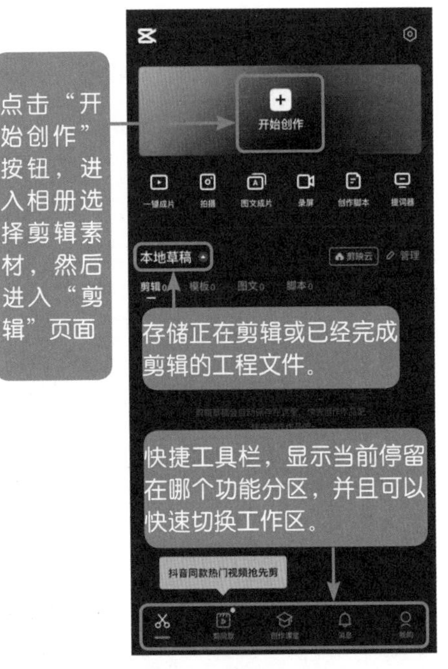

图7-13 剪映App的主工作页面

步骤 01 打开剪映 App，点击主页面中的“开始创作”按钮，如图 7-14 所示。

步骤 02 在弹出的页面中，勾选将要进行剪辑的视频素材（视频或照片），点击“添加”按钮，如图 7-15 所示。

步骤 03 导入素材之后自动进入剪映 App 的编辑页面，如图 7-16 所示。

图7-14 点击“开始创作”按钮

图7-15 选择并添加素材

图7-16 进入编辑页面

除了导入手机相册中的视频或照片以外，还可以利用剪映 App 中的“素材库”导入相关的视频素材，具体操作步骤如下：

步骤 01 打开剪映 App，点击主页面中的“开始创作”按钮，弹出新页面后切换到“素材库”页面中，选择想要的主题标签（如片头），接着勾选视频素材，点击“添加”按钮，如图 7-17 所示。

步骤 02 导入素材之后自动进入剪映 App 的编辑页面，如图 7-18 所示。

步骤 03 编辑页面主要包括预览区域、编辑区域、快捷工具栏区域，如图 7-19 所示。

图7-17 “素材库”页面

图7-18 进入编辑页面

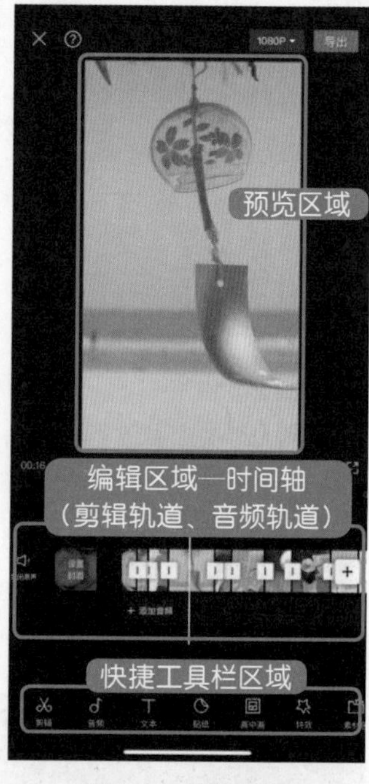

图7-19 编辑页面

7.2 视频的基本剪辑

前面已经介绍了剪映 App 的基本编辑页面，并讲解了在剪映 App 中导入素材的方法，接下来将通过具体的操作案例来讲解如何对视频进行基本剪辑。

7.2.1 分割素材

分割素材即使用剪辑中的分割工具将一段完整的素材分割开。分割素材的操作步骤如下：

步骤 01 打开剪映 App，点击“开始创作”按钮，添加视频素材，将剪辑轨道上的时间轴定位到需要剪断的位置，点击工具栏上的“剪辑”图标进入到二级工具栏，如图 7-20 所示。

步骤 02 在二级工具栏中点击“分割”图标，即可将一段视频素材分割成两段，点击选中多余的素材，接着点击“删除”图标，删除多余的视频完成素材的分割，如图 7-21 所示。

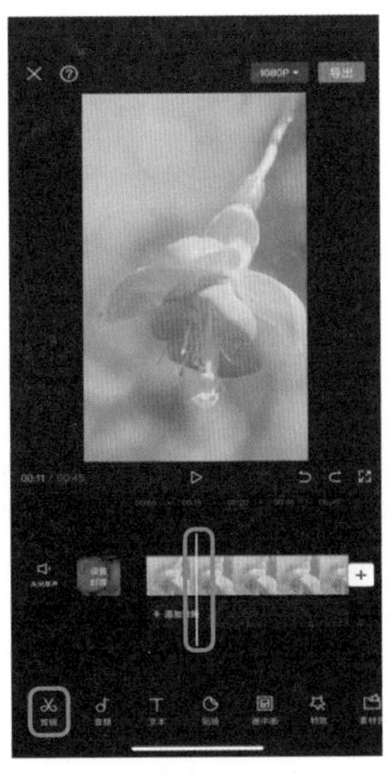
图7-20 点击“剪辑”图标

图7-21 点击“分割”图标

7.2.2 调节视频音量

调节视频音量即使用剪辑中的音量工具将一段带有音频的视频素材的音量调整至合适的数值。调节视频音量的操作步骤如下：

步骤 01 打开剪映 App，点击“开始创作”按钮添加视频素材，点击“剪辑”图标进入剪辑二级工具栏，如图 7-22 所示。

步骤 02 在二级工具栏中点击“音量”图标，进入音量页面，如图 7-23 所示。

步骤 03 根据需求，拖动调整声音数值（0 ~ 100）后，点击“√”按钮，如图 7-24 所示。

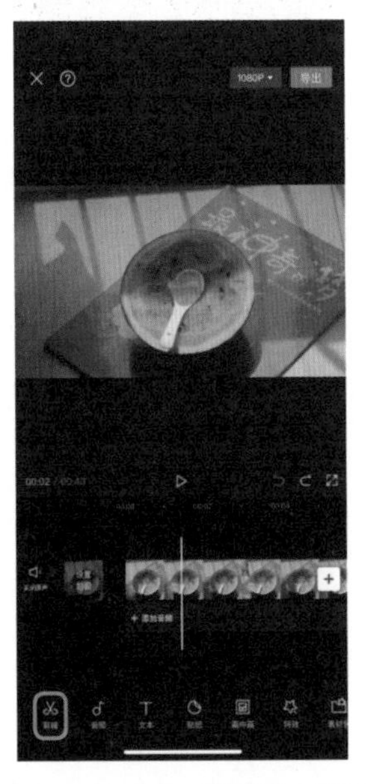
图7-22 点击“剪辑”图标

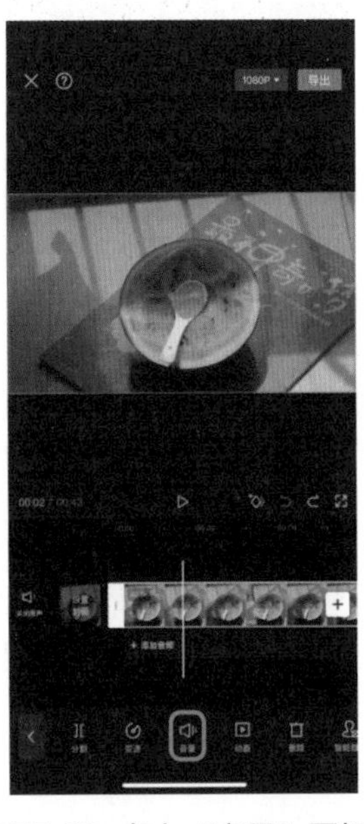
图7-23 点击“音量”图标

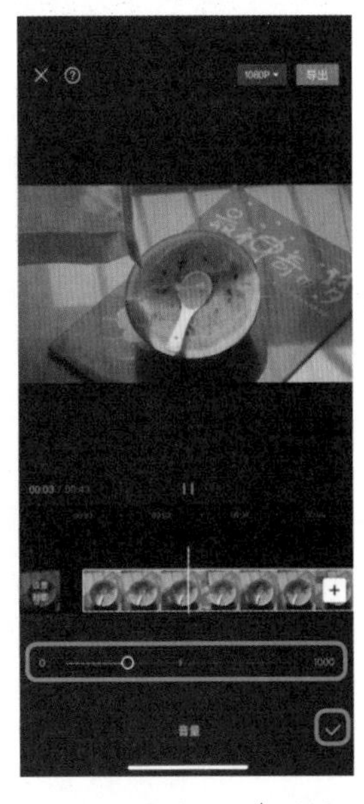
图7-24 点击“√”按钮

7.2.3 调整画面比例

在介绍这个功能之前，我们先来了解一下什么是画幅以及画幅的应用。所谓画幅就是尺寸的意思，即成像单元尺寸，我们可以简单地理解为展示给观众的画面大小。现在常见的画幅比例是指视频画面的宽度与高度之间的比例，通常常用的画幅比有竖屏 9:16，宽屏 16:9、2.35:1、4:3、1:1 等。

短视频作品一般常用 9:16 竖屏画幅或 16:9 宽屏画幅。拍摄短视频前，创作者可以用任意的画幅比例进行拍摄，然后通过后期调整成所需要的画幅比例即可，但也需要主体画面的主体构图。下面以剪映 App 的比例功能为例讲解如何调整视频画面比例，具体的操作步骤如下：

步骤 01 打开剪映 App，点击“开始创作”按钮，添加视频素材，将一级工具栏向右滑动，点击“比例”图标，如图 7-25 所示。

步骤 02 在二级工具栏中点击“9:16”图标后，用双指缩放视频画面，调整画面大小至合适的位置，如图 7-26 所示。

步骤 03 调整结束后，点击“‹（返回）”图标，完成画幅调整，效果如图 7-27 所示。

图7-25 点击“比例”图标

图7-26 点击“9:16”图标

图7-27 点击“返回”图标

7.2.4 实现视频变速

制作一段短视频时，我们可以通过视频变速来调整视频时长。视频变速可以分为加快视频和放慢视频。剪映 App 中的变速功能分为常规变速与曲线变速，常规变速就是将视频进行基础的加速或放慢，而曲线变速则是将视频进行不规则播放速度的改变。下面将以曲线变速为例讲解如何实现视频变速，具体的操作步骤如下：

步骤 01 打开剪映 App，点击“开始创作”按钮，添加视频素材，选中视频直接进入剪辑的二级工具栏，点击“变速”图标，如图 7-28 所示。

步骤 02 在变速功能的下级工具栏中点击“曲线变速”图标，如图 7-29 所示。

步骤 03 选择变速类型，点击“英雄时刻”图标后，在预览区域中查看视频效果，如图 7-30 所示。

图7-28 点击“变速”图标

图7-29 点击“曲线变速”图标

图7-30 点击“英雄时刻”图标

步骤 04 在编辑页面根据视频的高光点调整变速的不同时间节点，如图 7-31 所示。

步骤 05 调整好时间节点后，在曲线变速页面点击“√”按钮，如图 7-32 所示。

步骤 06 调整结束后点击“‹（返回）”图标，即可看到该段视频由 20 秒缩短到了 10 秒，如图 7-33 所示。

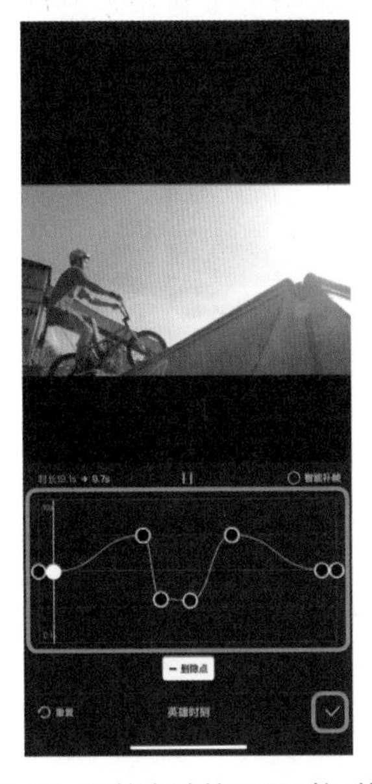

图7-31 调整变速的不同时间节点

图7-32 点击“√”按钮

图7-33 视频由20秒缩短到了10秒

7.2.5 实现视频倒放

很多精彩的视频回顾会采用回忆倒放的方式进行展现，剪映的倒放功能非常简单，一键即可实现视频的倒放效果。下面以汽车行驶的视频为例实现倒放后汽车倒着向后开的效果，实现视频倒放的操作步骤如下：

步骤01 打开剪映 App，点击“开始创作”按钮，添加视频素材，点击“剪辑”图标，进入剪辑二级工具栏，如图 7-34 所示。

步骤02 在二级工具栏中点击“倒放”图标，如图 7-35 所示。

步骤03 倒放完成后，点击“‹（返回）”图标，退出编辑页面，倒放效果如图 7-36 所示。

图7-34 点击“剪辑”图标

图7-35 点击“倒放”图标

图7-36 倒放效果

提示 画面的倒放效果要运用到画面中有运动主体的视频中，同时，可以搭配变速功能，制作回忆倒退的短视频。

7.2.6 定格视频画面

在介绍定格视频画面之前，先来了解一下什么是定格。定格就是将一段视频中的某一帧画面做短暂停留。视频是由一帧一帧的静态图片组成的动态视频，而定格视频画面的作用就是把其中的一个关键帧添加暂停效果，并使之持续一段时间，用来重点突出这个画面。一般定格功能会在表达重点画面或者动作时使用。实现定格视频画面的操作步骤如下：

步骤01 打开剪映 App，点击“开始创作”按钮，添加视频素材，点击“剪辑”图标，进入剪辑二级工具栏，如图 7-37 所示。

步骤02 将时间轴定位在需要进行定格的画面上，点击“定格”图标，如图 7-38 所示。

步骤03 此时将自动生成定格画面，然后点击“‹（返回）”图标，完成视频画面定格，效果如图 7-39 所示。

图7-37 点击“剪辑”图标

图7-38 点击“定格”图标

图7-39 完成视频画面定格

提示 在制作定格画面时，通常需要根据整个视频的音乐和节奏来卡点调节和编辑定格画面的长度。这样制作的定格视频会产生较强的节奏感，减少视频停顿感。

7.3 音频处理

音频处理是视频制作中非常重要的一个环节。在短视频中，画面和声音是构成视频的两大元素，声音在短视频中起到了渲染气氛、烘托氛围的重要作用。短视频的音频处理主要包括音乐、音效、人声 3 大要点。接下来将通过具体的案例讲解如何在剪映 App 中处理短视频的音频。

7.3.1 添加音乐

在剪映 App 中，添加音乐的方式主要有 4 种：通过剪映平台自带的音乐库按照推荐或者搜索进行添加，导入抖音视频中的音乐，提取视频里的音乐进行添加，导入本地音乐。

下面主要讲解第一种通过剪映平台自带的音乐库添加音乐的操作步骤。

步骤01 打开剪映 App，点击“开始创作”按钮，导入一段没有音乐的视频，接着点击“音频”图标进入二级工具栏，如图 7-40 所示。

步骤02 点击“音乐”图标，进入剪映音乐库，如图 7-41 所示。

图7-40 点击“音频”图标

图7-41 点击“音乐”图标

步骤03 可以选择剪映推荐的音乐，点击音乐进行试听后，如果对音乐满意就可以点击“使用”按钮，如图 7-42 所示。

步骤04 按住所选音乐音频调整位置，拖曳音频两端修改起始时间和结束时间，调整完成后，点击“«（返回）”图标，即可为视频成功添加音乐，如图 7-43 所示。

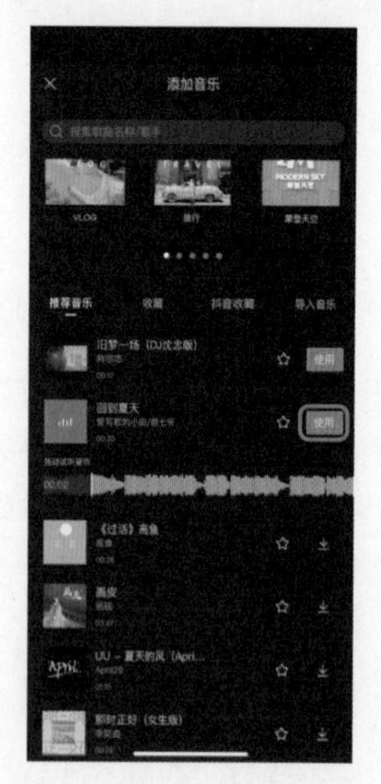

图7-42 点击“使用”按钮

图7-43 调整音频位置

提示

在添加音乐时，推荐使用剪映自带的音乐库中的音乐进行添加，或者是通过导入抖音视频中的音乐进行添加，因为这两种方式可以避免后期在抖音平台上传视频后的音乐版权问题。

> 使用剪映音乐库中的音乐，可以使用软件推荐的热门音乐，也可以根据音乐分类选择，并且还可以搜索想要的音乐名字进行添加。

7.3.2 添加音效

音效最大的作用是辅助增强用户的体验感，好的音效可以使用户融入作品中并产生情绪共鸣。剪映App可以通过联网下载当下最火爆的视频音效。添加音效的操作步骤如下：

步骤01 打开剪映App，点击“开始创作”按钮，导入一段视频，点击“音频”图标，进入二级工具栏，如图7-44所示。

步骤02 将时间轴定位在视频画面上需要添加音效的位置，点击“音效”图标，进入音效库，如图7-45所示。

步骤03 在输入框中输入想要的音效关键词（如“闪光”），选择心仪的音效进行试听，如果对音效满意就可以点击“使用”按钮，如图7-46所示。

步骤04 按住添加的音频调整位置后，点击“‹（返回）”图标，即可完成添加音效，如图7-47所示。

图7-44 点击“音频”图标

图7-45 点击“音效”图标

图7-46 点击“使用”按钮

图7-47 成功为视频添加音效

7.3.3 录制声音

录制声音是为视频添加人声配音的功能。通过添加人声配音，可以完成对视频内容的补充。录制声音的操作步骤如下：

步骤01 打开剪映App，点击“开始创作”按钮，导入一段视频，点击“音频”图标，如图7-48所示。

步骤02 进入二级工具栏，点击“录音”图标，如图 7-49 所示。

图7-48 点击“音频”图标

图7-49 点击“录音”图标

步骤03 长按页面中的“ （录音）”按钮进行声音录制，录音结束后点击“√”按钮，如图 7-50 所示。

步骤04 按住添加的录音音频调整位置后，点击“ （返回）”图标，完成录音，如图 7-51 所示。

图7-50 进行声音录制

图7-51 完成录音

7.3.4 编辑声音

导入视频素材和音频素材后，经常会发现视频长短和音乐长短有可能不匹配或者这段声音不需要，这时我们就可以将音频剪短，把不需要的部分进行删除。编辑声音的具体操作步骤如下：

步骤 01 打开剪映 App，点击“开始创作”按钮，导入一段视频素材后再添加一段音频素材。点击选中音频素材，进入剪辑二级工具栏，将时间轴定位在需要剪断的位置，点击“分割”图标，将音频素材分割成两段，如图 7-52 所示。

步骤 02 分割音频素材后点击“«（返回）”图标，完成声音编辑，如图 7-53 所示。

图7-52 点击“分割”图标

图7-53 完成声音编辑

7.3.5 变声处理

当短视频创作者为一段视频添加配音后，发现自己的音色不匹配视频画面或者不够专业时，可以使用剪映 App 中的变声处理来改变配音的音色，以达到满意的效果。变声处理的具体操作步骤如下：

步骤 01 打开剪映 App，点击“开始创作”按钮，导入一段视频素材后再添加一段配音音频，点击“音频”图标，进入二级工具栏，如图 7-54 所示。

步骤 02 选中这段音频后点击“变声”图标，如图 7-55 所示。

图7-54 点击“音频”图标

图7-55 点击“变声”图标

步骤 03 选择改变后的声音，如点击“男生”图标即可将视频中的声音变成男生的声音，接着点击“√”按钮，如图 7-56 所示。

步骤 04 点击“<（返回）”图标完成变声，效果如图 7-57 所示。

图7-56 点击“男生”图标

图7-57 完成变声

7.3.6 音乐卡点

制作音乐卡点视频的关键在于要将视频或者图片的切换点对齐音乐的节奏点。下面以简单的图片卡点视频为例进行讲解，具体操作步骤如下：

图7-58 点击“音频”图标

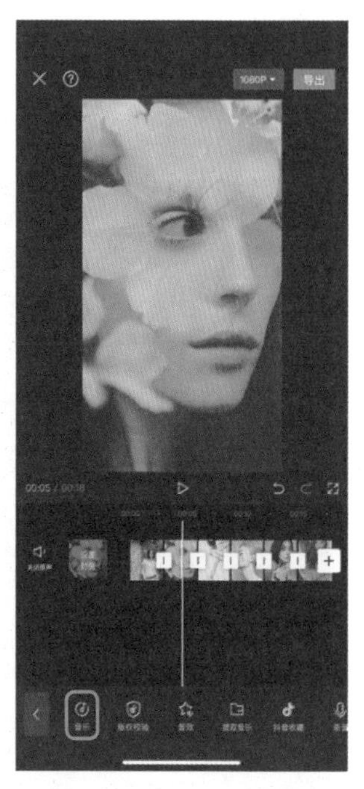

图7-59 点击“音乐”图标

步骤 01 打开剪映 App，点击“开始创作”按钮，导入准备好的图片素材后，在一级工具栏中点击“音频”图标，如图 7-58 所示。

步骤 02 进入二级工具栏，点击“音乐”图标，如图 7-59 所示。

步骤 03 进入剪映的音乐库，选择“卡点”分类中的音乐，如图 7-60 所示。

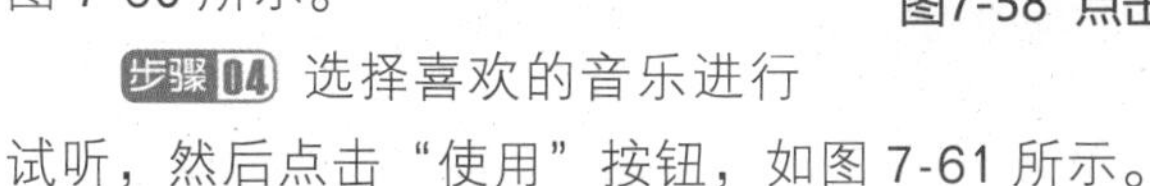

步骤 04 选择喜欢的音乐进行试听，然后点击“使用”按钮，如图 7-61 所示。

步骤 05 点击选中刚添加的音乐素材，接着点击“踩点”图标，如图 7-62 所示。

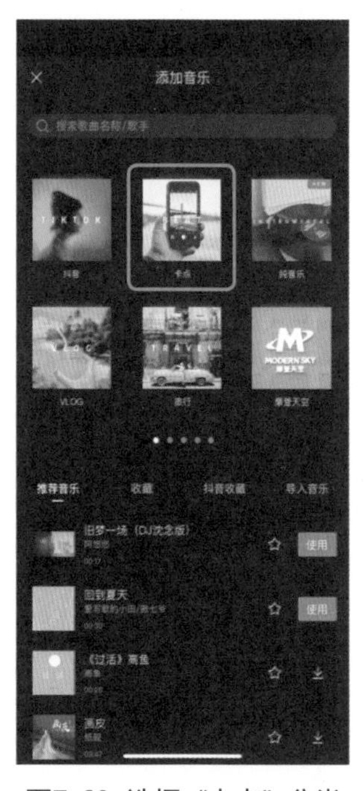

图7-60 选择“卡点”分类

图7-61 点击“使用”按钮

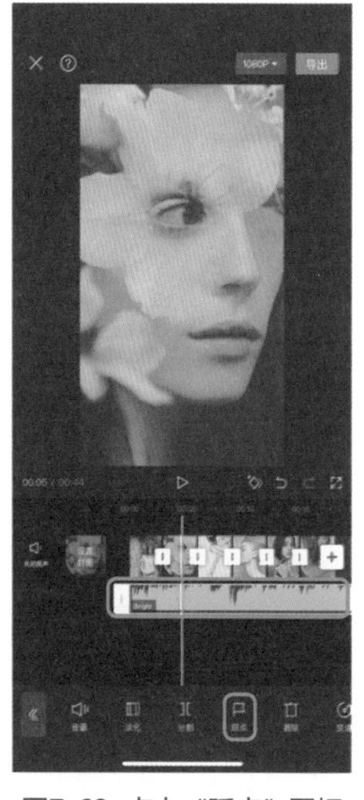

图7-62 点击“踩点”图标

步骤 06 打开“自动踩点”开关，点击“踩节拍Ⅱ”选项，系统会自动标记节拍点，接着点击“√”按钮，如图 7-63 所示。

步骤07 调整图片素材时长。选中素材，按住白色裁剪框右侧的按钮，按照系统设置好的音乐节拍点横向拖曳裁剪框，如图 7-64 所示。

步骤08 调整每个素材的时长，达到在音乐节拍点切换图片的卡点效果，如图 7-65 所示。

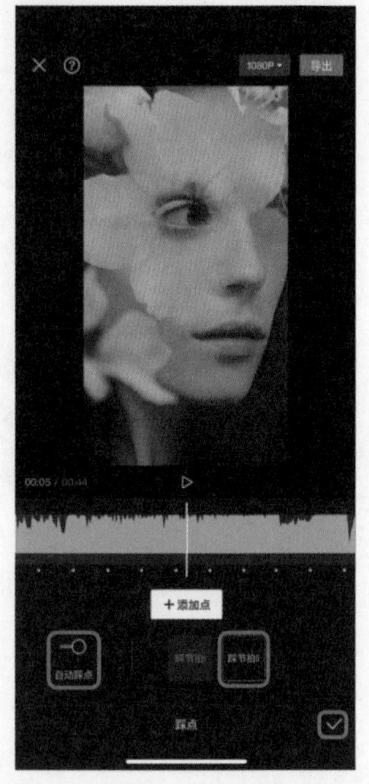

图7-63 点击“踩节拍Ⅱ”选项

图7-64 调整素材时长

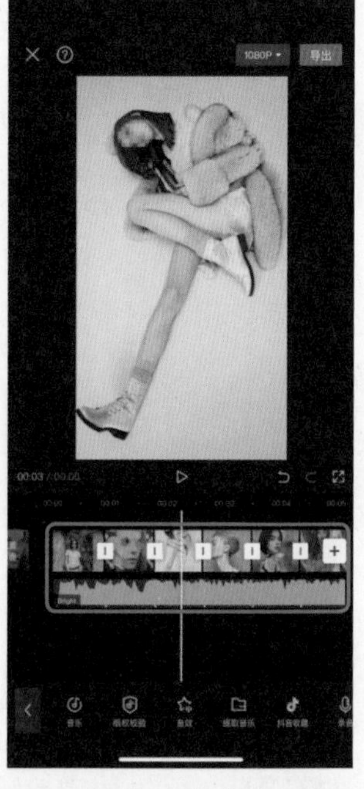

图7-65 音乐卡点视频的最终效果

7.4 视频特效

视频特效是指对前期拍摄完成的素材进行拼接剪辑后，对画面进行后期的处理和包装，形成一个效果完整的短视频作品。视频特效主要包括视频画面的颜色调整、镜头之间的特殊转场、蒙版效果等。接下来将通过具体的案例来讲解如何对视频进行特效的添加。

7.4.1 添加滤镜

在使用滤镜之前，我们要知道滤镜其实就是一种简单的为画面调色的方式。剪映 App 根据大众的审美以及流行趋势，在系统中预设了符合不同情境下使用的滤镜，短视频创作者只需要根据自己所喜欢的滤镜进行选择即可。下面就以为风景类短视频作品添加滤镜为例进行讲解。添加滤镜的具体操作步骤如下：

步骤01 打开剪映 App，点击“开始创作”按钮，导入一段风景的视频素材，此时可以看到这段风景素材的颜色很灰暗。然后将一级工具栏向左滑动，点击“滤镜”图标，如图 7-66 所示。

步骤02 进入“滤镜”工具栏，滑动工具栏，可以看到多样化风格的滤镜标签分类，要给风景视频素材添加滤镜，可以选择风景标签中的滤镜，例如选择“绿妍”滤镜。当滤镜效果太强或太弱时，拖动小圆点调整滤镜强度，这里将滤镜强度设置为“100”，然后点击“√”，按钮，如图 7-67 所示。

步骤 03 按住滤镜调节层，左右拖动调节滤镜的应用范围。点击“◀（返回）”图标，完成添加滤镜，如图 7-68 所示。

图7-66 点击“滤镜”图标

图7-67 选择滤镜

图7-68 添加滤镜效果

提示 一段视频的滤镜是可以重复添加的，按照上述的步骤，重复添加直至达到满意的效果。并且，添加滤镜并不局限于类别，风景类视频也可以使用任意标签下的滤镜效果。如果对添加的滤镜效果不满意，点击“删除”图标删除即可。

7.4.2 添加蒙版

蒙版是合成图像的重要工具，其作用是在不破坏原始图像的基础上实现特殊的图层叠加效果。通过剪映 App 可以创建不同形状的蒙版，下面就以对一段素材更换天空背景为例来讲解蒙版的应用。添加蒙版的具体操作步骤如下：

步骤 01 打开剪映 App，点击“开始创作”按钮，导入需要更换天空的视频素材，在一级工具栏中点击“画中画”图标，如图 7-69 所示。

步骤 02 在弹出的二级工具栏中点击“新增画中画”图标，如图 7-70 所示。

步骤 03 在视频素材页面中勾选需要添加的“天空”素材，点击“添加”按钮，如图 7-71 所示。

图7-69 点击“画中画”图标

图7-70 点击“新增画中画”图标

图7-71 添加素材

步骤04 双指缩放导入的素材，调整画面大小、位置、长度后，点击“蒙版”图标，如图7-72 所示。

步骤05 点击“线性”图标，然后在视频画面中按住 图标进行拖动，为视频应用线性蒙版，确认无误后点击“√”按钮，如图 7-73 所示。

步骤06 完成蒙版设置后的最终效果如图 7-74 所示。

图7-72 点击“蒙版”图标

图7-73 添加蒙版

图7-74 添加蒙版后的效果

7.4.3 添加转场

视频转场是视频与视频之间的一种过渡效果。在合并视频的时候，为了避免视频之间的衔接过于生硬，一般都会给视频加上转场效果。添加转场的具体操作步骤如下：

步骤 01 打开剪映 App，点击“开始创作”按钮，批量导入图片素材后点击“⊡（链接）”按钮，如图 7-75 所示。

步骤 02 为素材链接处添加转场效果。点击“运镜转场”标签中的“3D 空间”选项，调整转场数值（0.1 ~ 1.5s）后，点击“√”按钮，如图 7-76 所示。

步骤 03 按照上一步的方法，为所有素材添加合适的转场效果，效果如图 7-77 所示。

图7-75 点击“⊡（链接）”按钮

图7-76 添加转场效果

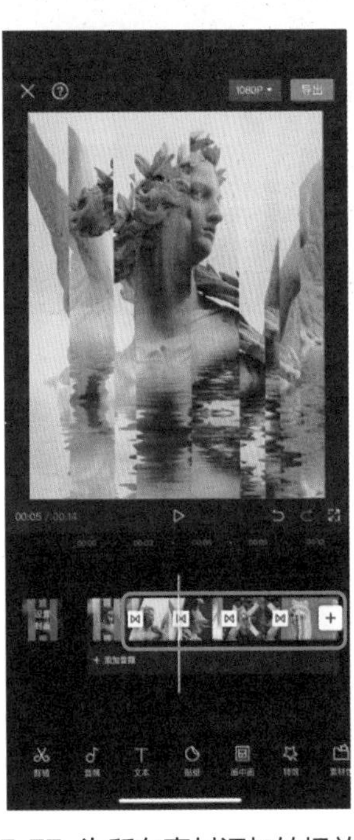

图7-77 为所有素材添加转场效果

7.4.4 动画贴纸

经常在短视频作品中看到一些可爱的动画贴纸，这种视频动画效果的制作很简单，通过剪映 App 中自带的素材就可以丰富视频画面。添加动画贴纸的具体操作步骤如下：

步骤 01 打开剪映 App，点击“开始创作”按钮，导入一段视频素材后，在一级工具栏中点击“贴纸”图标，如图 7-78 所示。

步骤 02 在素材库中选择适合的贴纸，调整其位置和大小后，点击“√”按钮，如图 7-79 所示。

步骤 03 点击“‹（返回）”图标，完成贴纸的添加，如图 7-80 所示。

图7-78 点击“贴纸”图标

图7-79 选择合适的贴纸

图7-80 完成贴纸的添加

7.4.5 画中画

画中画是剪映 App 中非常常用的一个功能，就是在原本的视频画面中插入另一个视频画面，使其形成同步播放的效果，最常用的就是分屏效果的制作。下面通过一个制作分屏视频的案例来讲解画中画的应用，具体操作步骤如下：

步骤01 打开剪映 App，点击“开始创作”按钮，导入一段主体视频素材后，在一级工具栏中点击“画中画”图标，如图 7-81 所示。

步骤02 在弹出的二级工具栏中点击“新增画中画”图标，如图 7-82 所示。

图7-81 点击“画中画”图标

图7-82 点击“新增画中画”图标

步骤03 勾选需要的素材，点击“添加”按钮，如图 7-83 所示。

步骤04 双指缩放刚添加的素材，调整画面大小、位置，以及素材长度，此时在时间轴上形成了两段素材并列的效果，如图 7-84 所示。

步骤 05 按照步骤 02 ~ 步骤 04 的方法，再次添加一段素材并调整位置，然后点击“《（返回）”图标，在时间轴上形成了三段素材并列的效果，如图 7-85 所示。

步骤 06 用手按住调整每块分屏在画面上的占比，最终画面分屏效果如图 7-86 所示。

图7-83 勾选素材

图7-84 在时间轴上形成了两段素材

图7-85 在时间轴上形成了三段素材

图7-86 最终画面分屏效果

7.4.6 调色处理

剪映App的调色功能十分丰富，主要包括亮度、对比度、饱和度、光感、锐化、HSL、曲线、高光、阴影、色温、色调、褪色、暗角、颗粒等功能。下面对一段视频素材进行电影感调色，具体的操作步骤如下：

步骤01 打开剪映App，点击“开始创作”按钮，导入一段主体视频素材后，向左滑动一级工具栏，点击“调节”图标，如图7-87所示。

步骤02 在二级工具栏中点击“亮度”图标，将亮度数值调节为“8”，接着点击“√”按钮，如图7-88所示。

步骤03 在二级工具栏中点击“对比度”图标，将对比度数值调节为“27”，接着点击“√”按钮，如图7-89所示。

图7-87 点击“调节”图标

图7-88 调整“亮度”

图7-89 调整“对比度”

步骤04 在二级工具栏中点击“HSL”图标，将“色调”调整为“34”，将“饱和度”调整为“27”，将“亮度”调整为“27”，调整完成后点击“◉”图标，如图7-90所示。

步骤05 在二级工具栏中点击“曲线”图标，按住曲线上的调节点进行调节，然后点击“◉”图标，如图7-91所示。

步骤06 按照步骤02～步骤04的方法，调整色温、色调、暗角等数值，然后点击“«（返回）”图标完成调色，最终调色效果如图7-92所示。

图7-90 调整“HSL”

图7-91 调整“曲线”

图7-92 最终调色效果

现在将调色前和调色后的画面进行对比，如图 7-93 和图 7-94 所示。

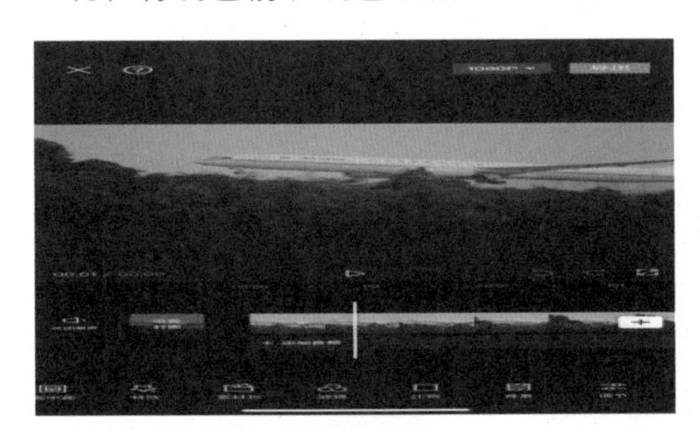

图7-93 调色前的视频画面

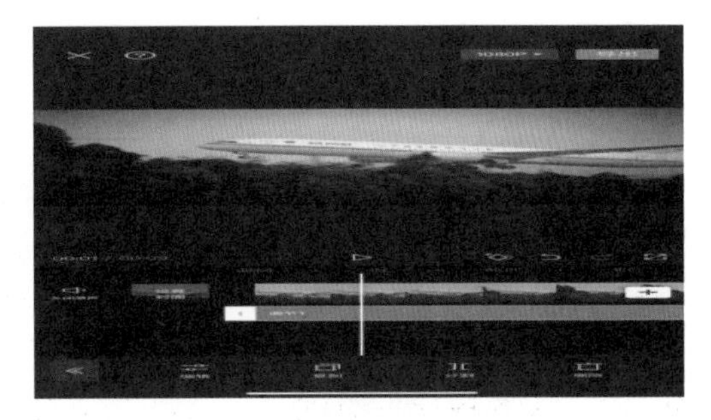

图7-94 调色后的视频画面

7.4.7 应用视频模板

“剪同款”是剪映 App 自带的爆款短视频模板，根据当下最新的热点音乐、热点话题，为短视频创作者提供可以一键套用的短视频模板，创作者可以根据自己的喜好和热度去选择喜欢的视频板块效果。“剪同款”的操作十分简单，创作者选好模板后，点击“剪同款”按钮，上传对应照片 / 视频素材后即可一键生成爆款短视频。应用视频模板制作短视频的操作步骤如下：

步骤 01 打开剪映 App，点击“剪同款”图标，进入选择模板页面，选择一个喜欢的模板，如图 7-95 所示。

步骤 02 进入该视频模板的预览页面，点击“剪同款”按钮，如图 7-96 所示。

步骤 03 根据要求准备充足的素材（如本段模板需要 15 段素材），勾选需要的素材，然后在最下方从第 1 段素材开始，点击“点击编辑”图标，如图 7-97 所示。

图7-95 选择模板

图7-96 点击“剪同款”按钮

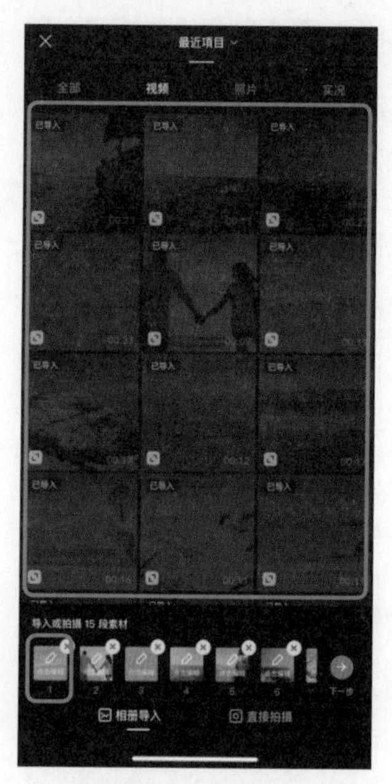

图7-97 编辑素材

步骤04 按住素材，拖动选择视频显示区域，点击“确认”按钮，如图 7-98 所示。

步骤05 将剩下 14 段素材全部进行编辑后，点击“下一步”按钮，如图 7-99 所示。

步骤06 预览制作好的视频，对不满意的段落点进行修改，满意后即可点击右上角的“导出”按钮，如图 7-100 所示。

图7-98 点击“确认”按钮

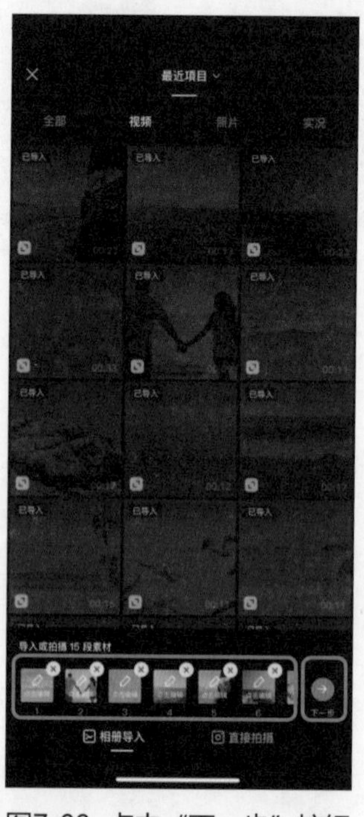

图7-99 点击“下一步”按钮

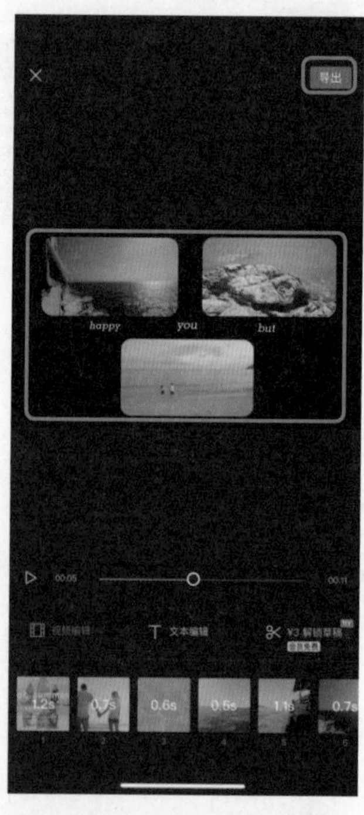

图7-100 点击“导出”按钮

步骤07 点击“■（保存）”图标保存视频，或点击“无水印保存并分享”按钮直接将视频上传到抖音平台，如图 7-101 所示。

步骤 08 视频导出成功后，点击“完成”按钮即可，如图 7-102 所示。

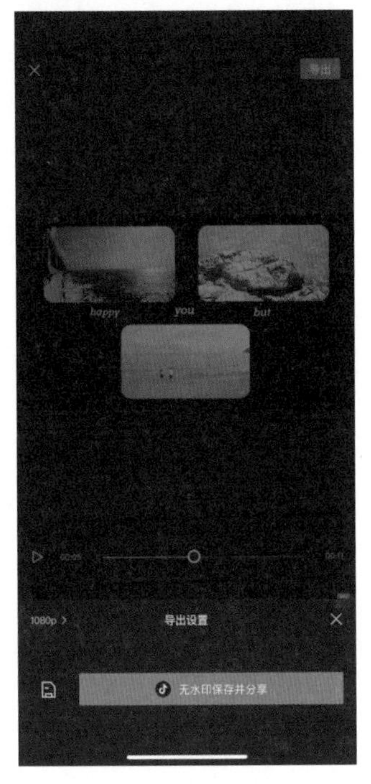

图7-101 保存视频

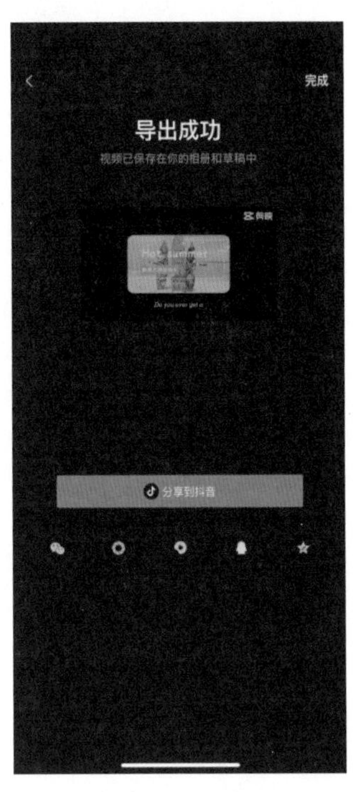

图7-102 点击“完成”按钮

7.5 字幕处理

字幕是指以文字形式显示电视、电影、舞台作品里面的对话等非影像内容，也泛指影视作品后期加工的文字。将短视频作品中的语言内容以字幕方式显示，可以将视频中表达不清晰的语言补充完整，同时也可以帮助用户理解视频内容。接下来我们将通过具体的案例来讲解如何对视频进行字幕的处理。

7.5.1 新建字幕

在剪映 App 中添加字幕非常简单，只需要短短几个步骤就可以进行文本的新建。新建字幕的具体操作步骤如下：

步骤 01 打开剪映 App，点击“开始创作”按钮，导入一段视频后，在一级工具栏中点击“文本”图标，如图 7-103 所示。

步骤 02 在二级工具栏中点击“新建文本”图标，如图 7-104 所示。

图7-103 点击“文本”图标

图7-104 点击“新建文本”图标

步骤03 输入文字“向日葵”，按住画面中的“ ”图标拖动调整字幕大小，然后点击“√”按钮，如图 7-105 所示。

步骤04 按住字幕素材调整字幕位置和时长，然后点击“ (返回)”图标，如图 7-106 所示。

图7-105 输入文字并调整大小

图7-106 调整字幕位置和长短

7.5.2 编辑字幕

字幕建好后，可以对文字进行样式设计。短视频创作者可以直接套用剪映 App 自带的文字模板来编辑字幕，具体操作步骤如下：

步骤 01 打开剪映 App，点击“开始创作”按钮，导入一段视频，按照 7.5.1 节的步骤创建文本之后，点击“编辑”图标，如图 7-107 所示。

步骤 02 点击“文字模板”标签，选择一个合适的文字模板，如图 7-108 所示。

图7-107 点击“编辑”图标

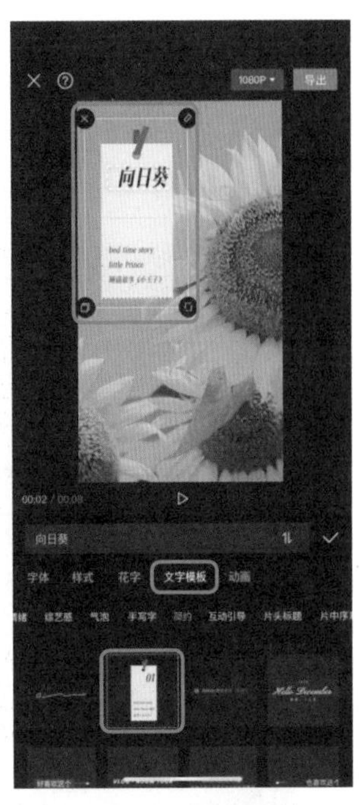

图7-108 选择模板

步骤 03 按住文本调整它在画面中的位置，接着点击选中的文字模板，修改文字，然后点击“√”按钮，如图 7-109 所示。

步骤 04 点击“«（返回）”图标，完成字幕模板设置，如图 7-110 所示。

图7-109 修改文字

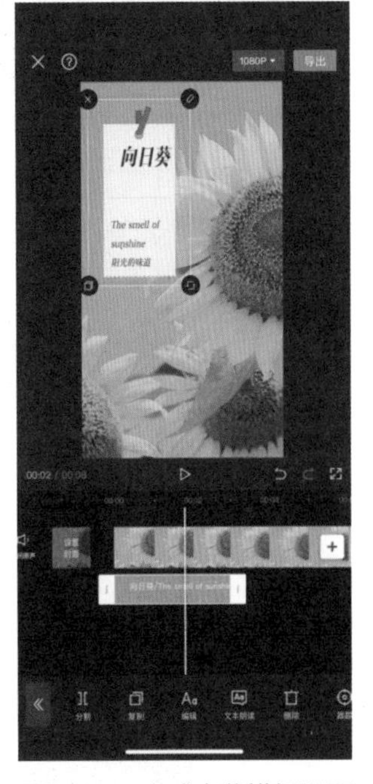

图7-110 完成字幕模板设置

7.5.3 设置字幕样式

在进行字幕处理时，还可以对字体、样式、花字进行设置，并添加动画形式。设置字幕样式的具体操作步骤如下：

步骤 01 打开剪映 App，点击“开始创作”按钮，导入一段视频，按照 7.5.1 节的步骤创建文本之后，点击“编辑”图标，如图 7-111 所示。

步骤02 在工具栏中选择“字体”标签，然后选择合适的字体样式（如“悠然体”），如图 7-112 所示。

步骤03 将工具栏切换到“花字”标签，然后选择合适的花字样式，如图 7-113 所示。

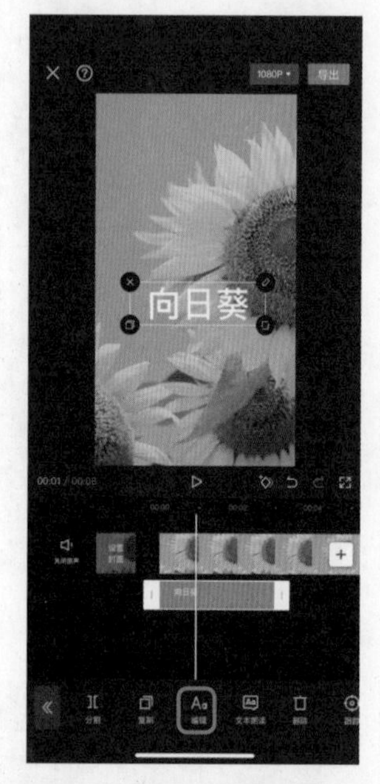

图7-111 点击“编辑”图标

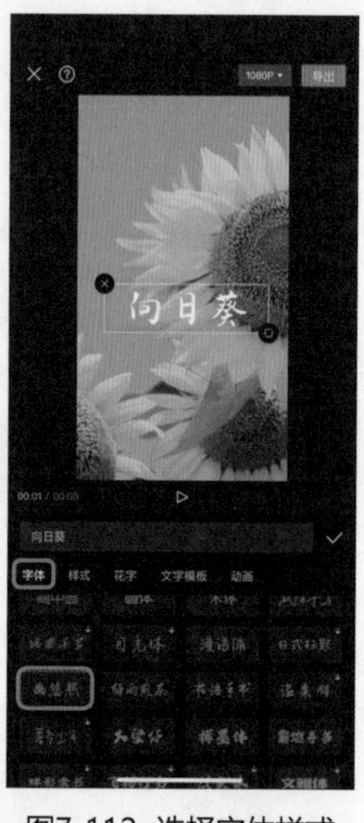

图7-112 选择字体样式

图7-113 选择花字样式

步骤04 将工具栏切换到“动画”标签，在“入场动画”中选择合适的动画效果（如“逐字显影”），然后点击“√”按钮，如图 7-114 所示。

步骤05 设置完成后，点击“返回«”图标即可，如图 7-115 所示。

图7-114 选项动画效果

图7-115 完成字幕样式设置

7.5.4 语音转字幕

语音转字幕是剪映 App 中一种非常方便快捷添加字幕的方法，创作者不需要花费大量时间打字，直接通过朗读文案就可以将声音转化为文字。语音转字幕的具体操作步骤如下：

步骤 01 打开剪映 App，点击“开始创作”按钮，导入一段背景视频素材后，在一级工具栏中点击“音频”图标，如图 7-116 所示。

步骤 02 在二级工具栏中点击“录音”图标，如图 7-117 所示。

步骤 03 长按页面中的“录音”按钮录制文案，录制完成后，点击“√”按钮，如图 7-118 所示。

图7-116 点击“音频”图标

图7-117 点击“录音”图标

图7-118 录制文案

提示 录制文案时可以一句一句分开录音，也可以一次性录完一段话。

步骤 04 返回一级工具栏，点击“文本”图标，如图 7-119 所示。

步骤 05 在二级工具栏中点击“识别字幕”图标，如图 7-120 所示。

步骤 06 选择“仅录音”选项，然后点击“开始识别”按钮，如图 7-121 所示。

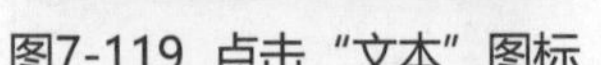

图7-119 点击“文本”图标

图7-120 点击“识别字幕”图标

图7-121 点击“开始识别”按钮

步骤07 点击文字文本，调整字幕的字体、样式及其大小和位置，接着点击“应用到所有字幕”单选按钮，最后点击“√”按钮，如图 7-122 所示。

步骤08 点击“«（返回）”图标，完成语音转字幕，如图 7-123 所示。

图7-122 调整字幕

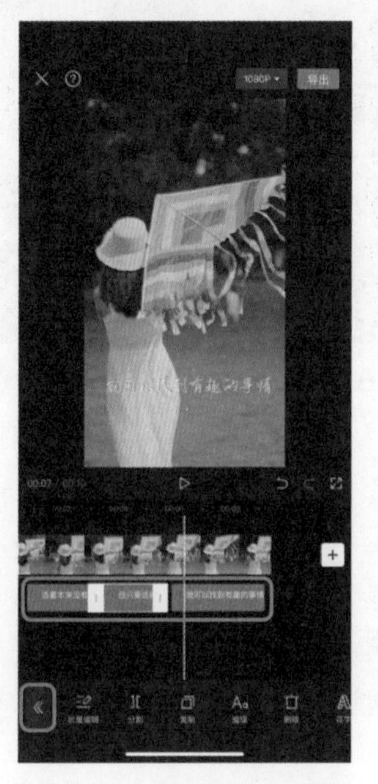

图7-123 完成语音转字幕

7.5.5 识别字幕

剪映 App 中的识别字幕功能是从视频中原有的语言音频中提取出文字，自动生成字幕并应用于视频中。识别字幕的具体操作步骤如下：

步骤 01 打开剪映 App，点击“开始创作”按钮，导入一段带有配音的视频素材后，在一级工具栏中点击“文本”图标，如图 7-124 所示。

步骤 02 在二级工具栏中点击“识别字幕”图标，如图 7-125 所示。

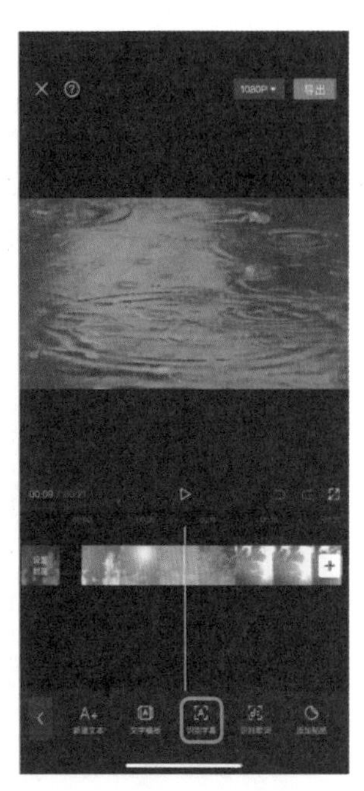

图7-124 点击“文本”图标　图7-125 点击“识别字幕”图标

步骤 03 识别类型选择“全部”选项，点击“开始识别”按钮，如图 7-126 所示。

步骤 04 点击“«（返回）”图标，完成字幕识别，如图 7-127 所示。

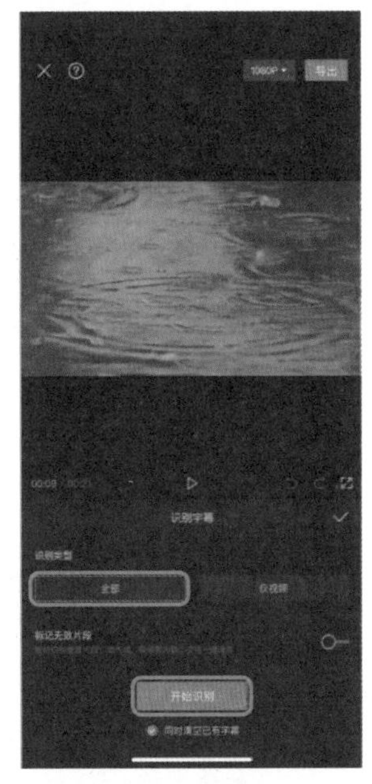

图7-126 点击“开始识别”按钮　图7-127 完成字幕识别

7.5.6 识别歌词

剪映 App 的识别歌词功能是从视频里添加的音乐中提取出文字，自动生成字幕并应用于视频中。识别歌词的具体操作步骤如下：

步骤 01 打开剪映 App，点击“开始创作”按钮，导入一段带有音乐的视频素材，在一级工具栏中点击“文本”图标，如图 7-128 所示。

步骤 02 在二级工具栏中点击“识别歌词”图标，如图 7-129 所示。

步骤 03 点击“开始识别”按钮，如图 7-130 所示。

图7-128 点击“文本”图标

图7-129 点击“识别歌词”图标

图7-130 点击“开始识别”按钮

步骤 04 选中一段识别出的歌词，进入编辑页面，如图 7-131 所示。

步骤 05 根据 7.5.3 节设置字幕样式的方法，调整字幕的样式、所在画面中的位置，系统会批量调整所有的字幕，如图 7-132 所示。

步骤 06 点击“«（返回）”图标，完成识别歌词，如图 7-133 所示。

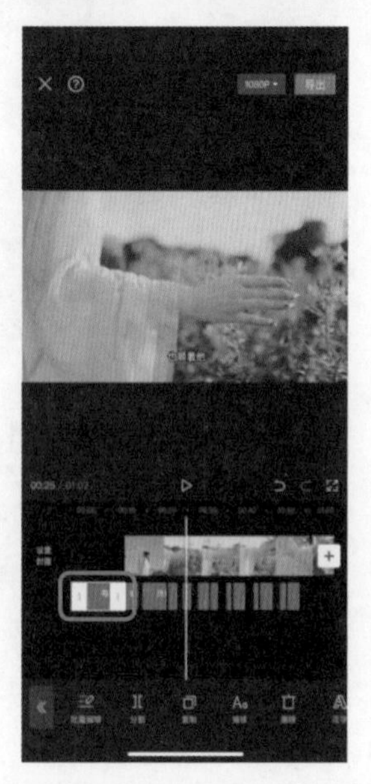

图7-131 选中一段识别出的歌词

图7-132 调整字幕样式

图7-133 完成识别歌词

7.5.7 文本朗读

文本朗读功能是将输入的字幕通过软件中自带的朗读人声进行文字朗读，当我们在制作视频的时候，不想采用自己的声音，就可以选择文本朗读功能。文本朗读的具体操作步骤如下：

步骤 01 打开剪映 App，点击“开始创作”按钮，导入一段白色背景的视频素材，在一级工具栏中点击“文本”图标，如图 7-134 所示。

步骤 02 在二级工具栏中点击“新建文本”图标，如图 7-135 所示。

步骤 03 输入文字后，设置文字样式，然后点击“√”按钮，如图 7-136 所示。

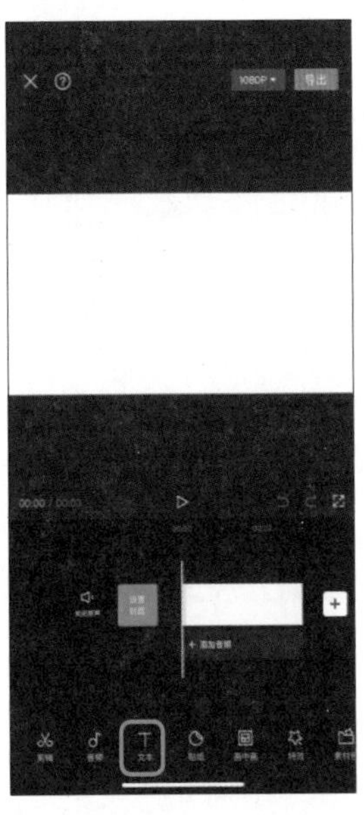

图7-134 点击“文本”图标

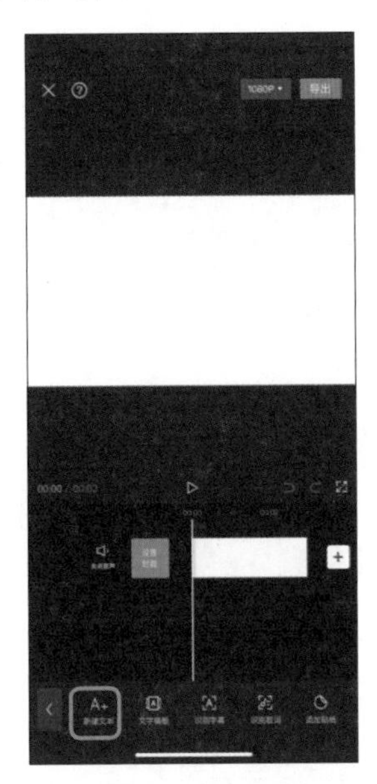

图7-135 点击“新建文本”图标

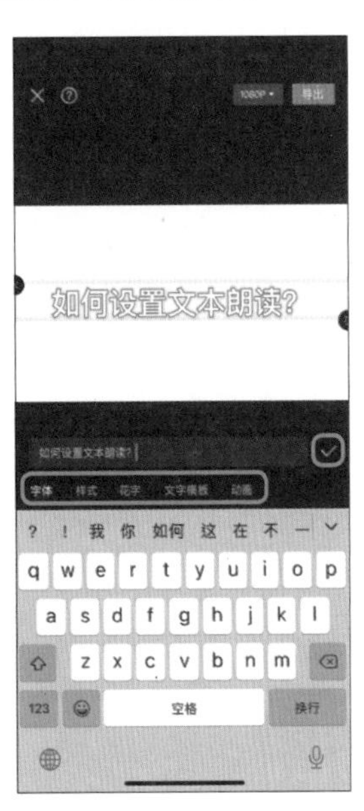

图7-136 输入文字并调整文字样式

步骤 04 选中字幕素材，点击“文本朗读”图标，如图 7-137 所示。

步骤 05 在“音色选择”里选择想要的音色后，点击“√”按钮，如图 7-138 所示。

步骤 06 调整字幕素材的时长，然后点击“(返回)”图标完成文本朗读，如图 7-139 所示。

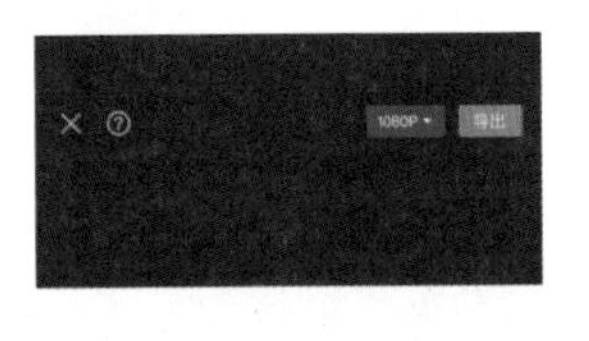

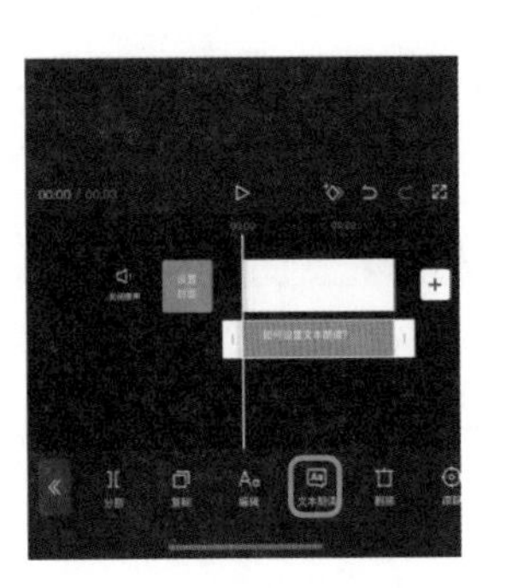

图7-137 点击“文本朗读”图标

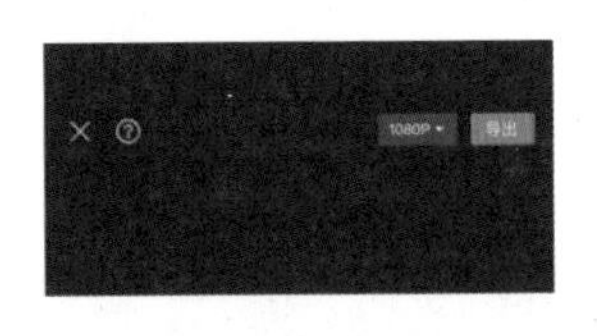

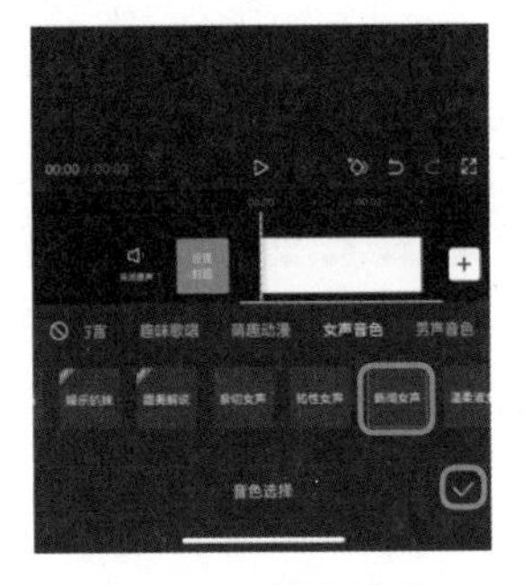

图7-138 选择音色

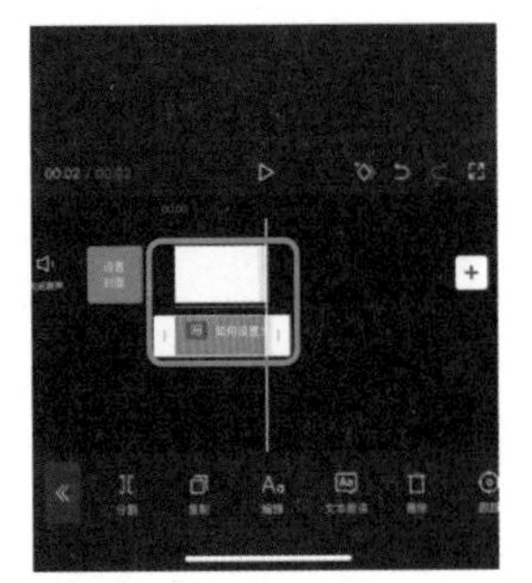

图7-139 完成文本朗读

7.5.8 文字动画

文字动画功能是通过软件中自带的预设动画为输入的字幕添加运动效果，通常应用于视频标题或花字中。文字动画的具体操作步骤如下：

步骤 01 打开剪映 App，点击“开始创作”按钮，导入一段视频素材，在一级工具栏中点击“文本”图标，如图 7-140 所示。

步骤 02 在二级工具栏中点击“新建文本”图标，如图 7-141 所示。

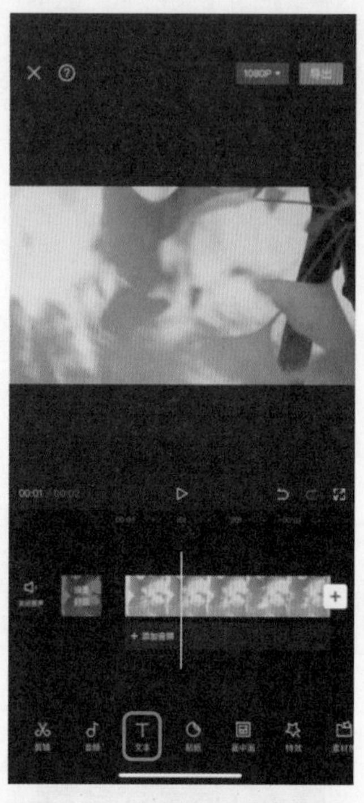

图7-140 点击“文本”图标

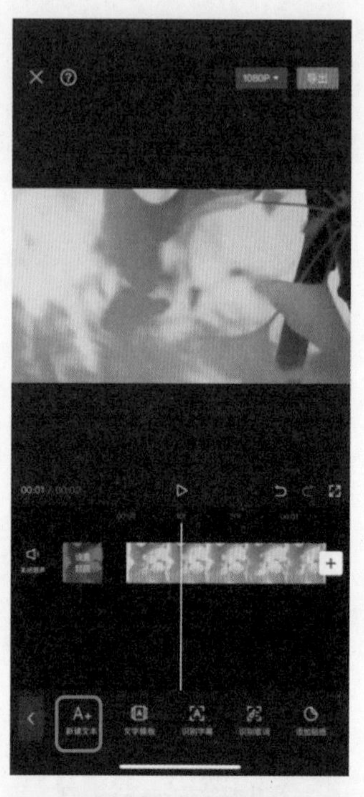

图7-141 点击“新建文本”图标

步骤 03 输入文字后，设置文字样式，然后点击“√”按钮，如图 7-142 所示。

步骤 04 选中字幕素材，点击“动画”图标，如图 7-143 所示。

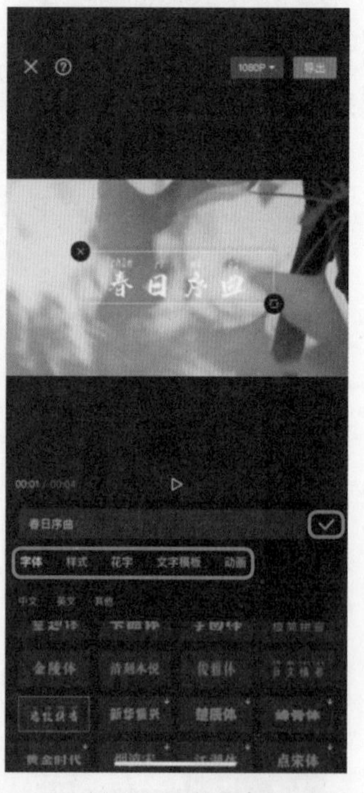

图7-142 输入文字并设置文字样式

图7-143 点击“动画”图标

步骤 05 在“入场动画”中选择动画效果（这里选择“羽化向右擦开”），调整数值后点击“√”按钮，如图 7-144 所示。

步骤 06 点击“◀（返回）”图标，完成文字动画制作，如图 7-145 所示。

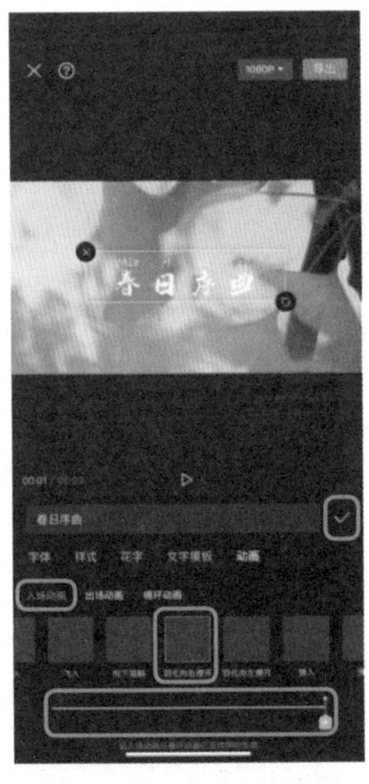

图7-144 选择动画效果

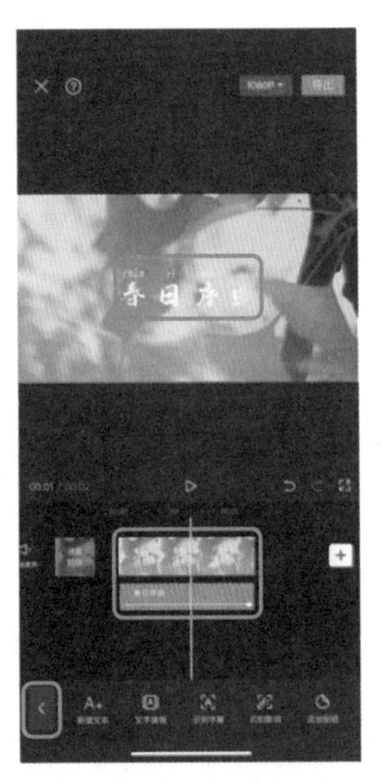

图7-145 完成文字动画制作

7.5.9 制作卡拉 OK 文字效果

我们经常看到一些视频的字幕有卡拉 OK 文字效果，即演唱到对应文字时文字改变颜色。通过剪映 App 也可以制作出卡拉 OK 文字效果，具体的操作步骤如下：

步骤 01 打开剪映 App，点击“开始创作”按钮，导入一段视频素材，在一级工具栏中点击“文本”图标，如图 7-146 所示。

步骤 02 在二级工具栏中点击“识别歌词”图标，如图 7-147 所示。

步骤 03 选中识别出的歌词，点击“动画”图标，如图 7-148 所示。

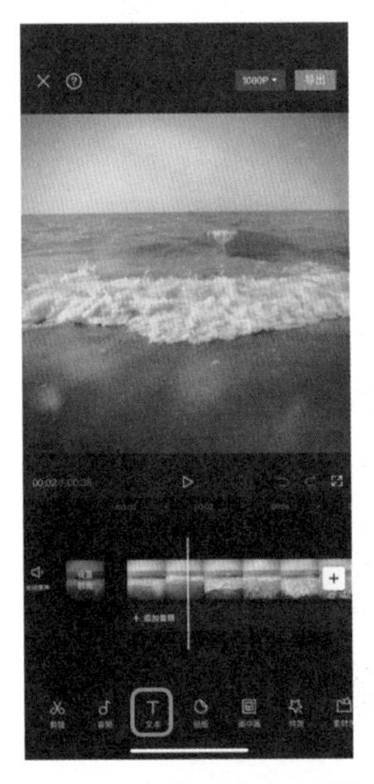

图7-146 点击“文本”图标

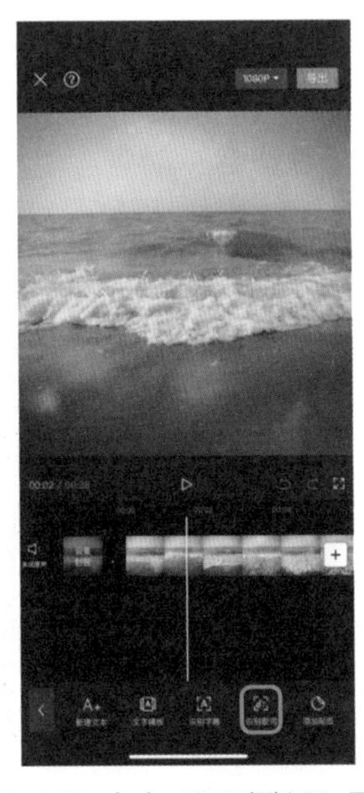

图7-147 点击“识别歌词”图标

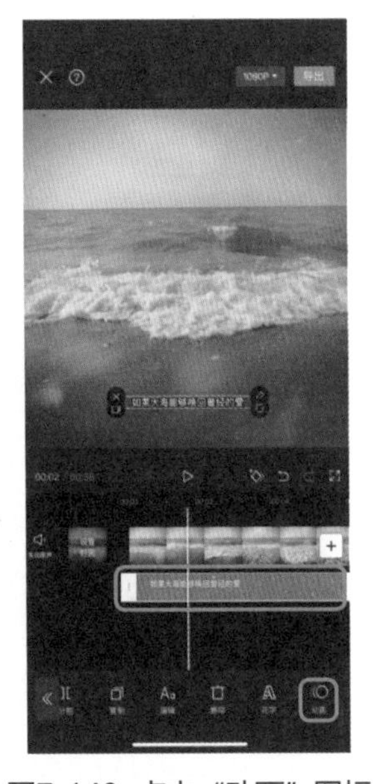

图7-148 点击“动画”图标

步骤04 选择“入场动画”中的“卡拉 OK”效果，然后点击“√”按钮，如图 7-149 所示。

步骤05 调整画面上字幕素材的大小后，系统会自动将“卡拉 OK”效果应用到该段的所有字幕中，如图 7-150 所示。

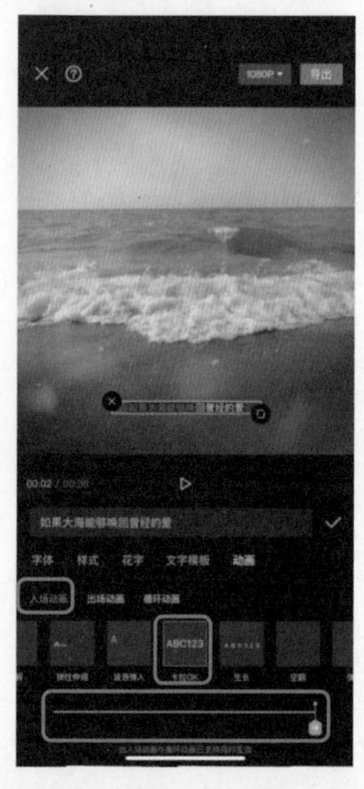

图7-149 选择“卡拉OK”效果

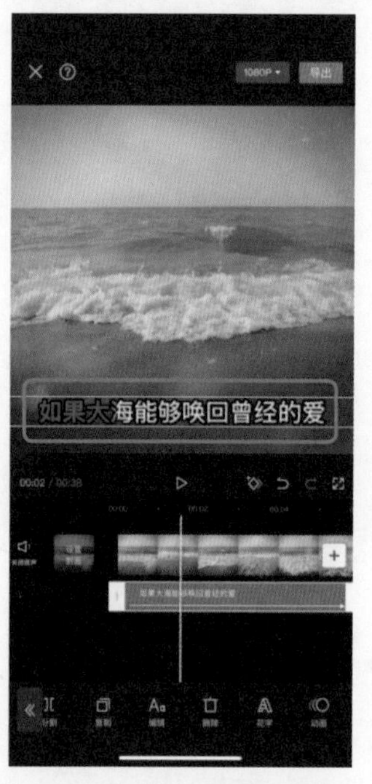

图7-150 调整字幕大小

步骤06 将所有歌词字幕素材按照步骤 04 的方法进行设置，如图 7-151 所示。

步骤07 点击“<（返回）”图标，完成卡拉 OK 效果制作，如图 7-152 所示。

图7-151 添加效果

图7-152 最终效果

【课堂实训 1】制作打字机效果字幕

打字机效果是字幕中经常应用的一种动画形态，文字像打字一样逐个地显示出来。下面就来看看如何在短视频作品中制作打字机效果的字幕，具体的操作步骤如下：

步骤 01 打开剪映 App，点击“开始创作”按钮，导入一张图片素材，在一级工具栏中点击“文本”图标，如图 7-153 所示。

步骤 02 在二级工具栏中点击“新建文本”图标，如图 7-154 所示。

步骤 03 输入文字，系统默认输入后显示的文字为白色，需要按照审美要求进行样式、字体、排版等内容的修改，调整合适以后，点击“√”按钮，如图 7-155 所示。

图7-153　点击“文本”图标

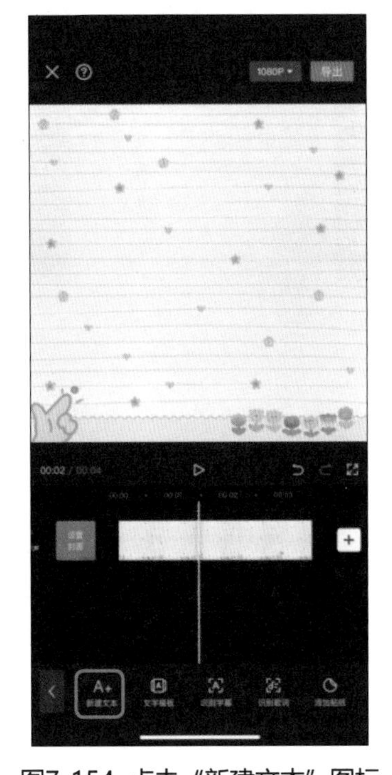

图7-154　点击“新建文本”图标

图7-155　输入文字

步骤 04 文字样式修改后，将工具栏切换到“动画”标签，选择“打字机 I”动画效果，并调整文字入场时长为“2.5s”，然后点击“√”按钮，如图 7-156 所示。

步骤 05 播放视频进行预览，检查文字效果是否还有问题，确认无误后，点击“◀（返回）”图标，最终效果如图 7-157 所示。

图7-156 选择“打字机 I ”动画效果

图7-157 最终效果

【课堂实训 2】制作城市夜景情景短视频

城市夜景情景短视频是目前热度比较高的一种短视频创作类型，制作此类短视频作品需要运用到本章所介绍的相关知识点，夜景情景短视频一般需要用视频画面搭配文案进行展现，同时需要配合符合情景的音乐。同时，在制作夜景情景短视频的过程中，还会应用大量的横屏素材，那么，如何处理横屏视频素材也是我们需要掌握的一个要点。接下来，我们就通过剪映 App 为大家讲解城市夜景情景短视频的制作，具体的操作步骤如下：

步骤 01 打开剪映 App，点击“开始创作”按钮，导入夜景视频素材，如图 7-158 所示。

步骤 02 进入视频素材页面，勾选制作视频需要的夜景素材，点击“添加”按钮，如图 7-159 所示。

步骤 03 向左滑动一级工具栏，点击“比例”图标，如图 7-160 所示。

步骤 04 点击“9:16”切换画面比例后，点击“<(返回)”图标，完成画面比例设置，如图 7-161 所示。

步骤 05 返回一级工具栏，点击“背景”图标，如图 7-162 所示。

步骤 06 在“背景”功能的二级工具栏中，点击“画布模糊”图标，如图 7-163 所示。

图7-158 点击“开始创作”按钮

图7-159 勾选视频素材

图7-160 点击“比例”图标

图7-161 设置画面比例

图7-162 点击“背景”图标

图7-163 点击“画布模糊”图标

步骤 07 选择一个适合的模糊度，点击“全局应用”图标，然后点击“√”按钮，如图 7-164 所示。

步骤 08 点击“关闭原声”图标后开始添加音乐，在一级工具栏中点击“音频”图标，如图 7-165 所示。

步骤 09 在“音频”功能的二级工具栏中点击“音乐”图标，如图 7-166 所示。

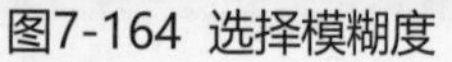
图7-164 选择模糊度

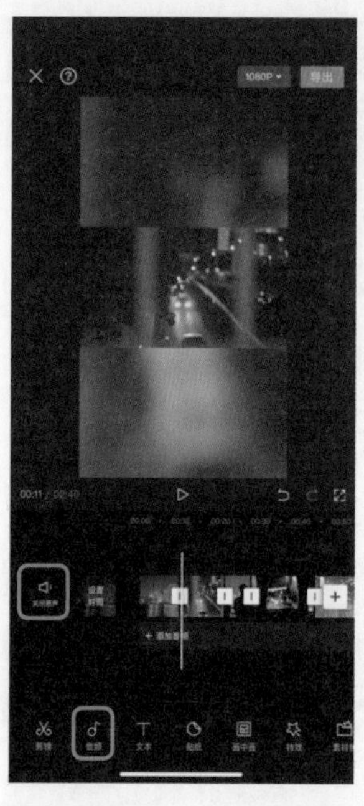

图7-165 点击“音频”图标

图7-166 点击“音乐”图标

步骤 10 在音乐库中选择一首合适的纯音乐，点击“使用”按钮，如图 7-167 所示。

步骤 11 选中添加的音乐，点击“踩点”图标，如图 7-168 所示。

步骤 12 打开“自动踩点”开关，选择“踩节拍Ⅰ”选项，点击“√”按钮，如图 7-169 所示。

图7-167 选择音乐

图7-168 点击“踩点”图标

图7-169 选择“踩节拍Ⅰ”选项

步骤 13 根据生成的音乐节拍点调整每段素材的长度，使音乐长度与视频素材齐平，选中音乐，点击“淡化”图标，如图 7-170 所示。

步骤 14 调整淡入时长、淡出时长，然后点击“√”按钮，如图 7-171 所示。

步骤 15 点击视频素材之间的“□（链接）”按钮，为视频添加转场，如图 7-172 所示。

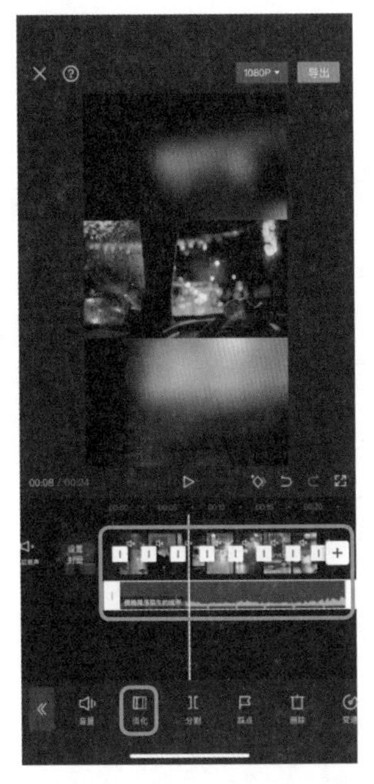

图7-170 点击“淡化”图标

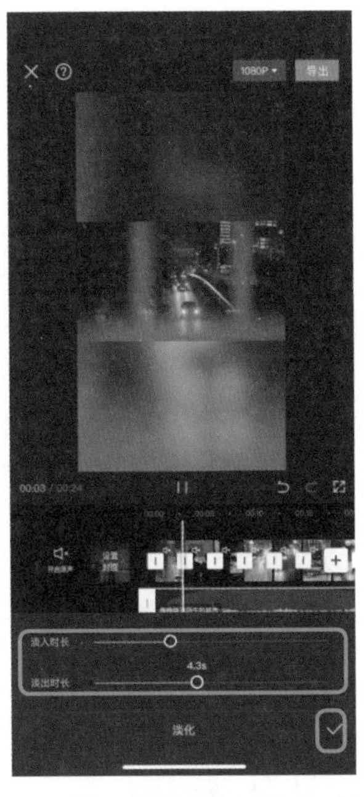

图7-171 调整淡入、淡出时长

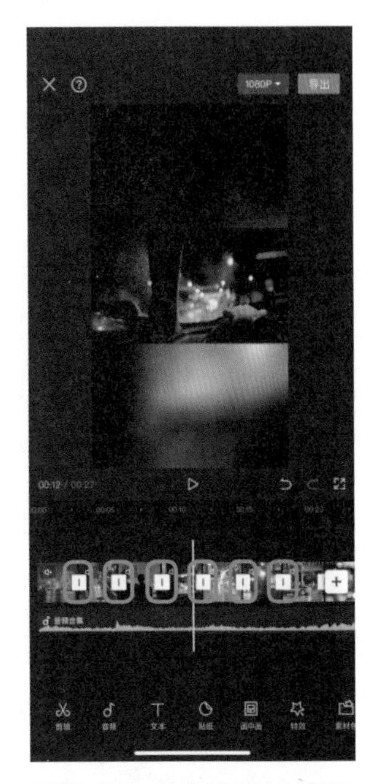

图7-172 为视频添加转场

步骤 16 在“基础转场”标签中，点击“叠化”效果，调整时长为“0.6s”，并点击“全局应用”图标，然后点击“√”按钮，如图 7-173 所示。

步骤 17 为视频添加配音。在一级工具栏中点击“音频”图标，如图 7-174 所示。

步骤 18 在“音频”功能的二级工具栏中点击“录音”图标，如图 7-175 所示。

图7-173 添加转场特效

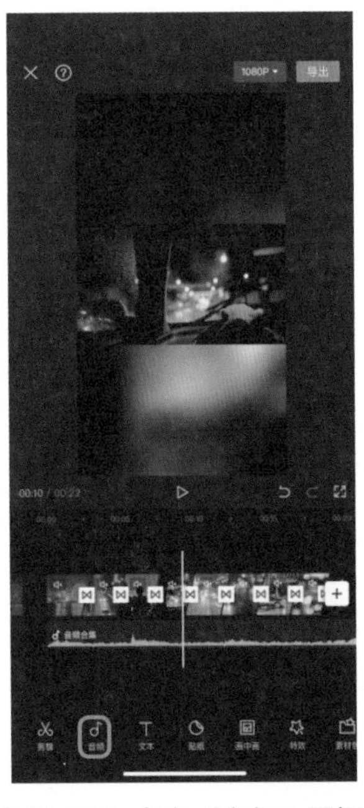

图7-174 点击“音频”图标

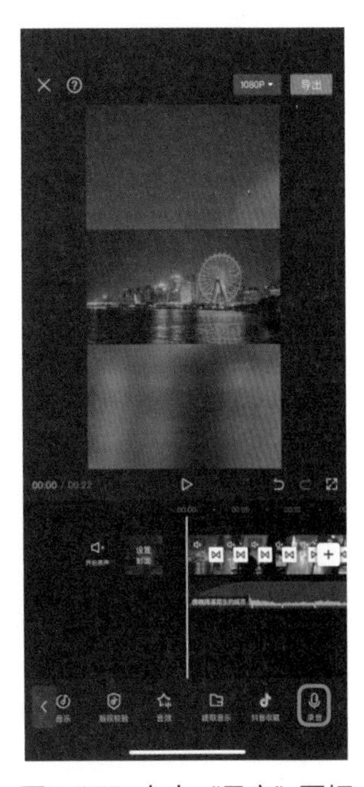

图7-175 点击“录音”图标

步骤19 长按页面中的“（录音）”按钮，进行录音，录音结束后点击“√”按钮，如图 7-176 所示。

步骤20 按住添加的录音音频调整位置后，点击“《（返回）”图标，完成录音，如图 7-177 所示。

步骤21 返回一级目录栏，点击“文本”图标，如图 7-178 所示。

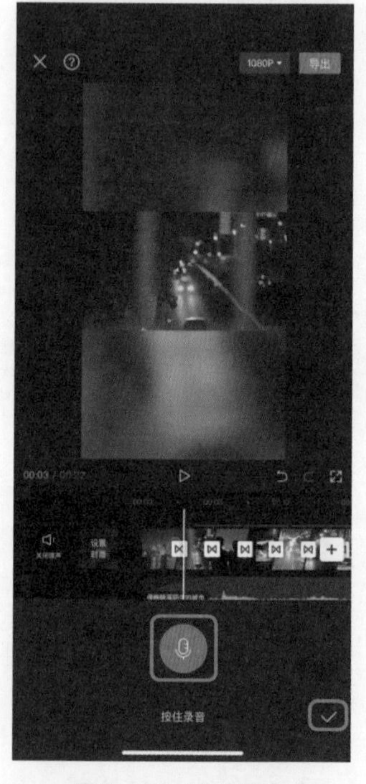

图7-176 进行录音

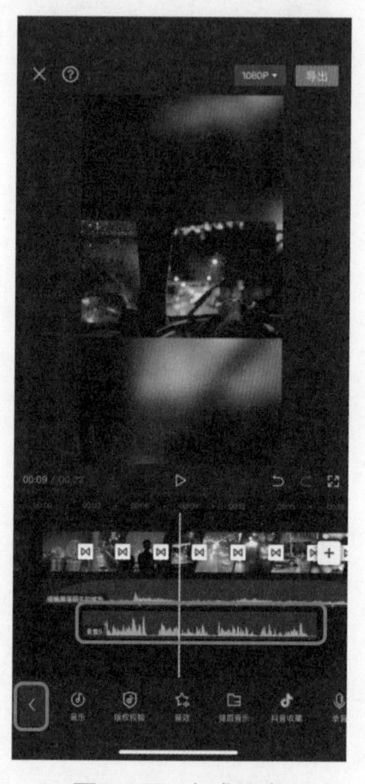

图7-177 完成录音

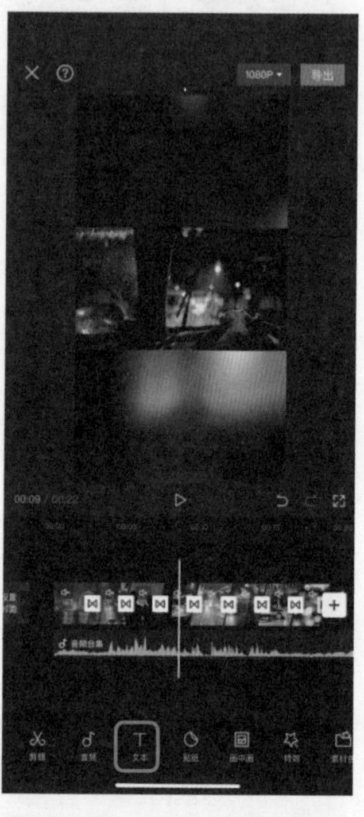

图7-178 点击“文本”图标

步骤22 识别类型选择“仅录音”，然后点击“开始识别”按钮，如图 7-179 所示。

步骤23 选中字幕素材，点击“编辑”图标，如图 7-180 所示。

步骤24 调整文字字体、样式、花字、动画效果，然后点击“应用到所有字幕”单选按钮，最后点击“√”按钮，完成添加字幕，如图 7-181 所示。

步骤25 添加视频标题。光标定位在视频开头，在一级工具栏中点击“文本”图标，如图 7-182 所示。

步骤26 在“文本”功能的二级工具栏中点击“新建文本”图标，如图 7-183 所示。

步骤27 输入标题后，选择文字模板，调整标题的位置和大小，点击“√”按钮，如图 7-184 所示。

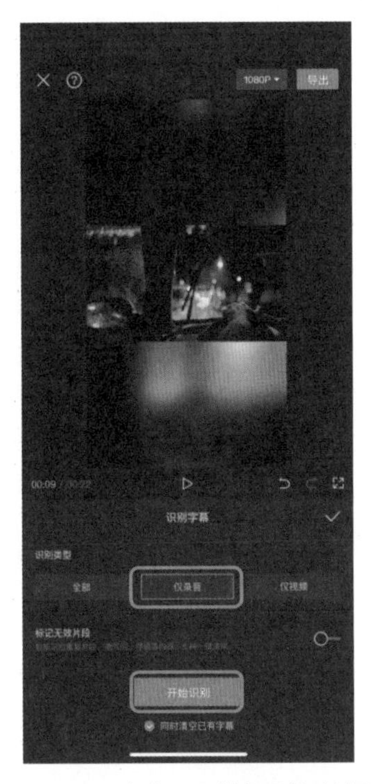

图7-179 点击“开始识别”按钮

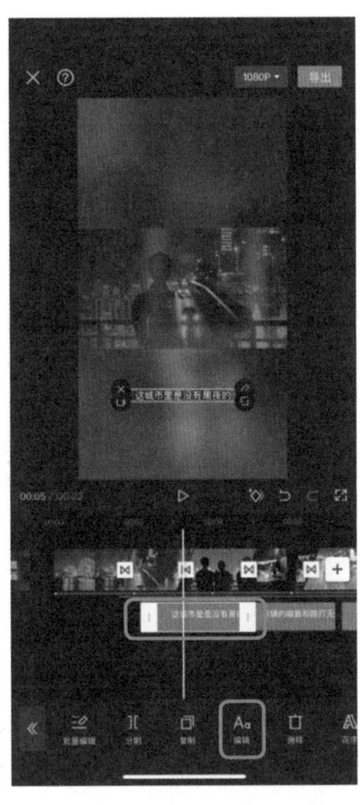

图7-180 点击“编辑”图标

图7-181 添加字幕

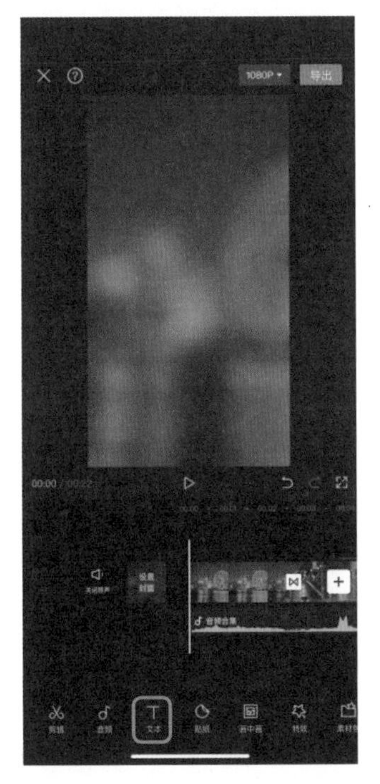

图7-182 点击“文本”图标

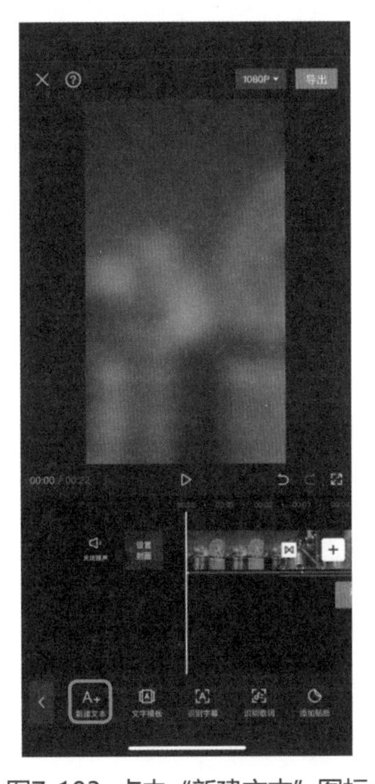

图7-183 点击“新建文本”图标

图7-184 选择文字模板

步骤 28 调整标题长度后，点击“«（返回）”图标，完成标题制作，如图 7-185 所示。

该视频部分画面的最终效果如图 7-186 所示。

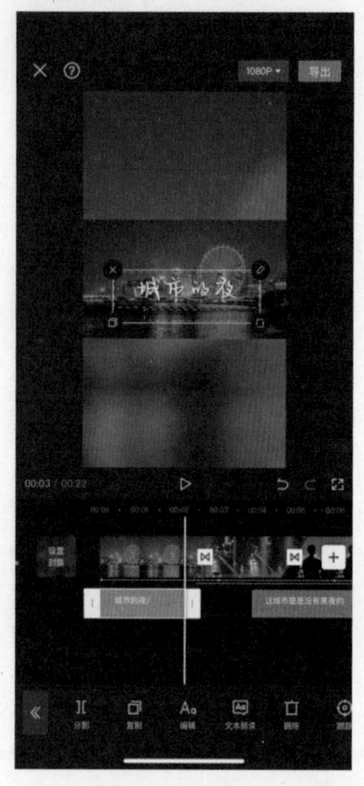

图7-185 完成标题制作

图7-186 该视频部分画面的最终效果

【课后练习】

1. 使用剪映 App 制作一条音乐 MV 短视频作品。
2. 使用剪映 App 中的“剪同款”功能制作一条短视频作品。

第 8 章 使用 Premiere 剪辑短视频

【学习目标】

- 掌握使用 Premiere 新建项目并导入、合成导出等的基本操作方法。
- 掌握使用 Premiere 制作短视频转场的方法。
- 掌握使用 Premiere 制作视频字幕的方法。
- 掌握使用 Premiere 制作制作视频特效的方法。
- 掌握使用 Premiere 制作音频的方法。

Adobe Premiere 是一款强大的非线性视频编辑软件，能够适应不同短视频类型的后期剪辑与制作的需要，操作简单易学，并且功能强大。与目前的手机剪辑软件相比，其每个参数都可以进行精确自定义，功能更强大，剪辑效果也更好。

使用 Adobe Premiere 进行剪辑时，短视频创作者可以完全按照自己的思维处理视频、音频和多轨道画面。并且，Premiere 与"Adobe 全家桶"可以无缝衔接、互通使用，在剪辑过程中，可以直接导入 Adobe Photoshop 文件、Adobe After Effects 文件，也可以直接在原文件中调整内容，还可以同步调整 Premiere 文件中的素材内容，可大大提高剪辑效率。另外，Adobe Premiere 还拥有众多插件，如转场插件、特效调色插件、三维插件、跟踪插件等，这些插件可以让短视频作品获得更丰富的表现力和更精美的画面。

8.1 使用 Premiere 新建项目并导入素材

使用 Premiere 剪辑短视频，首先需要新建剪辑项目并导入素材。下面就以竖屏短视频项目的新建和素材导入为例进行讲解。使用 Premiere 新建项目并导入素材的具体操作步骤如下：

步骤 01 打开 Premiere Pro 2022，在菜单栏中单击“文件”菜单，然后依次单击“新建”→“项目”命令，如图 8-1 所示。

图8-1 新建项目

步骤 02 在“新建项目”对话框中，输入项目的名称“短视频剪辑”，更改工程文件存储位置，单击“确定”按钮，如图 8-2 所示。

步骤 03 在“项目”面板的空白处右击，在弹出的快捷菜单中单击“新建项目”命令，在展开的子菜单中单击“序列”命令，如图 8-3 所示。

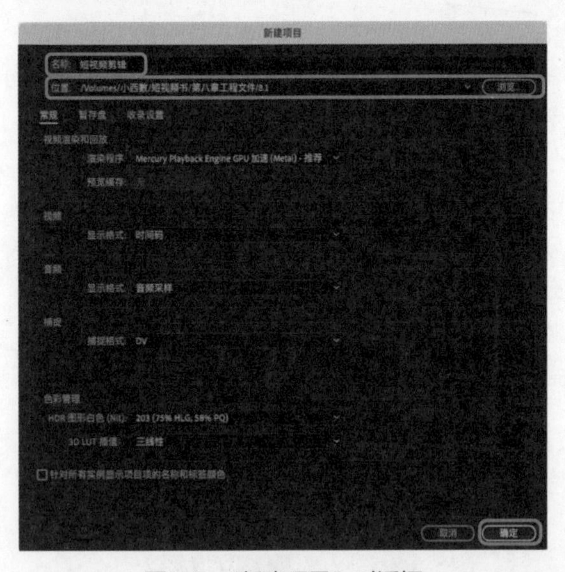

图8-2 “新建项目”对话框

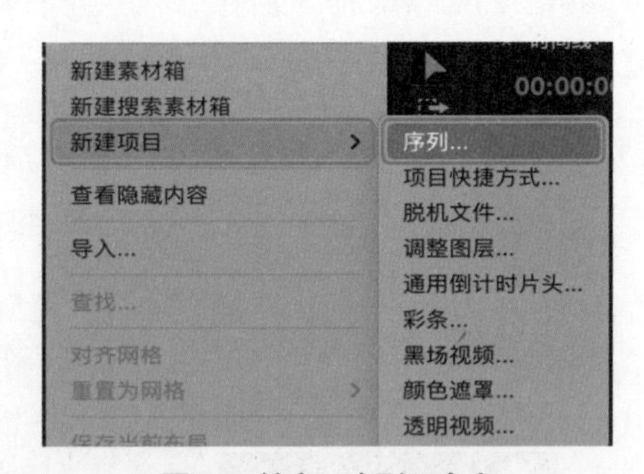

图8-3 单击“序列”命令

步骤 04 打开“新建序列”对话框后，在“序列预设”选项卡下的“可用预设”列表框中，选择“标准 48kHz”选项，在“序列名称”文本框中输入“总合层”，然后单击“确定”按钮，如图 8-4 所示。

步骤 05 修改视频的画幅尺寸，单击切换至“设置”选项卡，在“编辑模式”列表框中选择“自定义”选项，修改“帧大小”参数为“1080 和 1920 像素”，“像素长宽比”更改为“方形像素（1.0）”，然后单击“确定”按钮，如图 8-5 所示。

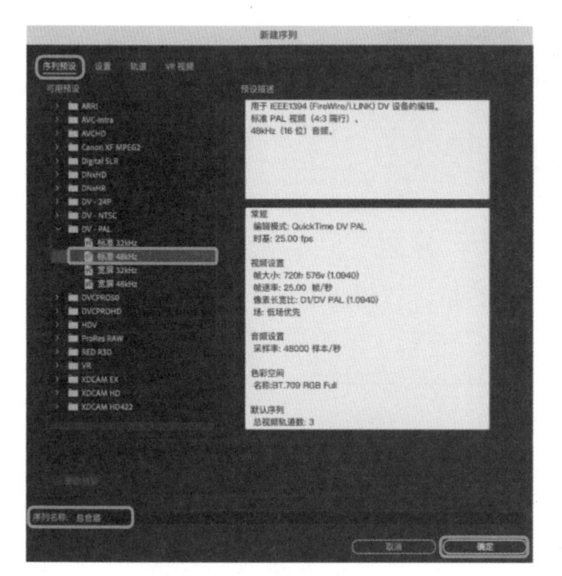

图8-4 修改“序列预设”

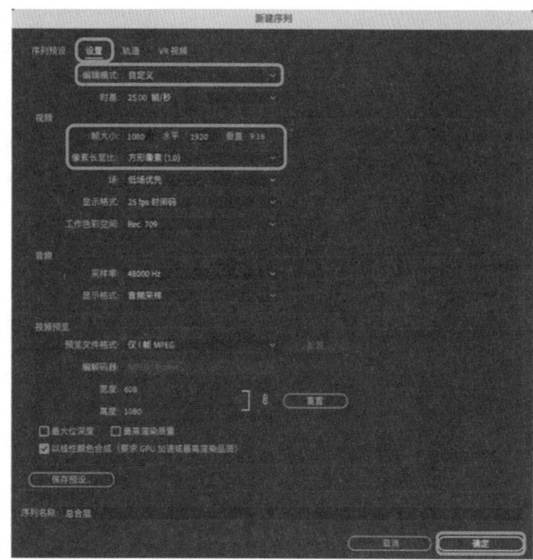

图8-5 修改“设置”

步骤 06 完成序列文件的新建操作后，在项目面板中即可看到画幅比例已调整为竖屏9:16，效果如图 8-6 所示。

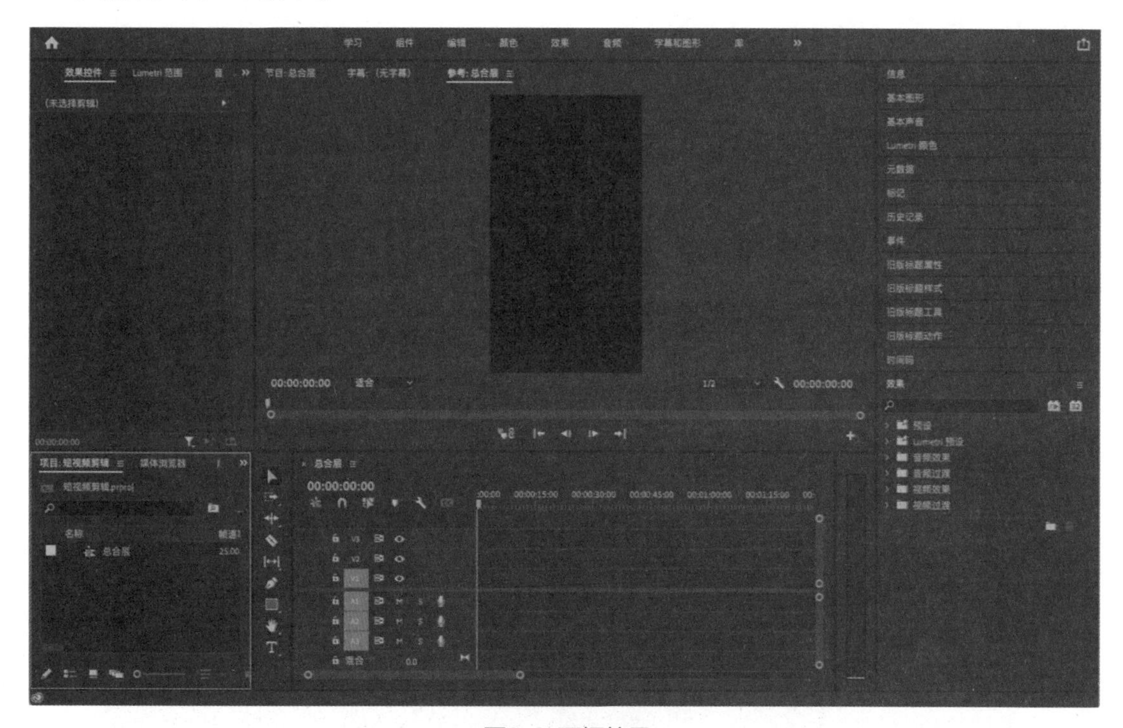

图8-6 画幅效果

步骤 07 项目新建完成后，开始导入素材，在项目面板的空白处右击，在弹出的快捷菜单中单击“新建素材箱”命令，如图 8-7 所示。

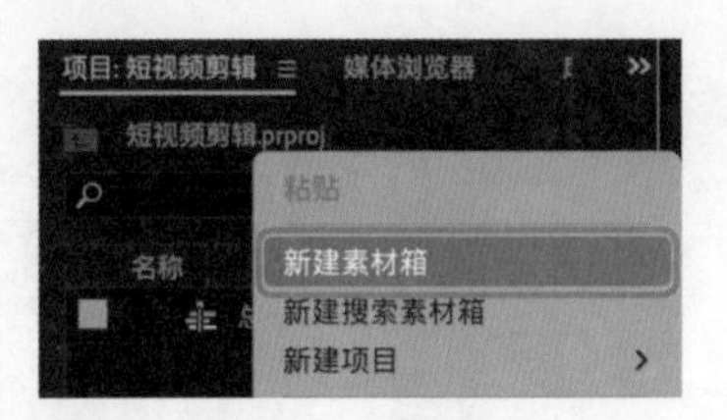

图8-7 单击“新建素材箱”命令

步骤08 双击素材箱面板的空白处，打开导入对话框，在相应的文件夹中选择需要导入的视频素材、图片素材以及音频素材，然后单击“导入”按钮，如图 8-8 所示。

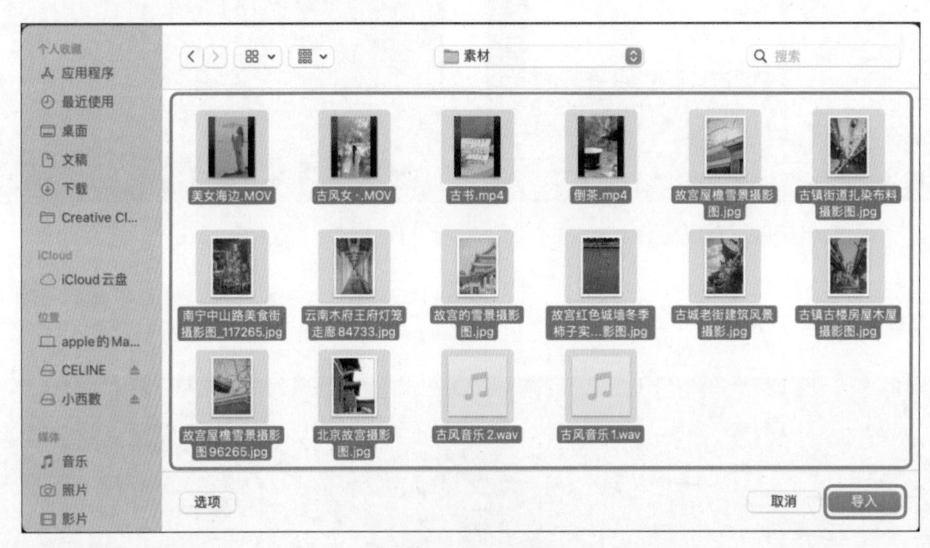

图8-8 导入素材

步骤09 将选择的所有视频素材添加至素材箱面板中，最终效果如图 8-9 所示。

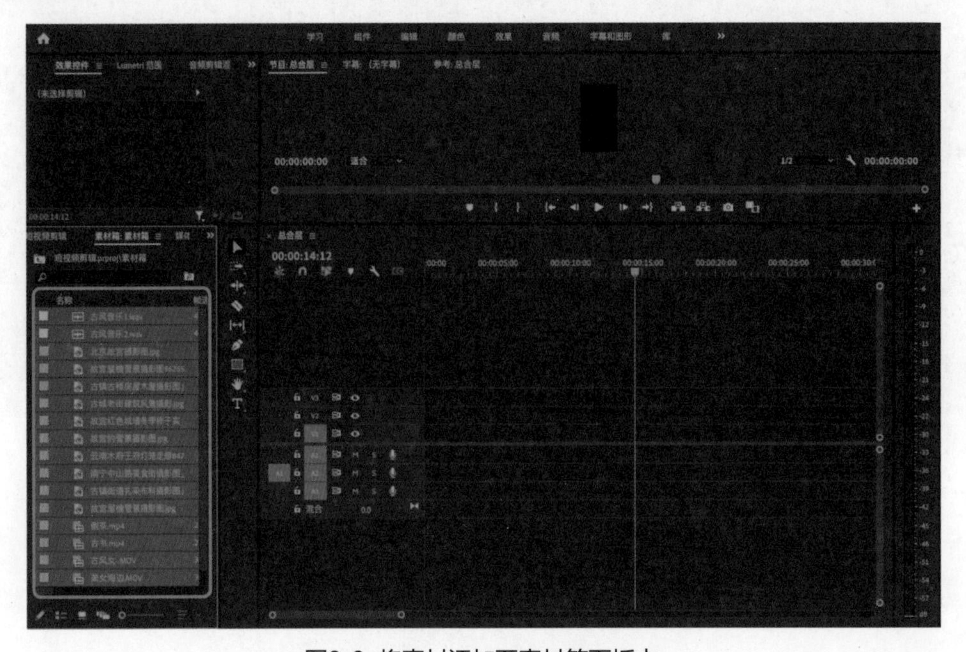

图8-9 将素材添加至素材箱面板中

使用 Adobe Premiere 导入素材时，如果素材量较大、种类较多时，建议多建几个素材箱，并修改名称做好素材管理。并且，在前期导入素材时，不需要一次性准备好全部素材，可以根据后期需要随时添加并导入素材。

8.2 素材文件的编辑操作

学会了使用 Premiere 新建项目与导入素材后，就可以开始进行视频的剪辑了，接下来我们就结合实例进行讲解，来看看如何使用 Premiere 对视频文件进行编辑操作。

8.2.1 修剪视频

修剪视频素材就是将一段完整的素材使用“剃刀”工具分割开，将多余的不需要的部分进行删除。修剪视频的具体操作步骤如下：

步骤 01 打开 Premiere Pro 2022，新建项目后，按照 8.1 节的步骤导入视频素材，选中一段视频素材，将其拖入时间轴中，如图 8-10 所示。

图8-10 将素材拖入时间轴

步骤 02 将光标定位在视频需要剪断的位置，如图 8-11 所示。

图8-11 定位光标

步骤03 单击“剃刀”工具，再在光标定位处单击，剪断视频，如图 8-12 所示。

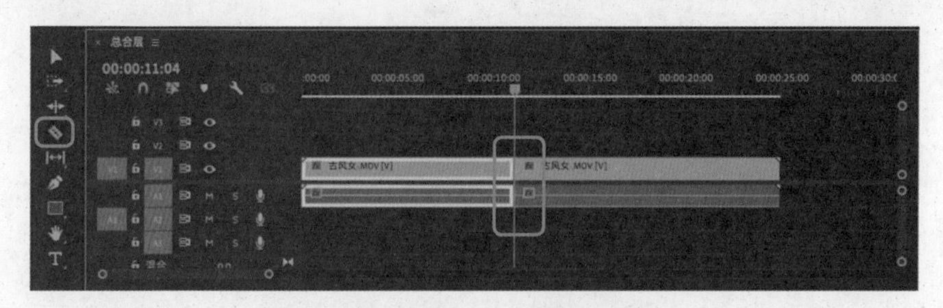

图8-12 使用“剃刀”工具剪断视频

步骤04 单击“选择”工具，选中多余的那一部分素材，如图 8-13 所示。

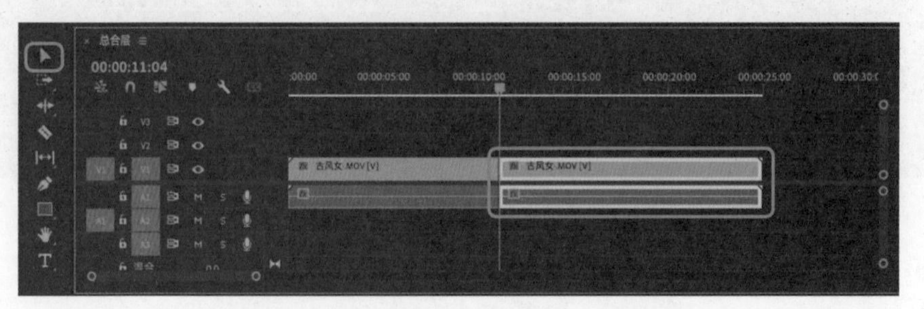

图8-13 使用“选择”工具选中多余的素材

步骤05 按键盘上的“Delete”键将该部分素材删除，视频就修剪完成了，如图 8-14 所示。

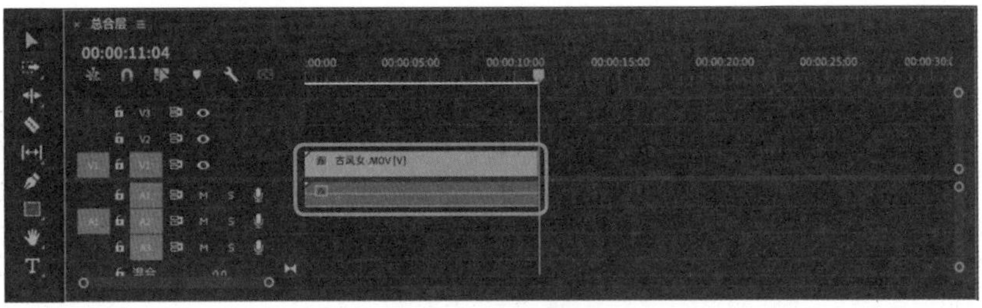

图8-14 视频修剪完成

8.2.2 改变素材的持续时间

改变一段视频素材的持续时间，即将一段视频素材停留的时长延长或者缩短，也就是将正常速度播放的视频进行快进或放慢。改变素材的持续时间的具体操作步骤如下：

步骤01 打开 Premiere Pro 2022，新建项目后，导入视频素材，将视频素材拖入时间轴中，如图 8-15 所示。

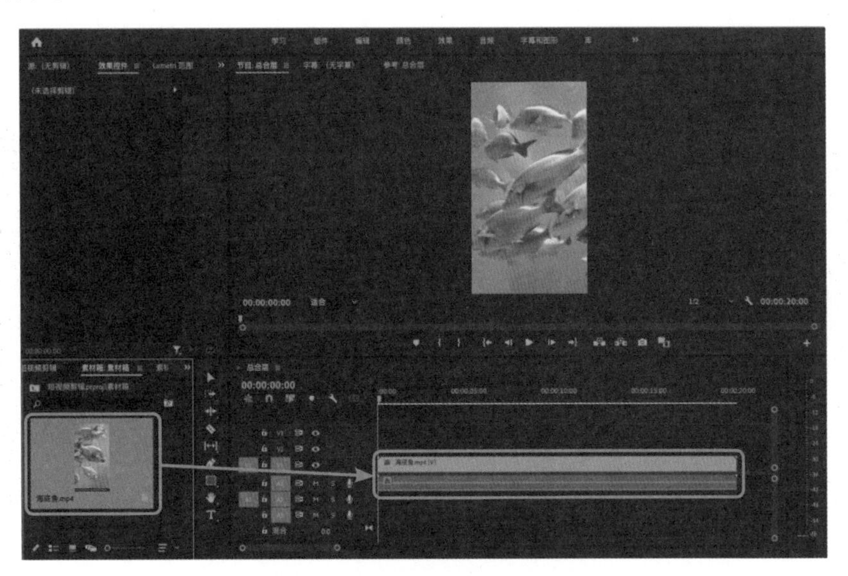

图8-15 将视频素材拖入时间轴

步骤02 单击“选择”工具，选中素材，如图 8-16 所示。

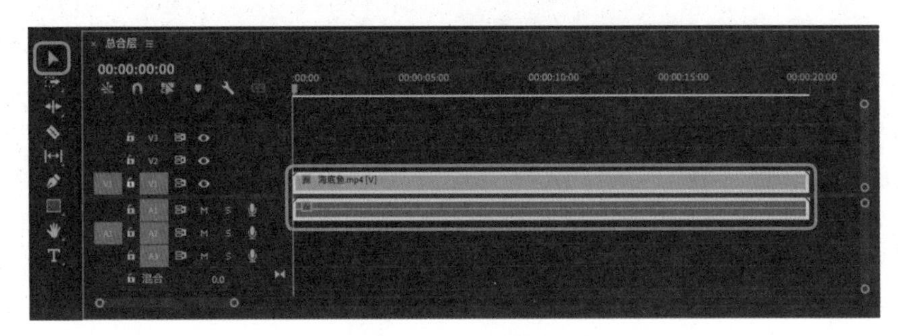

图8-16 选中素材

步骤 03 在选中素材处右击，在弹出的快捷菜单中单击“速度 / 持续时间”命令，如图 8-17 所示。

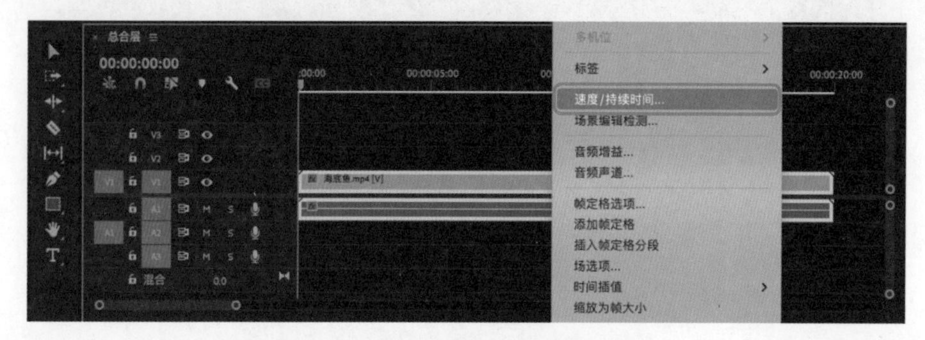

图8-17 单击“速度/持续时间”命令

步骤 04 将时长为 20s 的视频分别缩短至 10s 和延长至 40s。在“剪辑速度 / 持续时间”对话框中，将“速度”调整为“200%”，勾选“保持音频音调”复选框，单击“确定”按钮，将视频缩短至 10s，如图 8-18 所示。

步骤 05 在“剪辑速度 / 持续时间”对话框中，将“速度”调整为“50%”，勾选“保持音频音调”复选框，单击“确定”按钮，将视频延长至 40s，如图 8-19 所示。

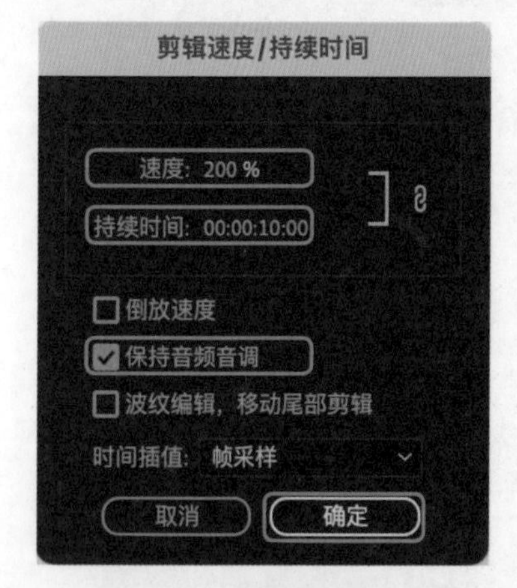

图8-18 将视频缩短至10s

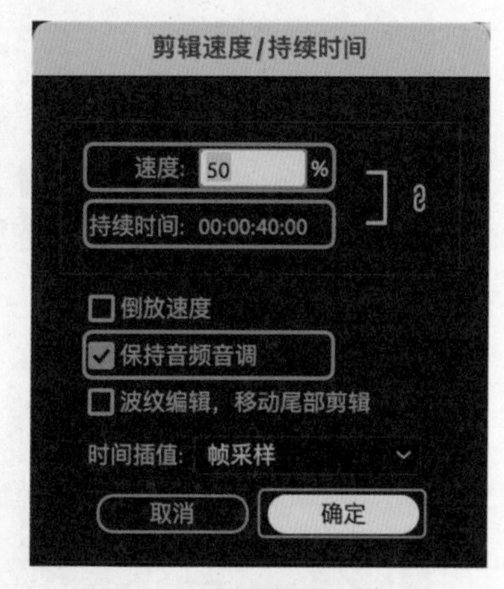

图8-19 将视频延长至40s

步骤 06 最终视频缩短效果和延长效果分别如图 8-20 和图 8-21 所示。

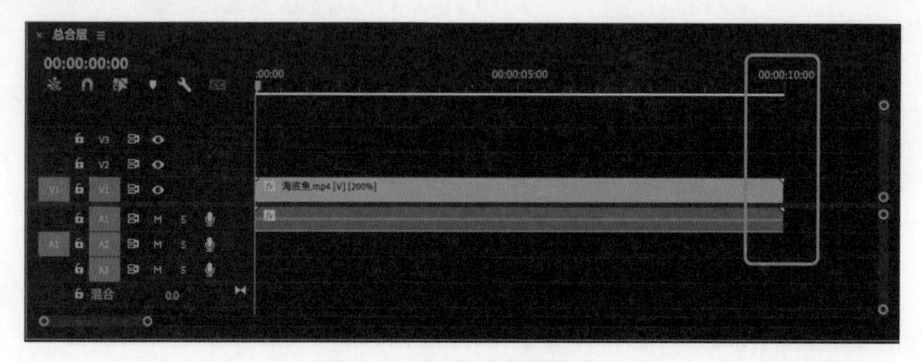

图8-20 最终视频缩短效果

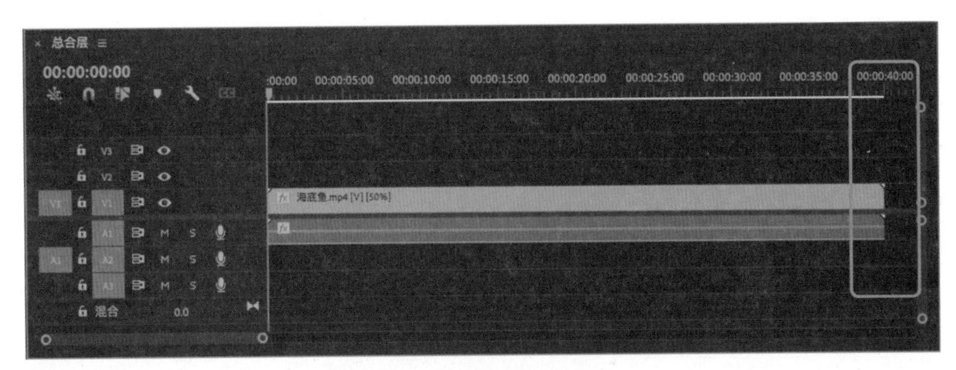

图8-21 最终视频延长效果

8.3 转场效果

视频转场是视频与视频之间的一种过渡效果，相比手机剪辑软件制作出来的转场效果，使用 Premiere 可以为视频添加更多样、更丰富的转场效果。下面就为大家讲解如何使用 Premiere 为视频添加转场效果。

8.3.1 添加转场效果

在视频转场效果中，最常见的视频过渡效果就是叠化效果（溶解效果）。下面我们就使用 Premiere 为视频素材添加转场效果，具体的操作步骤如下：

步骤 01 打开 Premiere Pro 2022，新建项目后，导入视频素材，选中所有视频素材按顺序拖入时间轴中，如图 8-22 所示。

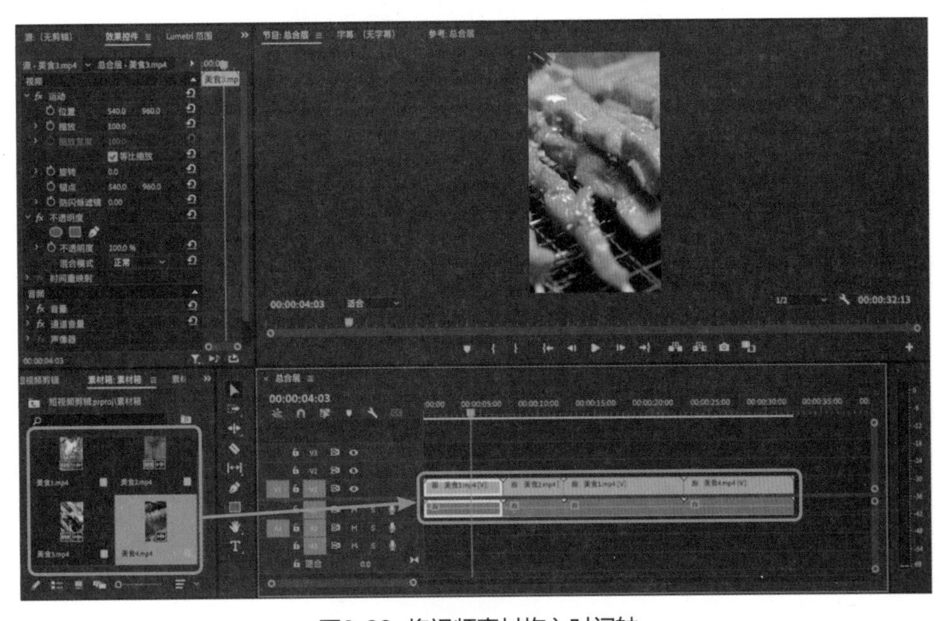

图8-22 将视频素材拖入时间轴

步骤02 单击“剃刀”工具，剪辑修改视频素材长度，如图 8-23 所示。

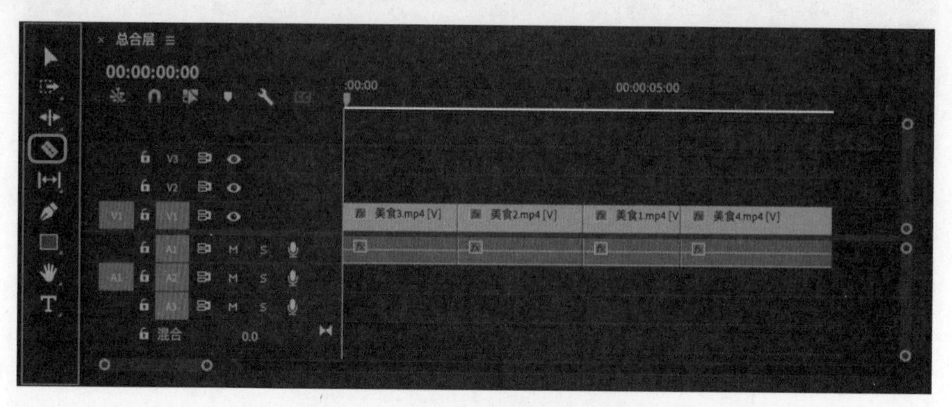

图8-23 剪辑修改视频素材长度

步骤03 单击页面右侧的“效果”选项，在“效果”面板中选择“视频过渡”中的“溶解”选项，如图 8-24 所示。

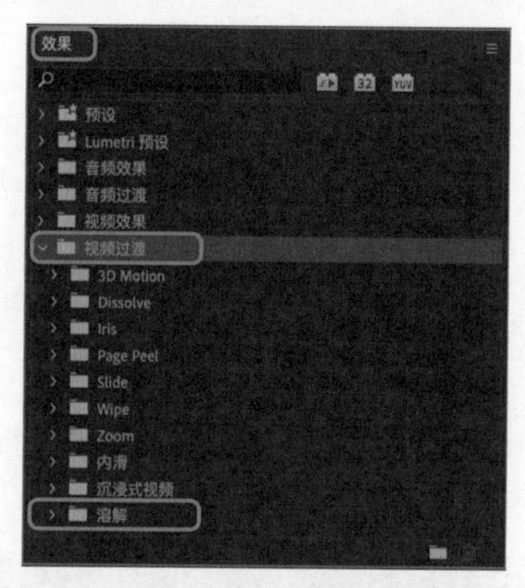

图8-24 选择“溶解”选项

步骤04 在“溶解”选项中，将“交叉溶解”标签拖入两段素材的交界处，如图 8-25 所示。

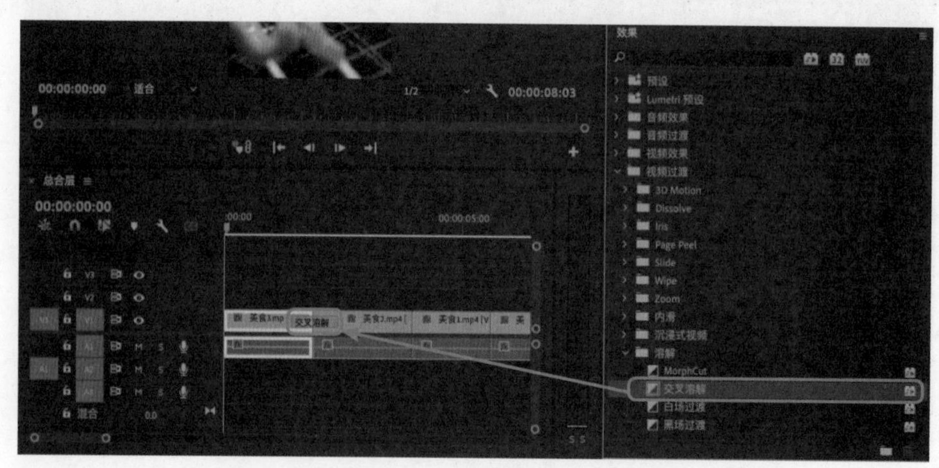

图8-25 将“交叉溶解”标签拖入两段素材的交界处

步骤05 按照上述步骤 01 ~ 步骤 04 的方法，在所有视频交界处添加转场效果，最终效果如图 8-26 所示。

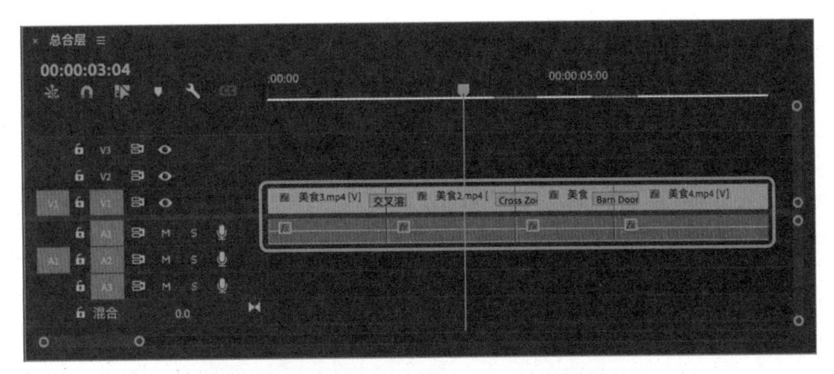

图8-26 在所有视频交界处添加转场效果

提示 使用 Adobe Premiere 制作转场效果时，除了本案例中选择的“溶解”效果外，还可以根据视频效果需要选择其他的转场效果。如果软件自带的转场效果不能满足需求，还可以选择在网络上下载转场插件。

8.3.2 删除转场效果

添加了视频转场后，如果发现效果不令人满意，该如何删除转场效果呢？下面为大家讲解删除转场效果的操作，具体的操作步骤如下：

步骤01 按照 8.3.1 节的步骤添加了视频转场效果后，单击“选择”工具，选中已添加的转场效果，如图 8-27 所示。

步骤02 按键盘上的“Delete”键，删除转场效果，如图 8-28 所示。

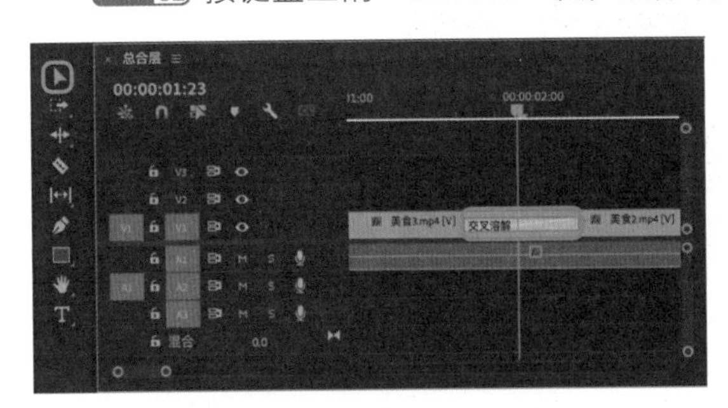

图8-27 选中已添加的转场效果

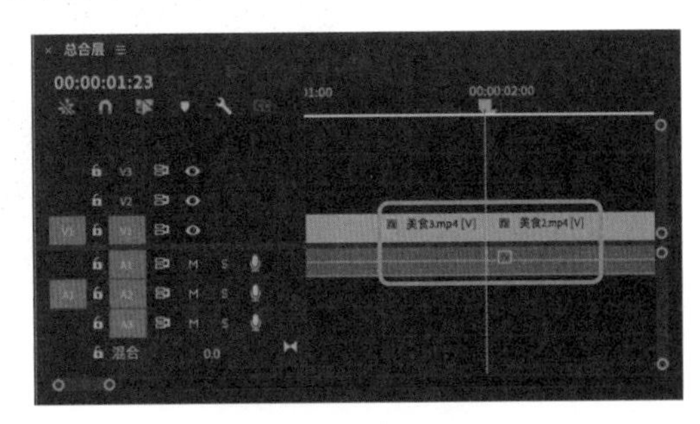

图8-28 删除转场效果

8.3.3 设置转场时间

转场效果添加完成后，系统会预设自动生成固定的转场持续时间。短视频创作者需要根据视频的剪辑节奏、音乐卡点对转场的时长进行修改。设置转场时间的具体操作步骤如下：

步骤 01 按照 8.3.1 节的步骤添加了视频转场效果后，单击“选择”工具，选中已添加的转场效果，在“效果控件”面板中调整转场效果时间，如图 8-29 所示。

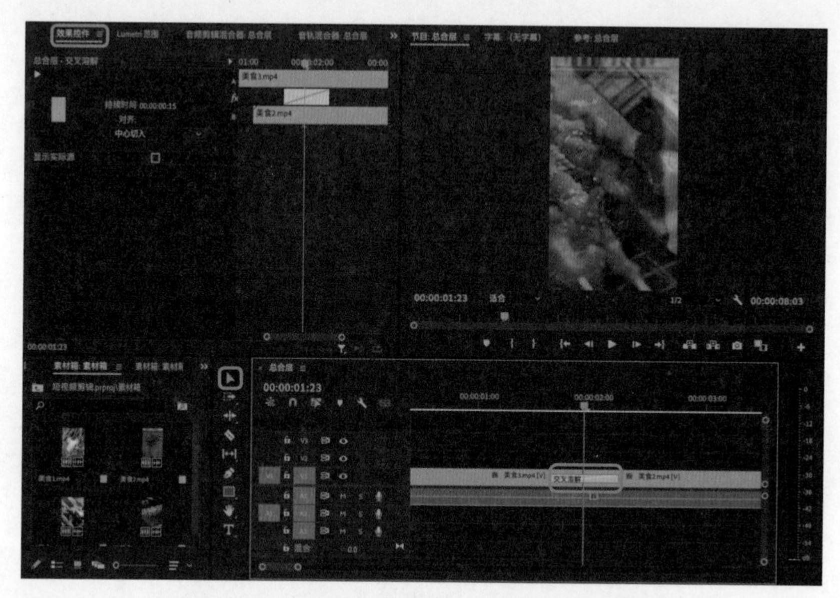

图8-29 在“效果控件”面板中调整转场效果时间

步骤 02 将“持续时间”修改为“00:00:00:08”，单击面板空白处完成转场时间设置，如图 8-30 所示。

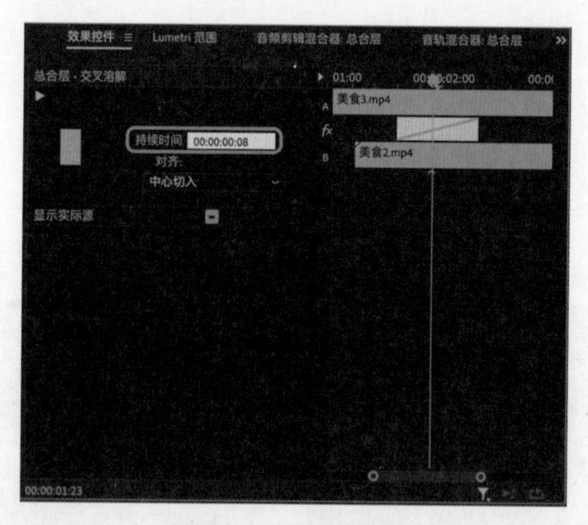

图8-30 修改持续时间

8.4 制作字幕

Premiere 经常用来制作电影、电视等影视作品中的专业字幕，短视频同样也可以使用 Premiere 来制作字幕。相对于手机剪辑软件来说，Premiere 制作字幕比较复杂，因为没有软件中预设的字幕模板，所以要求短视频创作者具有一定的审美能力，自己设计字幕的样式。下面我们将通过实例讲解如何制作字幕。

8.4.1 创建字幕

Premiere 创建字幕的方式还是比较简单的，具体操作步骤如下：

步骤01 打开 Premiere Pro 2022，新建项目后，导入视频素材，在菜单栏中单击“文件”菜单，然后依次单击“新建”→“旧版标题”命令，如图 8-31 所示。

步骤02 在“新建字幕”对话框中单击“确定”按钮，如图 8-32 所示。

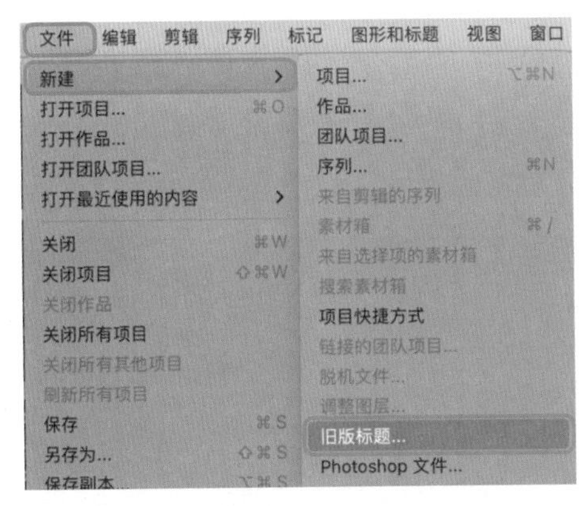

图8-31 单击“旧版标题”命令

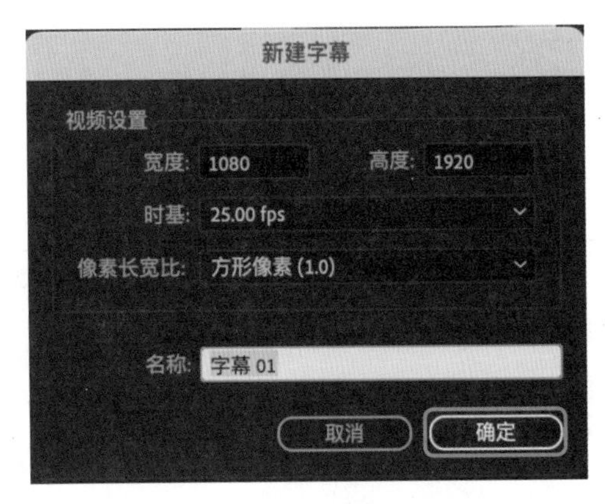

图8-32 “新建字幕”对话框

步骤03 在项目面板中单击“T（文字）”工具，在画面中合适的位置上单击，在字幕框中输入所需文案文字（如“草莓贩卖机”），即可完成字幕的创建，如图 8-33 所示。

图8-33 在字幕框中输入所需文案文字

8.4.2 设置字幕

使用 Premiere 制作字幕的难点主要在于字幕样式的设置。因为 Premier 软件自带的字幕模板比较基础，设计感较差，所以短视频创作者通常需要自己去设计和调整字幕样式。设置字幕的具体操作步骤如下：

步骤 01 创建字幕后，在右侧的“旧版标题属性”面板中，对文字颜色、字体、大小、边框、阴影进行设置。例如，选中字幕“草莓贩卖机”，在“属性”一栏中，将“字体系列”设置为“清茶田格体”，“字体大小”设置为“138.0”；勾选“阴影”复选框，在“阴影”一栏中，将“颜色”设置为“绿色”，“不透明度”设置为“60%”，“角度”设置为“-160.0°”，“距离”设置为“10.0”，“大小”设置为“11.0”，“扩展”设置为“76.0”，如图 8-34 所示。

图8-34 调整字幕样式

步骤 02 字幕设置完成后，关闭“旧版标题属性”面板，将设置好的字幕拖入时间轴中，如图 8-35 所示。

图8-35 将设置好的字幕拖入时间轴中

8.5 视频特效

使用 Premiere 可以为视频添加丰富且专业的特效，不过在添加视频效果之前，短视频创作者需要先进行效果控件的参数调整以及关键帧的设置。下面我们就通过实例来讲解一下如何添加视频效果，具体的操作步骤如下：

步骤 01 打开 Premiere Pro 2022，新建项目，导入视频素材，将所有视频素材进行剪辑后，开始添加视频效果。选中视频素材，单击页面右侧的“效果”选项，在“效果”面板中，依次单击“视频效果”→“RG Trapcode”→“shine”选项，将“shine”效果拖曳到视频素材上，如图 8-36 所示。

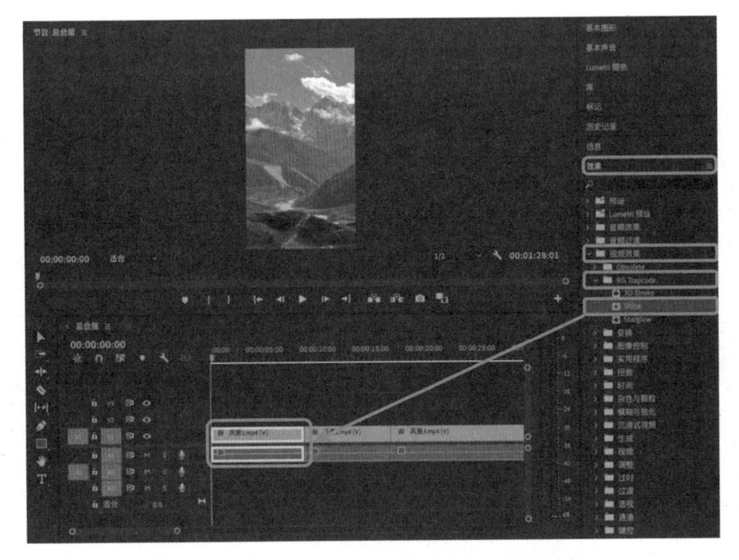

图8-36 将“shine”效果拖曳到视频素材上

步骤02 在“效果控件”面板中调整“fx Shine”视频效果数值，如图 8-37 所示。

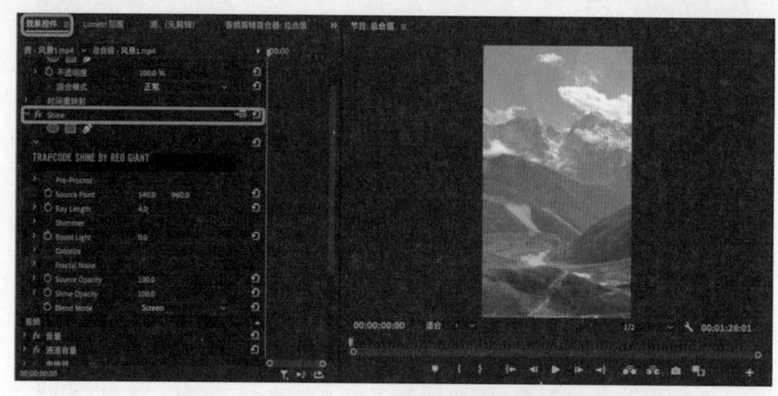

图8-37 调整“fx Shine”视频效果数值

步骤03 将时间线拖至视频“00:00:05:00”处，将“shine Opacity”数值调整为“0”，单击“ ”图标，添加一个关键帧，如图 8-38 所示。

步骤04 将时间线拖至视频“00:00:07:00”处，将“shine Opacity”数值调整为“100”，单击“ ”图标，添加一个关键帧，如图 8-39 所示。

步骤05 将时间线拖至视频“00:00:08:00”处，将“shine Opacity”数值调整为“0”，单击“ ”图标，添加一个关键帧，如图 8-40 所示。

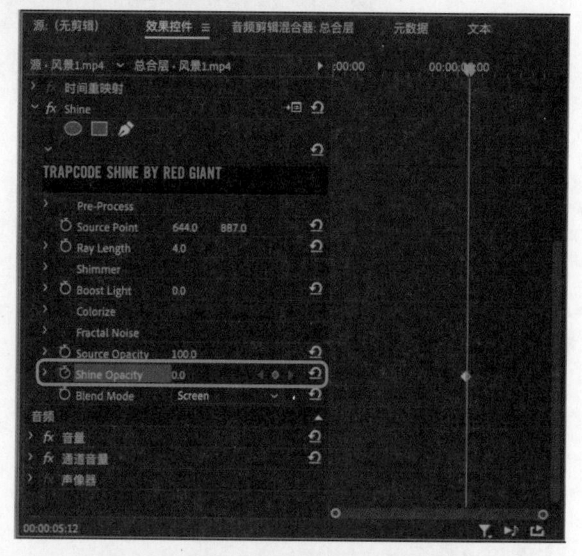

图8-38 调整效果数值并添加关键帧1

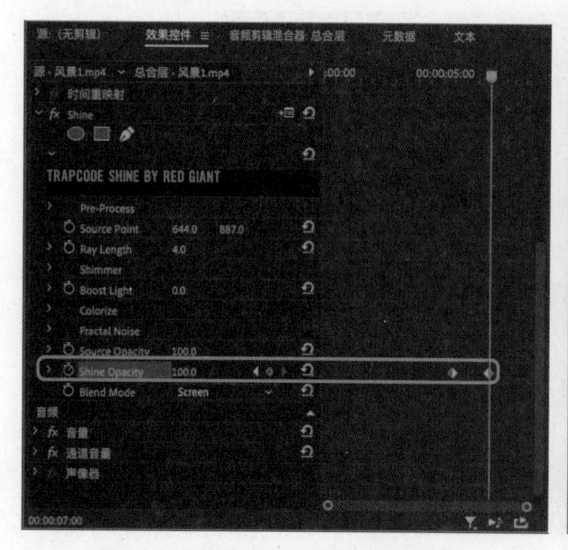

图8-39 调整效果数值并添加关键帧2

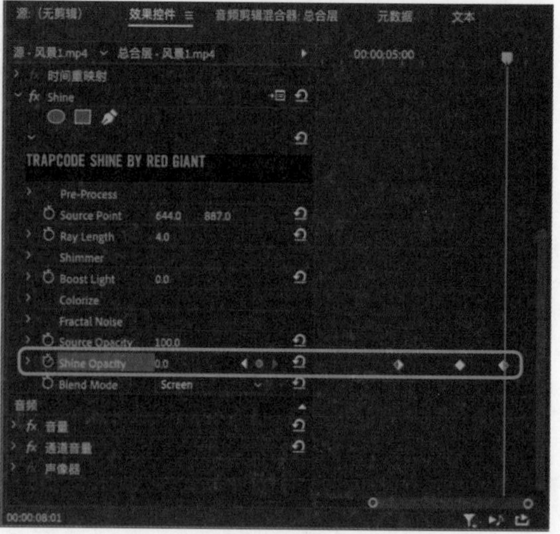

图8-40 调整效果数值并添加关键帧3

步骤 06 将时间线拖至视频“00:00:07:00”处，将“Ray Length”数值调整为“0”，单击“ ”图标，添加一个关键帧；将“Boost Light”数值调整为“0”，单击“ ”图标，添加一个关键帧，如图 8-41 所示。

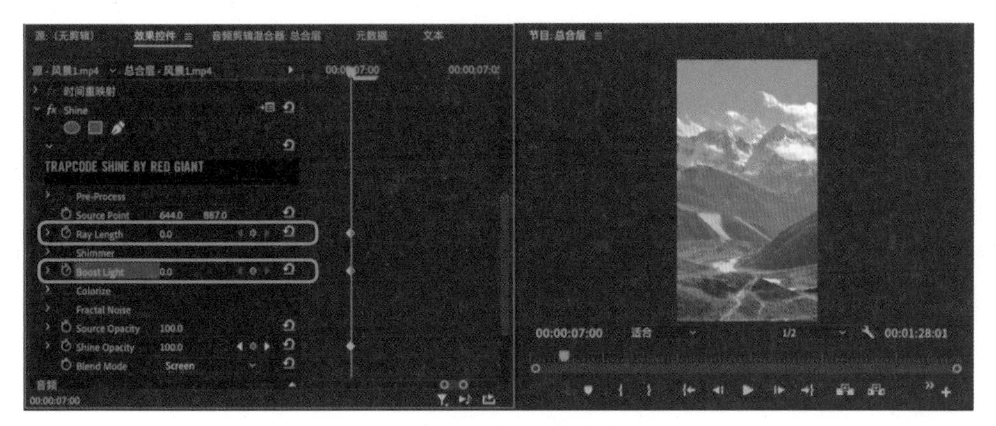

图8-41 调整效果数值并添加关键帧4

步骤 07 将时间线拖至视频“00:00:07:03”处，将“Ray Length”数值调整为“1.0”，单击“ ”图标，添加一个关键帧；将“Boost Light”数值调整为“2.7”，单击“ ”图标，添加一个关键帧，最终视频效果如图 8-42 所示。

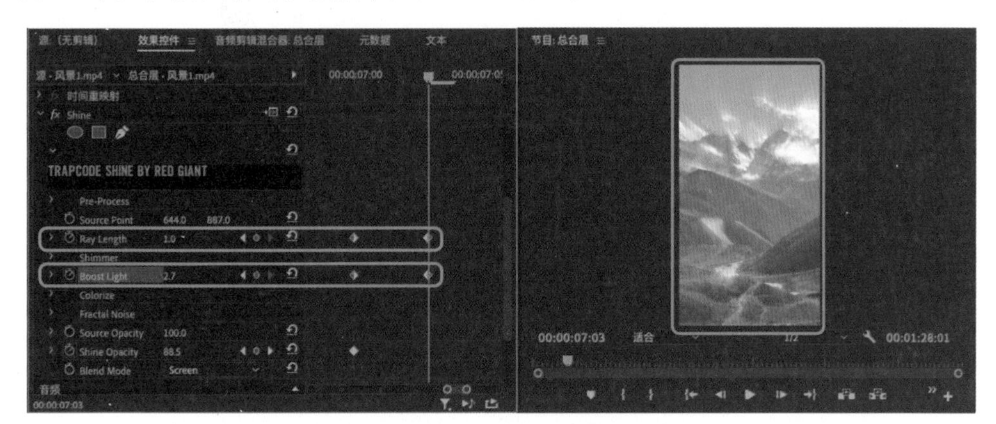

图8-42 最终视频效果

8.6 音频编辑

音频的处理是视频制作中非常重要的一个环节。使用 Premiere 可以进行多音轨编辑，同时，还能对声音的不同问题进行调整制作。接下来我们将通过具体的案例来讲解如何在 Premiere 中处理音频。

8.6.1 添加音频

前面介绍了在新建项目后如何导入视频、音频素材，这里将为大家讲解在视频剪辑的过程中如何添加音频素材。添加音频素材的具体操作步骤如下：

步骤 01 看视频剪辑过程中需要添加一段音乐素材，可以在“素材箱”面板的空白处右击，然后单击快捷菜单中的“导入”选项，如图 8-43 所示。

步骤 02 打开“导入”对话框，在相应的文件夹中选择需要导入的音频素材，单击“导入”按钮，如图 8-44 所示。

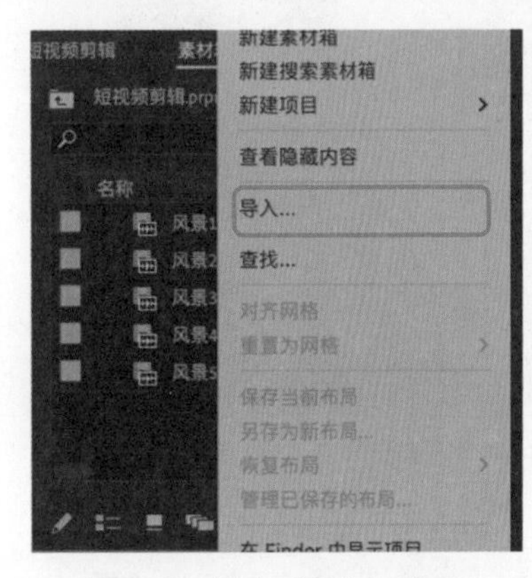

图8-43 单击“导入”选项

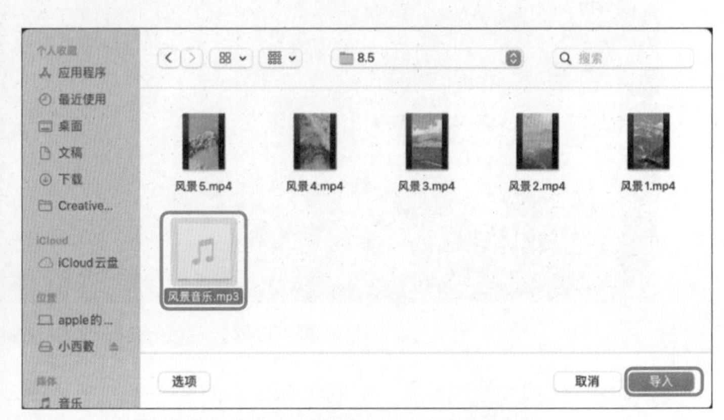

图8-44 选择需要导入的音频素材

步骤 03 将音频素材拖入时间轴中，即可成功为视频添加音频，最终效果如图 8-45 所示。

图8-45 将音频素材拖入时间轴中

8.6.2 分割音频

分割音频就是将一段完整的音频素材使用“剃刀”工具分割开，将多余的部分进行删除。分割音频的具体操作步骤如下：

步骤 01 按照 8.6.1 节的步骤导入音频素材后，单击“剃刀”工具，剪断音频，如图 8-46 所示。

图8-46 剪断音频

步骤 02 单击“选择”工具，选中多余的音频，按键盘上的“Delete”键进行删除即可，如图 8-47 所示。

图8-47 删除多余音频

8.6.3 调整音频的音量

使用 Premiere 为音频调整音量的方式有两种：一种是通过“音频增益”进行整体调整；一种是在“效果控件”中调整音量，采用这种方式既可以进行整段音频的音量调整，又可以进行分段音量调整。

方法一：通过“音频增益”进行整体调整的具体操作步骤如下：

步骤 01 打开 Premiere Pro 2022，新建项目，导入音频素材后，单击“选择”工具，选中音频素材后右击，在弹出的快捷菜单中单击“音频增益”命令，如图 8-48 所示。

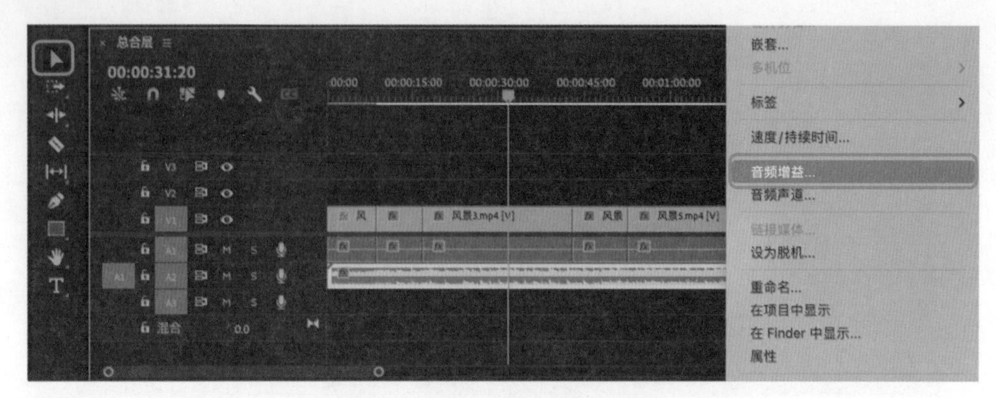

图8-48 单击“音频增益”命令

步骤02 在“音频增益”对话框中，修改“调整增益值”为“-15dB“，然后单击“确定”按钮，如图 8-49 所示。

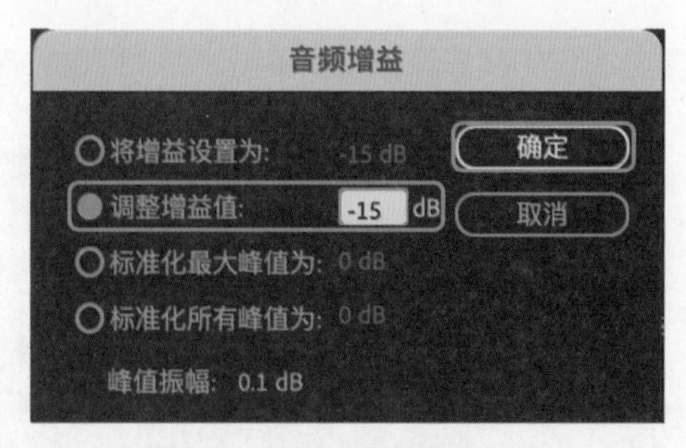

图8-49 修改“调整增益值”

步骤03 音频最终的音量效果如图 8-50 所示。

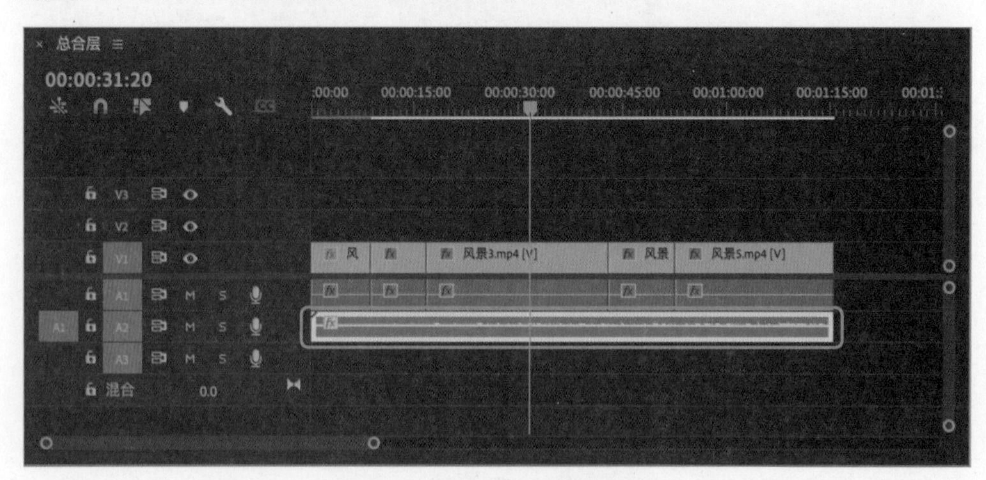

图8-50 音频最终的音量效果

方法二：在“效果控件”中调整音量。该方法不仅可以对音频的整体音量进行调节，也可以通过对音频添加关键帧进行分段音量调节。下面以分段调整音量为例进行讲解，具体的操作步骤如下：

步骤01 打开 Premiere Pro 2022，新建项目，导入音频素材后，单击“选择”工具，选中音频素材，在“效果控件”面板中调整“fx 音量”，如图 8-51 所示。

图8-51 在“效果控件”面板中调整“fx音量”

步骤02 将时间线拖至视频“00:00:09:04”处，将“级别”数值调整为“0.0dB”，单击“◀◆▶”图标添加一个关键帧，如图 8-52 所示。

步骤03 将时间线拖至“00:00:09:23”处，将“级别”数值调整为“-10.0dB”，单击“◀◆▶”图标添加一个关键帧，如图 8-53 所示。

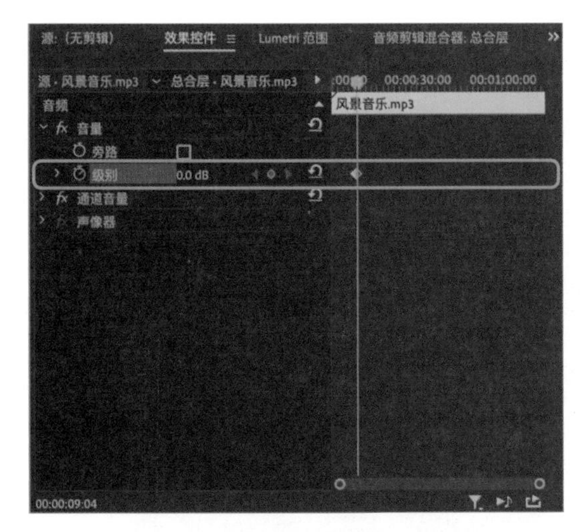

图8-52 调整音量“级别”数值1

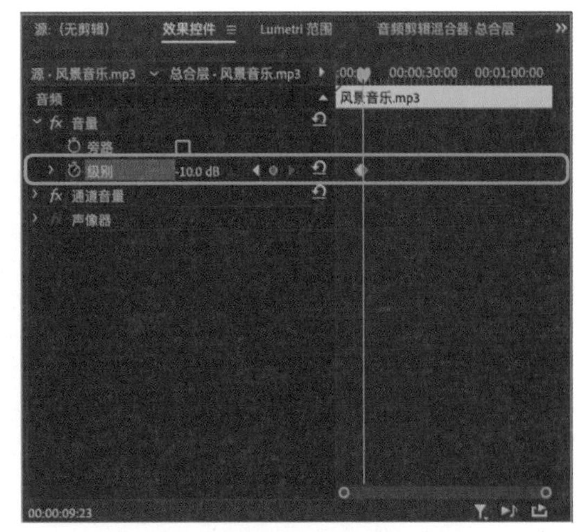

图8-53 调整音量“级别”数值2

步骤04 将时间线拖至“00:00:50:11”处，将“级别”数值调整为“-10.0dB”，单击“◀◆▶”图标添加一个关键帧，完成音频部分音量调整，如图 8-54 所示。

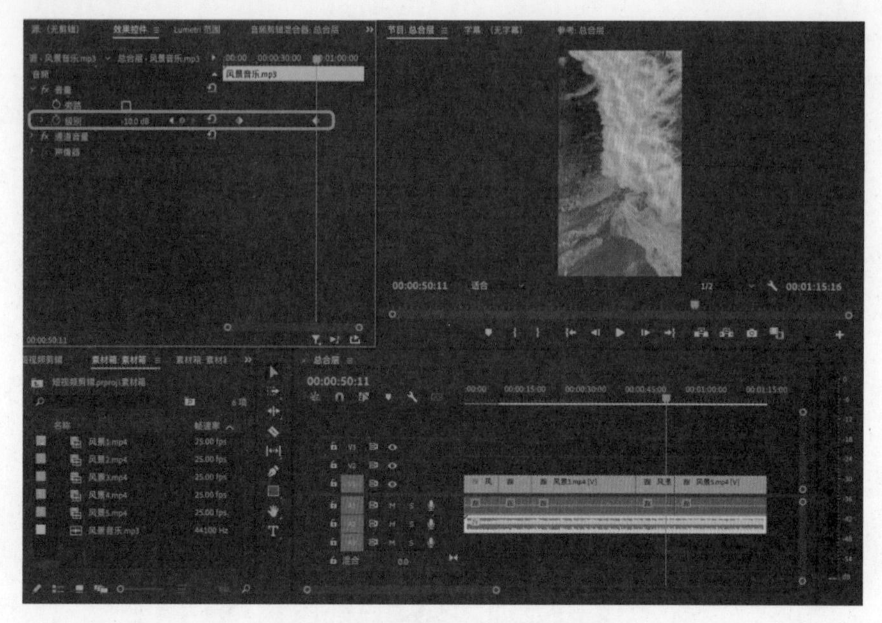

图8-54 调整音量“级别”数值3

8.6.4 音频降噪处理

在进行视频剪辑和处理的过程中，经常遇到一些噪声比较大的视频，这时候需要进行降噪处理。在降噪的同时保留比较清晰的人声，这样才能保证较好的视频音效。音频降噪处理的具体操作步骤如下：

步骤 01 打开 Premiere Pro 2022，新建项目后，导入一段需要降噪的音频素材，在“效果”面板中，依次单击“音频效果”→“降杂／恢复”选项，选中“降噪”选项，将其拖入音频中，如图 8-55 所示。

图8-55 添加“降噪”效果

步骤 02 在“效果控件”面板的“fx 降噪”选项中，单击“自定义设置”的“编辑”按钮，如图 8-56 所示。

步骤 03 在“剪辑效果编辑器”面板中，将“预设”选项修改为“强降噪”，在“处理焦点”选项中单击“—”图标，将“数量”数值调整至“51%”，如图 8-57 所示。

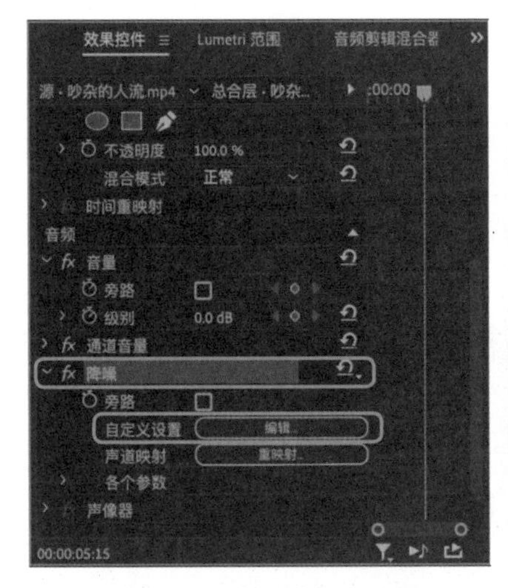

图8-56 单击“编辑”按钮

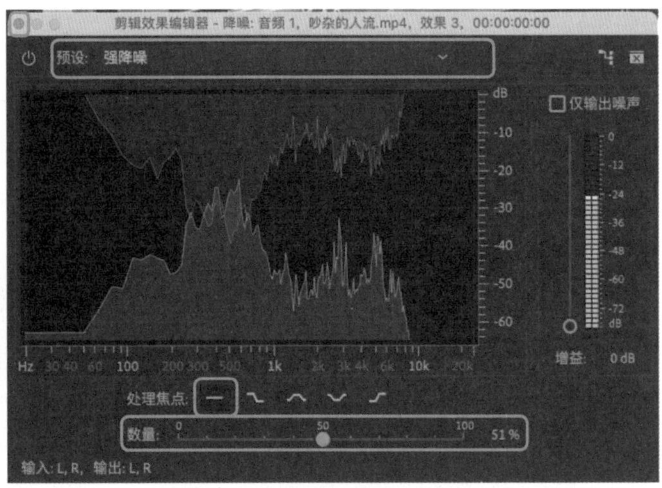

图8-57 “剪辑效果编辑器”面板

步骤 04 关闭“剪辑效果编辑器”面板后，即可看到降噪的最终效果，如图 8-58 所示。

图8-58 降噪的最终效果

8.6.5 设置音频淡化

音频淡化就是为声音添加过渡。在制作短视频时，有可能会出现音频长于或者短于视频素材的情况，这时就需要对多余的音频进行修剪，或者是补齐不足的音频，防止声音突然出现、终止或切换音乐。设置音频淡化则可以使声音自然地开始或者结束。设置音频淡化的具体操作步骤如下：

步骤01 打开 Premiere Pro 2022，新建项目后，为一段视频导入一段音频素材，然后单击“剃刀”工具修剪音频，如图 8-59 所示。

步骤02 单击“选择”工具，选中多余的音频，按键盘上的“Delete”键进行删除，如图 8-60 所示。

图8-59 修剪音频

图8-60 删除多余的音频

步骤03 将光标定位在音频右端，右击，在弹出的快捷菜单中单击“应用默认过渡”命令，如图 8-61 所示。

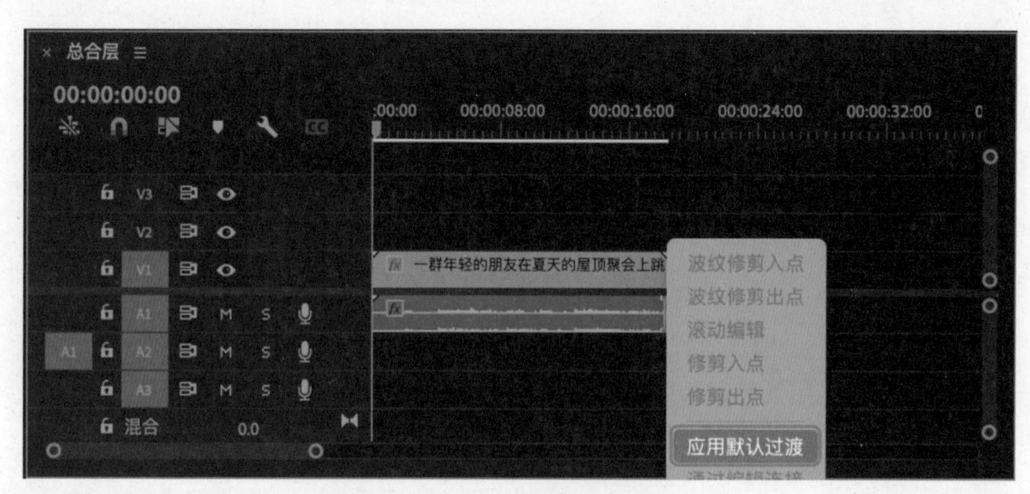

图8-61 单击“应用默认过渡”命令

步骤04 单击“选择”工具，选中已添加的转场效果，在“效果控件”面板中将“恒定功率”的持续时间调整为“00:00:04:00”，如图 8-62 所示。

图8-62 调整“恒定功率”的持续时间

8.6.6 从视频中分离音频

在拍摄视频素材时，通常会连带生成一些音频，但有些音频是我们制作短视频时不需要的，这时就需要将这些音频与视频进行分离。从视频中分离音频的具体操作步骤如下：

步骤 01 打开 Premiere Pro 2022，新建项目后，导入一段带有音频的视频素材，然后单击“选择”工具，选中素材，如图 8-63 所示。

图8-63 选中素材

提示 在 Premiere 中，带有音频的视频素材被拖入时间轴后，文件会显示“[V]”标志。

步骤02 右击素材，在弹出的快捷菜单中单击“取消链接”命令，如图 8-64 所示。

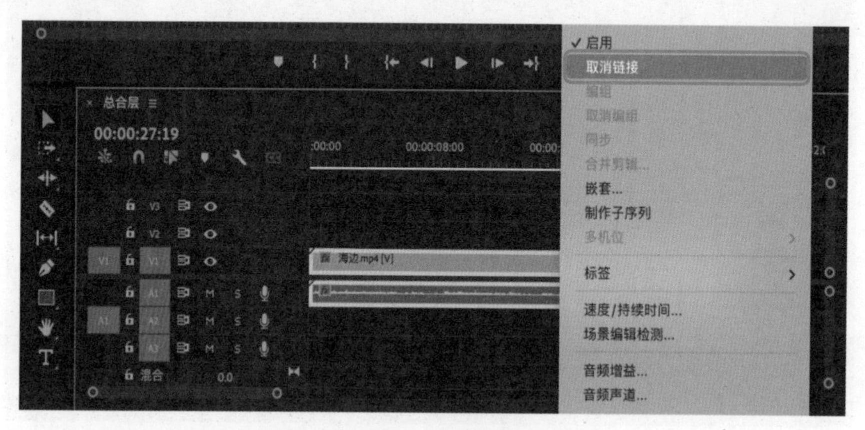

图8-64 单击“取消链接”命令

步骤03 视频与音频分离后，文件后面的“[V]”就会消失，如图 8-65 所示。

图8-65 视频与音频分离后的效果

8.7 合成并导出视频

通过上面的剪辑操作制作好短视频以后，还需要将视频导出。使用 Premiere 剪辑并导出的高清视频，不会降低视频素材的清晰度。合成并导出视频的具体操作步骤如下：

步骤01 短视频剪辑完成后，单击“文件”菜单，在弹出的下拉菜单中选择“导出”命令，在展开子菜单中单击“媒体”命令，如图 8-66 所示。

步骤 02 打开“导出设置”对话框，在“格式”列表框中选择“H.264”选项，在“预设”列表框中选择“匹配源 - 高比特率”选项，单击“输出名称”右侧的文本链接修改输出文件名，修改 MP4 视频文件的保存路径，修改文件名称为“萌宠短视频”，在“导出设置”对话框的右下角单击“导出”按钮，如图 8-67 所示。弹出“编码 总合层”对话框，显示渲染进度，稍后将完成 MP4 视频文件的导出操作。

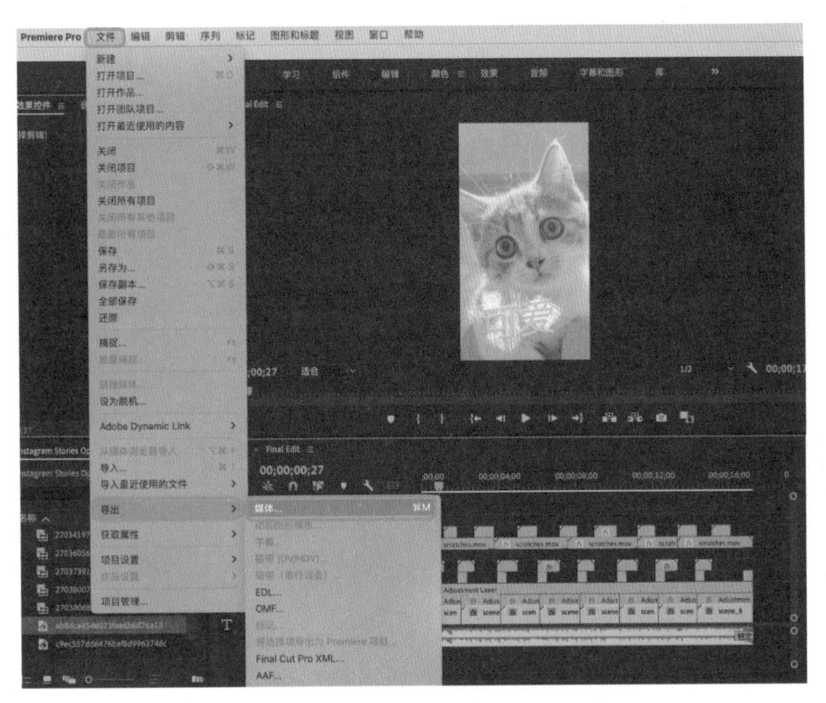

图8-66 单击“媒体”命令

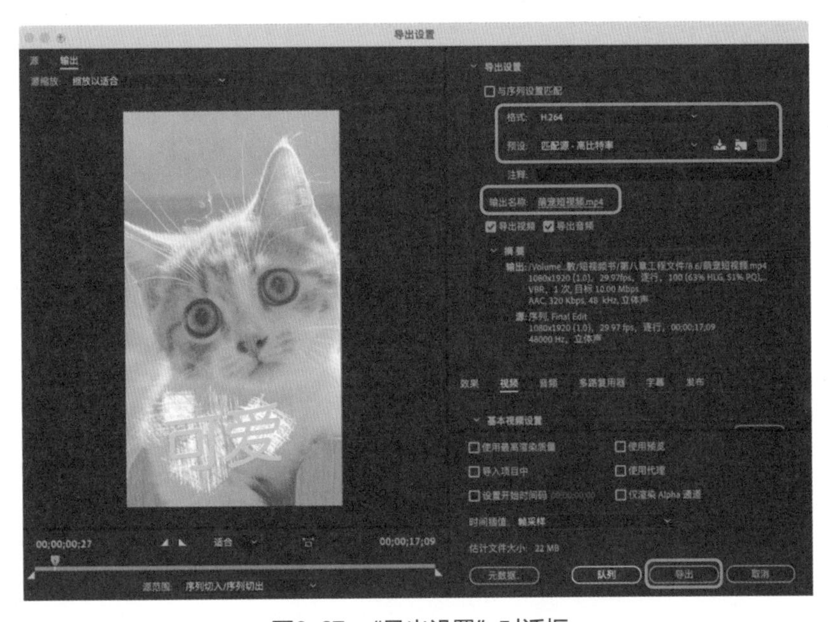

图8-67 “导出设置”对话框

【课堂实训】使用 Premiere 制作萌宠类短视频

萌宠一直都是短视频市场中点击率、点赞数较高的一类短视频题材，下面我们就以萌宠类短视频为主题，利用本章所介绍的知识，使用 Premiere Pro 2022 制作一条高点赞数的短视频作品。制作的这条短视频作品中会包涵视频剪辑、音乐添加、字幕、视频特效、过渡转场等元素，最终短视频的部分画面效果如图 8-68 所示。

图8-68 萌宠类短视频作品的部分画面效果

使用 Premiere Pro 2022 制作萌宠类短视频的具体操作步骤如下：

步骤 01 打开 Premiere Pro 2022，在菜单栏中单击“文件”菜单，然后依次单击“新建”→“项目”命令，如图 8-69 所示。

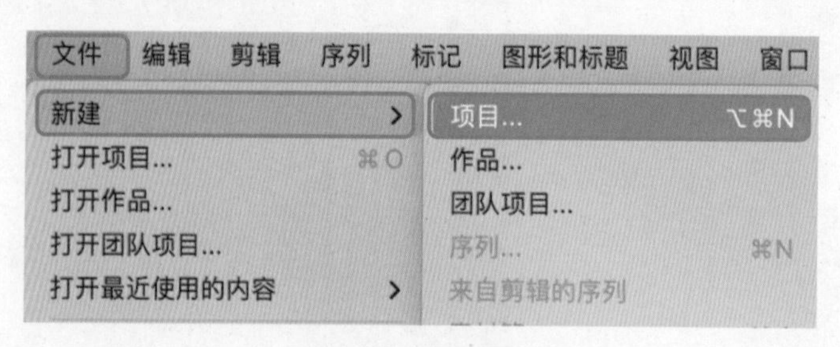

图8-69 新建项目

步骤 02 打开“新建项目”对话框，设置项目名称为“萌宠短视频”，修改存储位置，然后单击“确定”按钮，如图 8-70 所示。

步骤 03 在菜单栏中单击“文件”菜单，然后依次单击“新建”→“序列”命令，如图 8-71 所示。

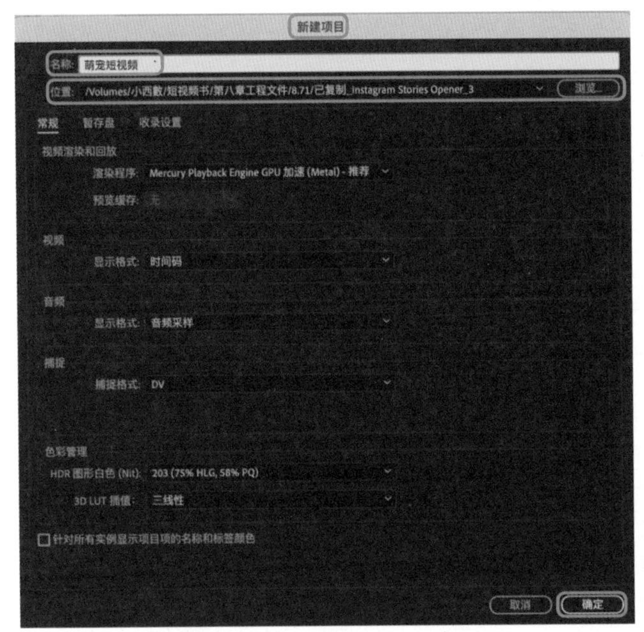

图8-70 “新建项目”对话框

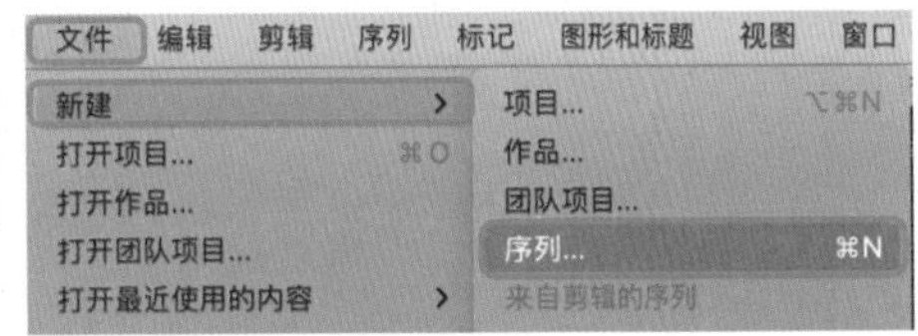

图8-71 单击“序列”命令

步骤 04 打开“新建序列”对话框，在“序列预设”选项卡下的“可用预设”列表框中，选择“标准 48kHz”选项，在“序列名称”文本框中输入“总合层”，然后单击“确定”按钮，如图 8-72 所示。

步骤 05 修改视频的画幅尺寸，单击切换至“设置”选项卡，在“编辑模式”列表框中选择“自定义”选项，修改“帧大小”参数为“1080 和 1920 像素”，修改“视频长宽比”为“方形像素（1.0）”，然后单击“确定”按钮，如图 8-73 所示。

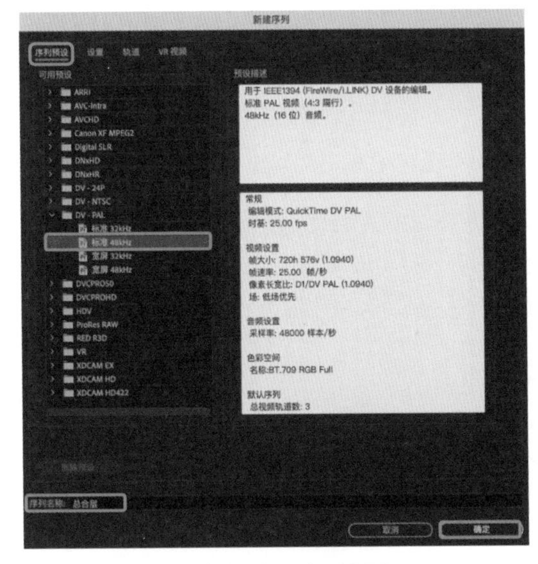

图8-72 修改“序列预设”

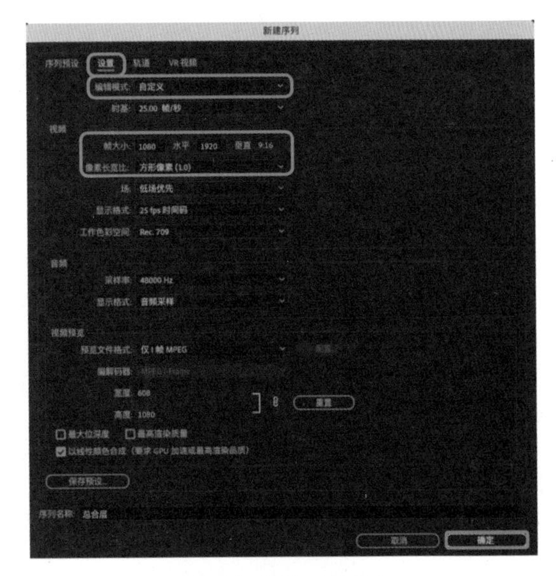

图8-73 修改“设置”

步骤 06 完成序列文件的新建操作并在项目面板中显示出来，画幅比例显示为竖屏“9:16”，效果如图 8-74 所示。

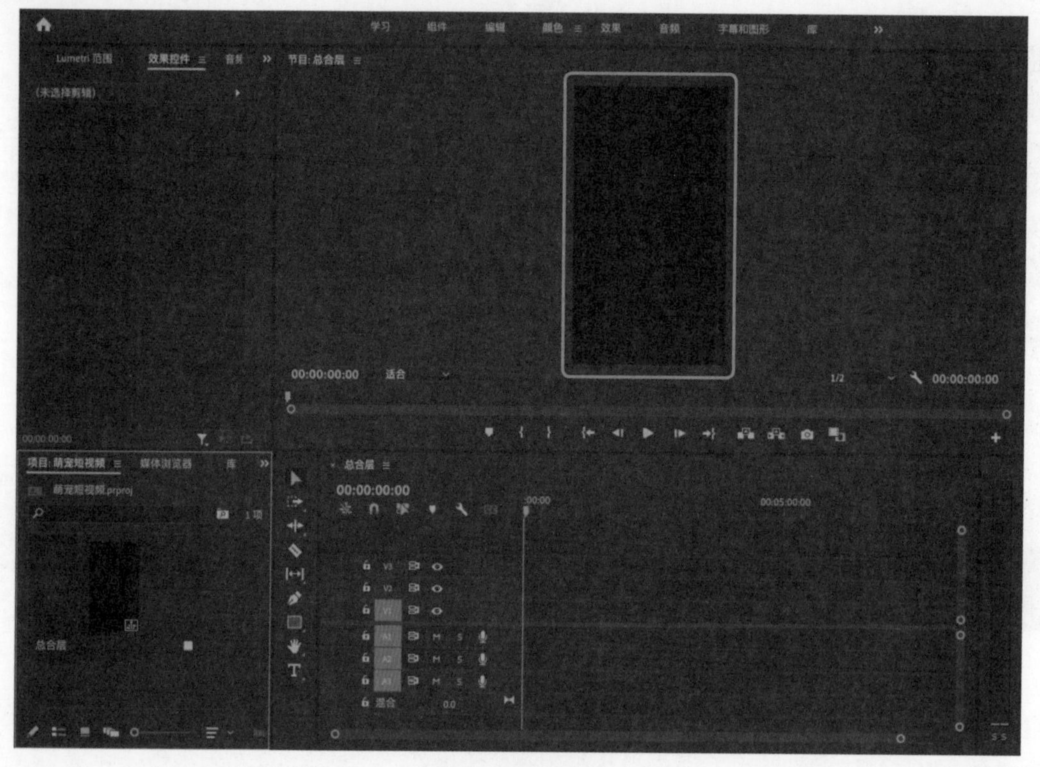

图8-74 画幅效果

步骤07 项目新建完成后，开始进行素材的导入，在项目面板的空白处右击，然后在弹出的快捷菜单中单击“新建素材箱”命令，如图8-75所示。

步骤08 按照步骤07的方法新建3个“素材箱”，并分别重命名为“字幕”“视频”和“音乐”，如图8-76所示。

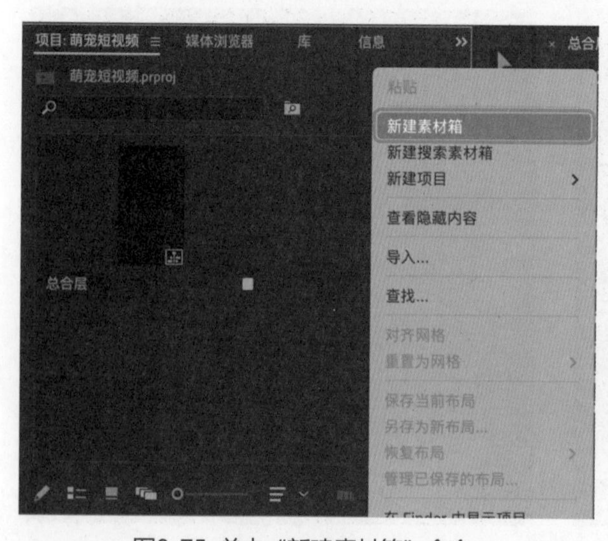

图8-75 单击“新建素材箱”命令

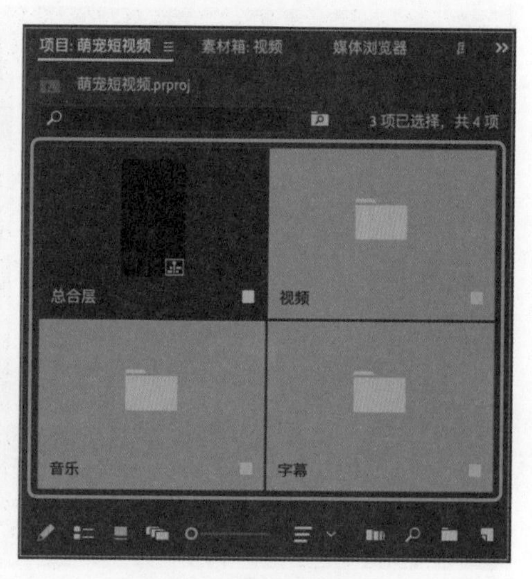

图8-76 素材箱重命名

步骤09 双击视频素材箱面板的空白处，打开“导入”对话框，在相应的文件夹中选择需要导入的视频素材、图片素材以及音频素材，单击“导入”按钮，如图8-77所示。

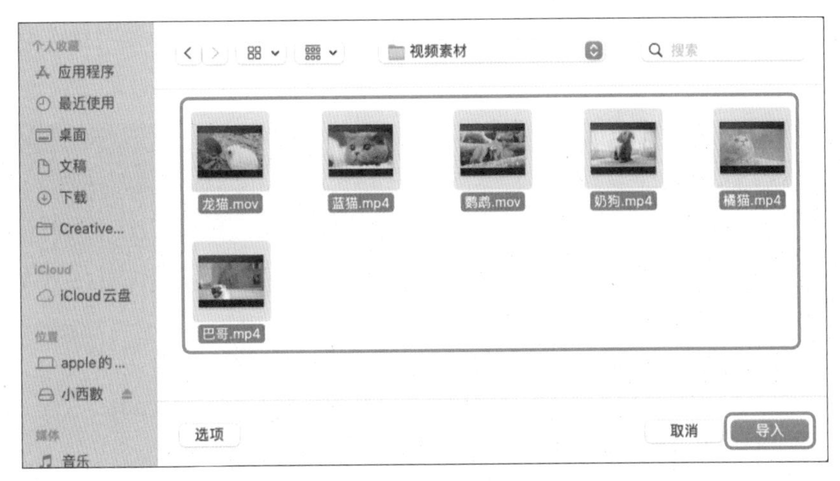

图8-77 导入素材

步骤 10 将素材分类导入对应的素材箱，如图 8-78 所示。

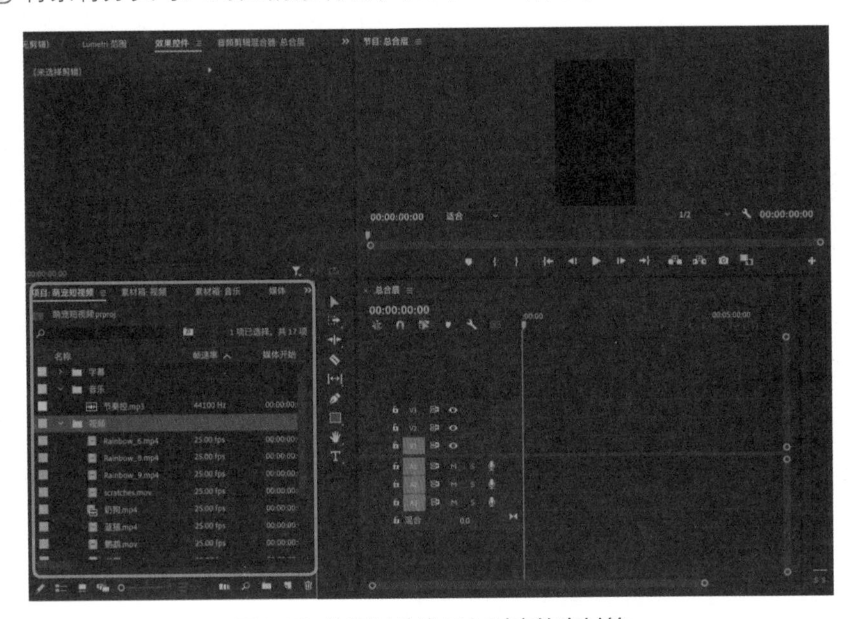

图8-78 将素材分类导入对应的素材箱

步骤 11 选中“音乐素材箱”中的“音频素材”，将其拖入时间轴中，如图 8-79 所示。

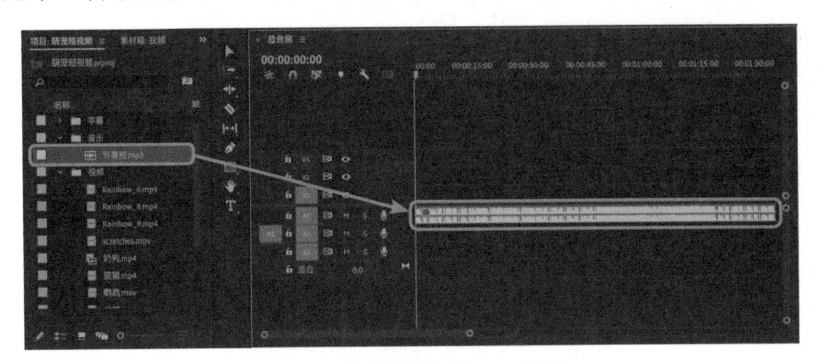

图8-79 将音频素材拖入时间轴

步骤12 打开项目面板中“视频素材箱”，按照想要的顺序将视频素材拖入时间轴中，效果如图 8-80 所示。

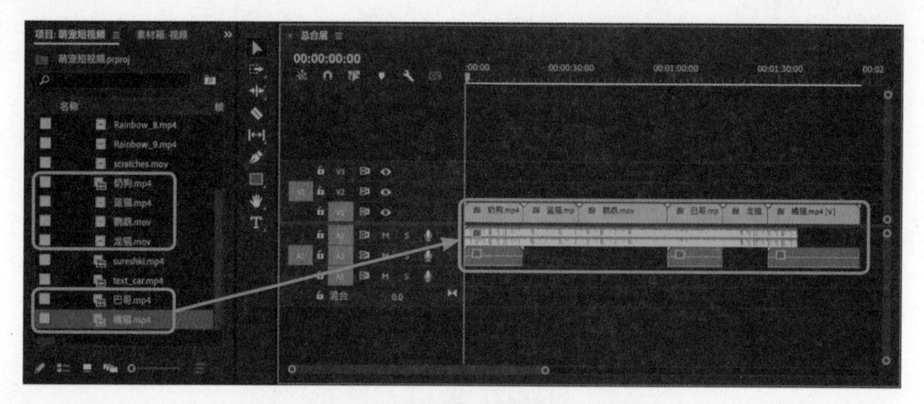

图8-80 将所有动物视频素材拖入时间轴

步骤13 单击“序列面板”，确定工作范围框在序列面板上，拖动“长度条”放大序列上音乐文件的波形，寻找音乐的峰值，根据音乐峰值，使用“剃刀”工具剪切视频素材长度。重复播放并检查画面与音乐之间的配合效果，进行细微调整，如图 8-81 所示。

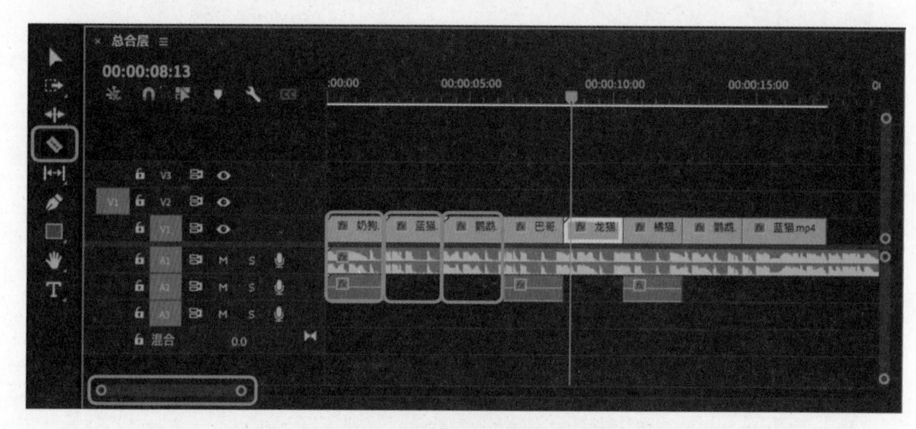

图8-81 根据峰值调整素材长度

步骤14 单击“选择”工具，选中全部视频素材，右击，在弹出的快捷菜单中单击“取消链接”命令，如图 8-82 所示。

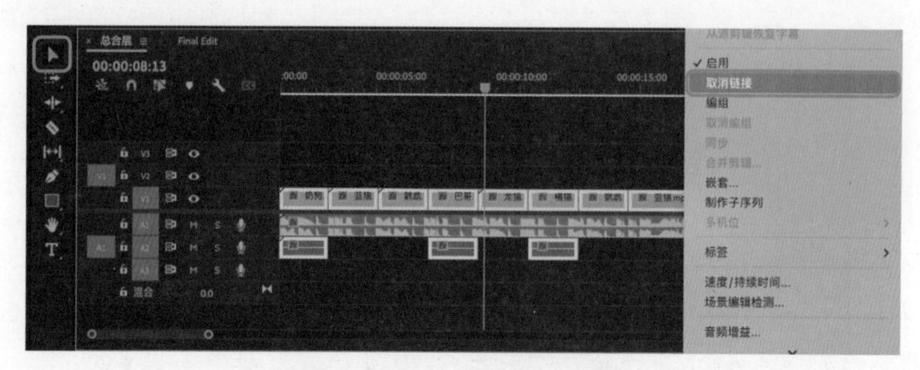

图8-82 单击“取消链接”命令

步骤 15 使用“选择”工具选中解绑的音频，按键盘上的 Delete 键进行删除，然后使用“剃刀”工具修剪音乐长度，使音乐与视频素材对齐，如图 8-83 所示。

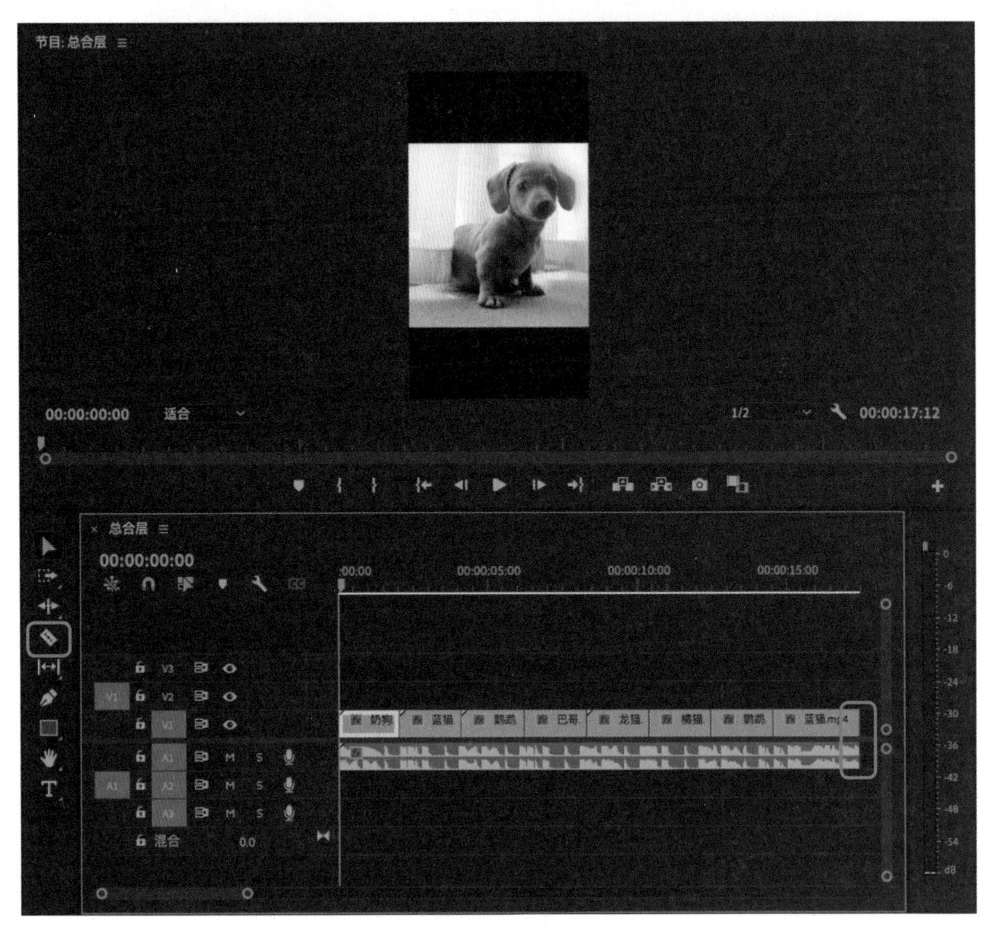

图8-83　解绑音乐并修剪音乐长度

步骤 16 选中第一个视频，在“效果控件”面板中通过“fx 运动”调整视频素材在画面中的“位置”和“缩放”，调整至充满画面、主体物居中即可，如图 8-84 所示。

图8-84　调整“fx运动”

步骤 17 按照步骤 16 调整所有视频素材画面的位置和大小，如图 8-85 所示。

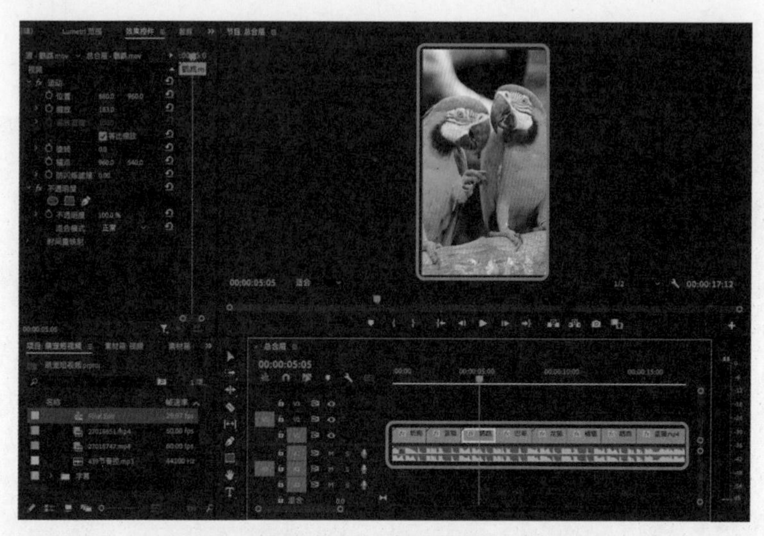

图8-85 调整所有视频素材画面的位置和大小

步骤 18 将视频效果素材拖入时间轴中，并调整位置，如图 8-86 所示。

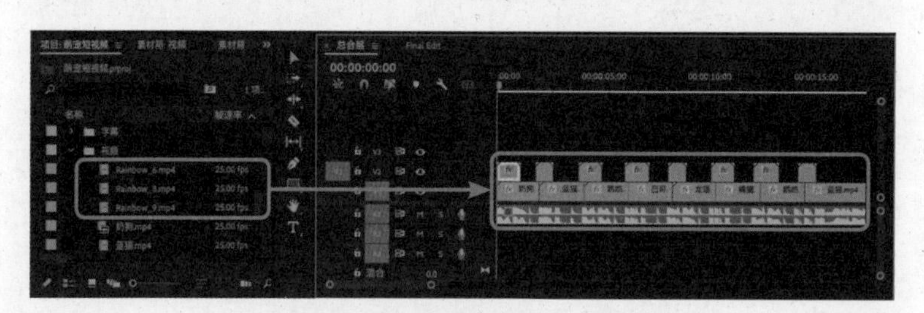

图8-86 视频效果素材拖入时间轴

步骤 19 为所有的视频连接添加转场效果，在页面右侧的“效果”面板中，依次单击“视频过渡”→“内滑”选项，选中“急摇”效果，将其拖到视频素材上，如图 8-87 所示。

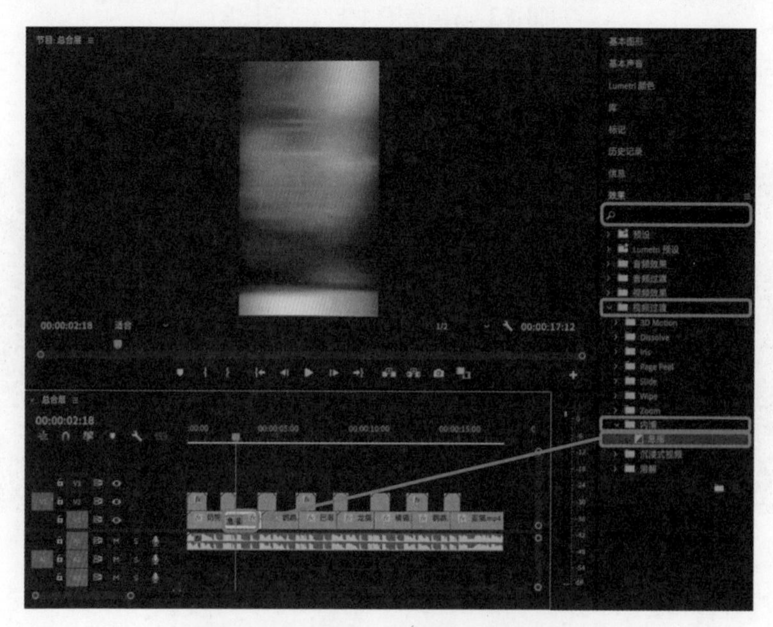

图8-87 将“急摇”效果拖到视频素材上

步骤 20 调整转场效果时长，按照步骤 19 在所有的视频连接处添加转场效果，如图 8-88 所示。

图8-88　为所有的视频连接处添加转场效果

步骤 21 为需要调色的视频素材调色，在“效果”面板中，依次单击“视频效果”→“过时”选项，选中“RGB 曲线”效果，将其拖到视频素材上，在“效果控件”面板中单击“fxRGB 曲线”中的“主要”选项，如图 8-89 所示。

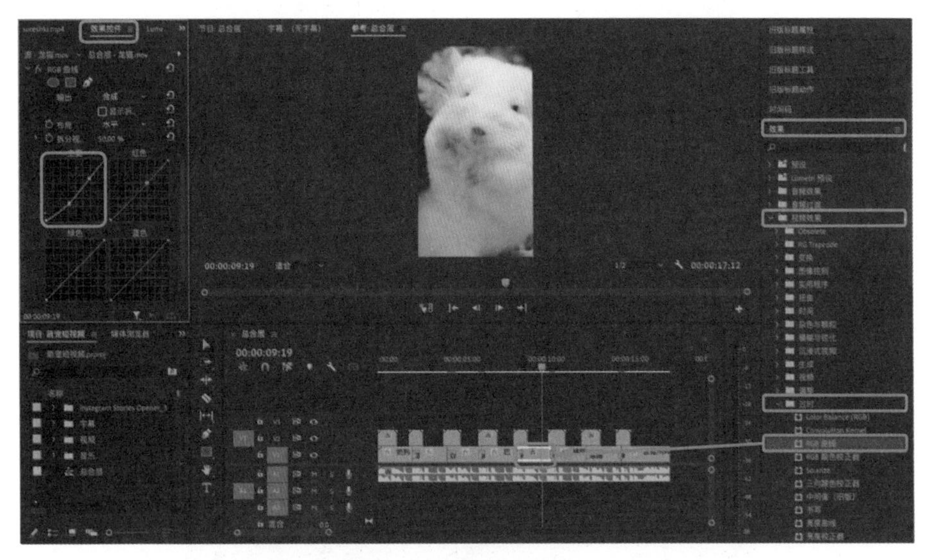

图8-89　为视频素材调色

步骤 22 双击进入“字幕素材箱”面板，单击菜单栏中的“文件”菜单，然后依次单击“新建”→“旧版标题”命令，如图 8-90 所示。

步骤 23 打开“新建字幕”对话框，单击“确定”按钮，如图 8-91 所示。

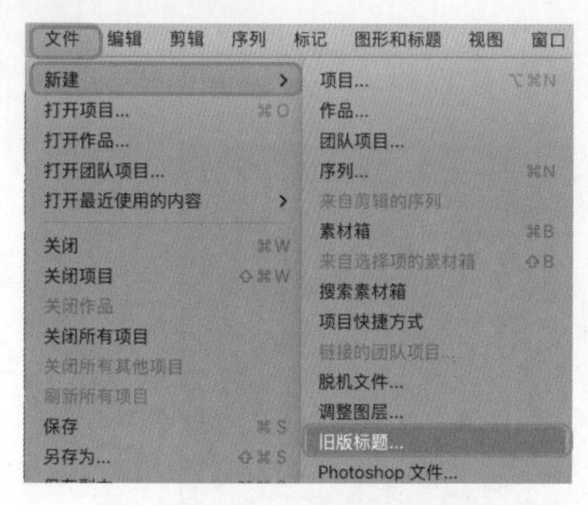

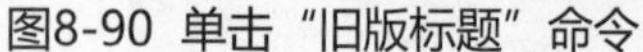
图8-90 单击“旧版标题”命令

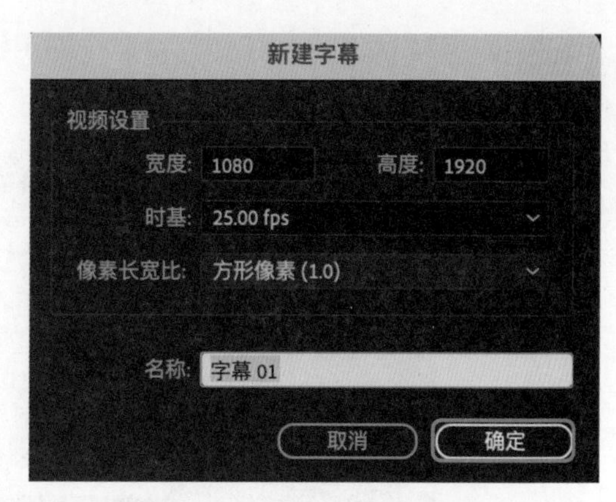

图8-91 “新建字幕”对话框

步骤24 在项目面板中单击“T（文字）”工具，在画面中合适的位置上单击，在“字幕框”中输入所需文案文字（如“可爱”），即可完成字幕的创建，如图 8-92 所示。

图8-92 完成字幕的创建

步骤25 在页面右侧的“旧版标题属性”面板中设置文字颜色、字体、大小、阴影等。将“属性”一栏中的“字体系列”设置为想要的字体，“字体大小”设置为“249.0”；勾选“填充”复选框，将“颜色”更改为“蓝色”；勾选“阴影”复选框，将“不透明度”设置为“50%”，“距离”设置为“10.0”，“大小”设置为“26.0”，“扩展”设置为“30.0”；调整字幕位置，如图 8-93 所示。

图8-93 对字幕进行设置

步骤 26 按照步骤 22~ 步骤 25 制作全部字幕，并将制作好的字幕全部拖入时间轴中，调整字幕持续时长。为所有字幕添加过渡效果，在“效果”面板中，依次单击“视频过渡”→“沉浸式视频”选项，将“沉浸式视频”选项中的效果拖到字幕素材上，调整效果持续时间，如图 8-94 所示。

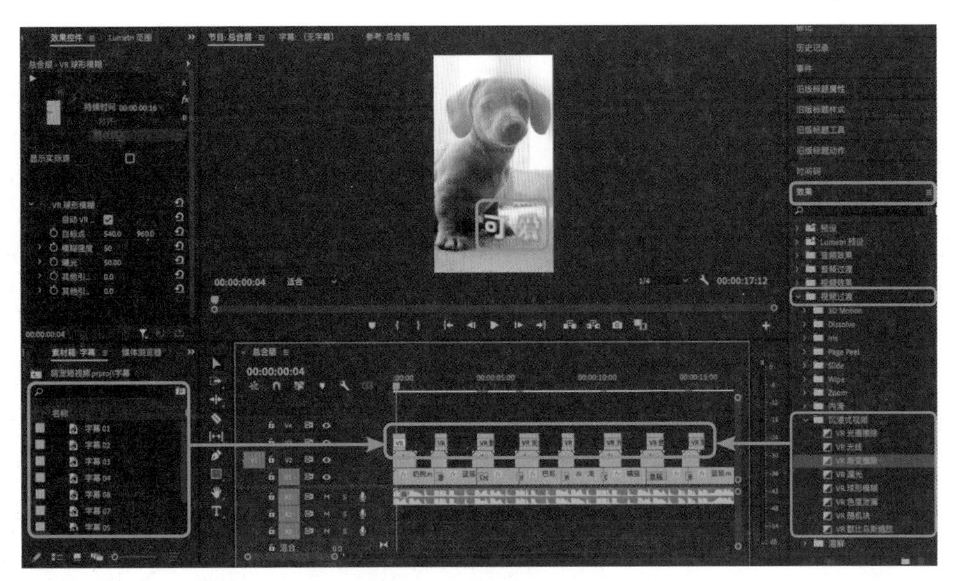

图8-94 字幕效果制作

步骤 27 在菜单栏中单击“文件”菜单，在弹出的下拉菜单中选择“导出”命令，然后在展开子菜单中单击“媒体”命令，如图 8-95 所示。

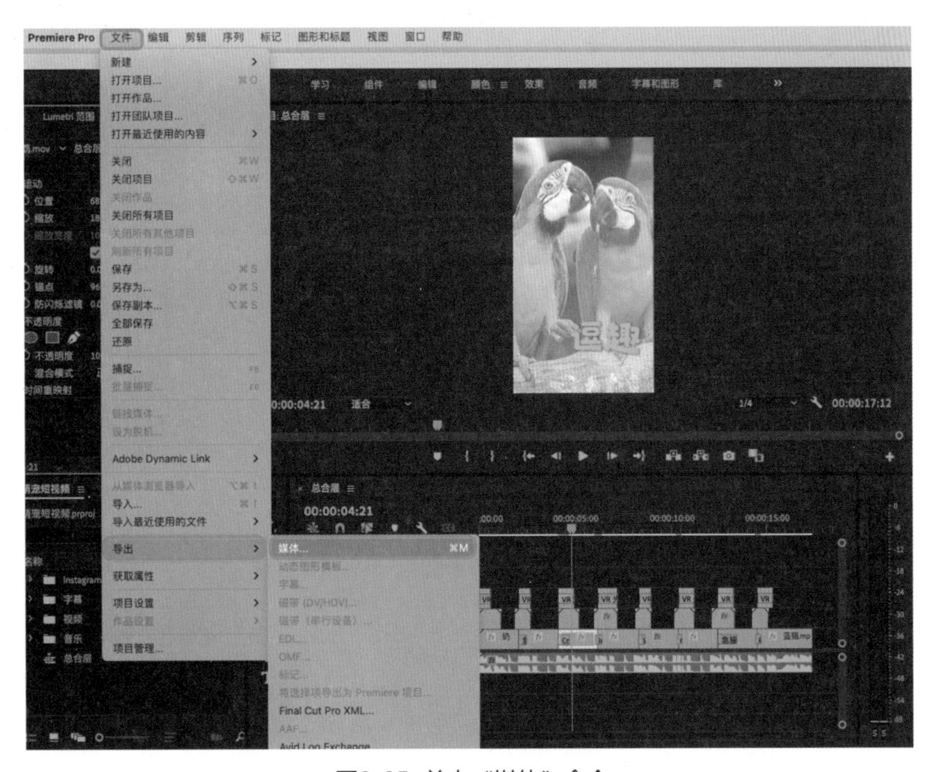

图8-95 单击“媒体”命令

步骤 28 打开“导出设置”对话框，在“格式”列表框中选择“H.264”选项，在“预设”列表框中选择“匹配源 - 高比特率”选项，单击“输出名称”右侧的文本链接，将输出文件名修改为“萌宠短视频”，修改 MP4 视频文件的保存路径，然后单击“导出设置”对话框右下角的“导出”按钮，如图 8-96 所示。打开“编码 总合层”对话框，显示渲染进度，稍后将完成 MP4 视频文件的导出操作。

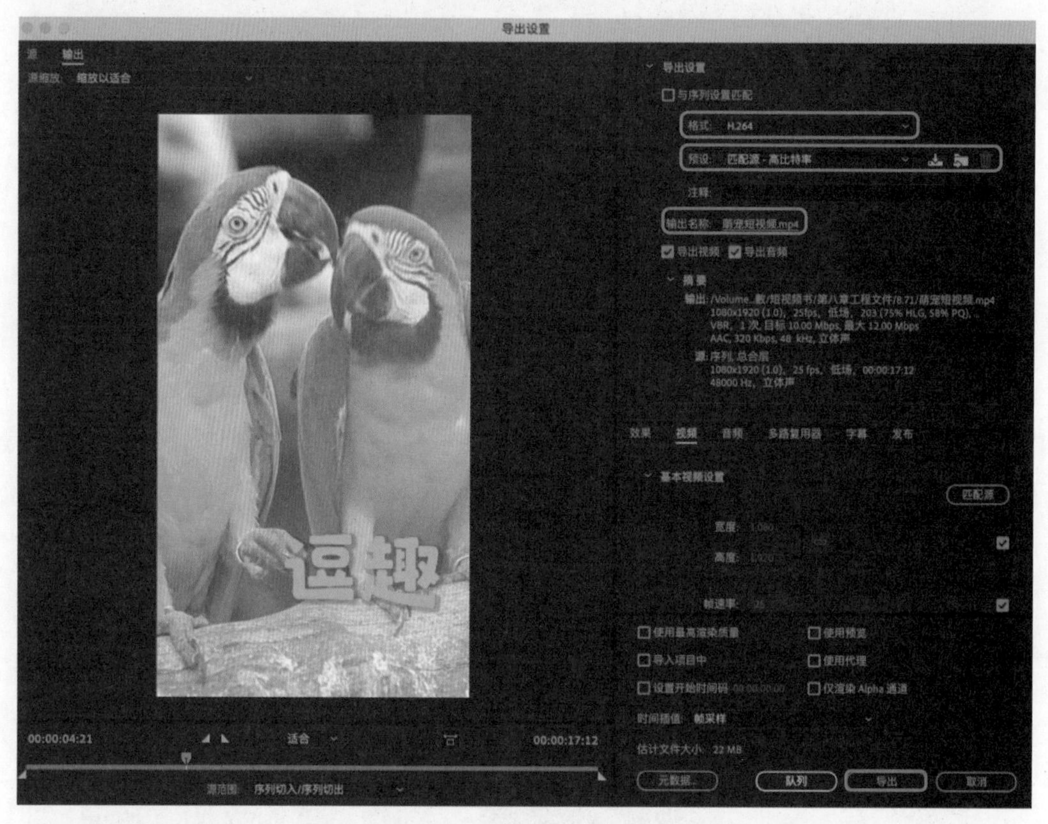

图8-96 “导出设置”对话框

【课后练习】

1．使用 Premiere Pro 2022 制作一段快闪电子相册短视频。

2．使用 Premiere Pro 2022 剪辑一段旅行 Vlog 短视频。

第 9 章 短视频拍摄与制作实战技法

【学习目标】

- 掌握产品营销类短视频的拍摄与制作要点。
- 掌握美食类短视频的拍摄与制作要点。
- 掌握生活记录类短视频的拍摄与制作要点。
- 掌握知识技能类短视频的拍摄与制作要点。

随着短视频市场越来越大、用户越来越多，以及 UGC（User Generated Content，用户生产内容）对市场内容的占据量越来越大，短视频的种类也变得更加多样。常见的短视频类型大致可以分为 4 大类，即产品营销类短视频、美食类短视频、生活记录类短视频和知识技能类短视频。不同类型的短视频，其拍摄要点和制作方法略有不同。短视频创作者要想创作出高质量的短视频作品，吸引更多用户关注，就需要掌握不同类型短视频的拍摄与制作要点。

9.1 拍摄与制作产品营销类短视频

随着短视频的高速发展，短视频营销已然成为了当下热门的一种产品营销方式，也是不少商家公认的卖货利器。一条优质的产品营销短视频能够有效提升消费者的停留时间，从而促进产品的销售转化。下面就为大家详细介绍一下产品营销类短视频的拍摄与制作方法。

9.1.1 产品营销类短视频的拍摄思路

产品营销类短视频可以让消费者在有限的时长内快速地了解到产品的信息，从而帮助企业达到既定的营销目的。通常来讲，产品营销类短视频中应包括产品的主要卖点、设计理念以及品牌故事等内容。在拍摄产品营销类短视频之前，短视频创作者需要先理清自己的拍摄思路，如图 9-1 所示。

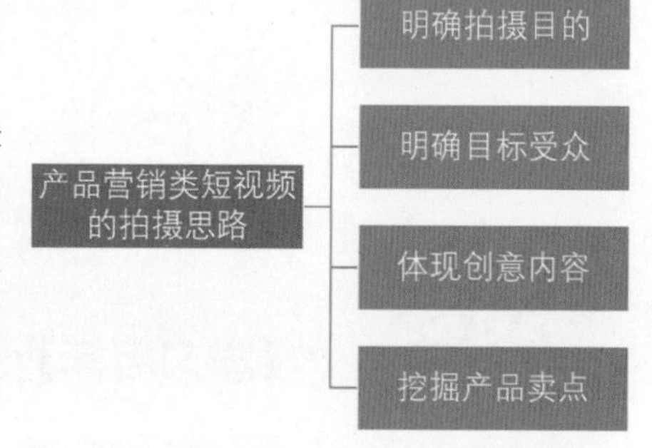

图9-1 产品营销类短视频的拍摄思路

1. 明确拍摄目的

在拍摄短视频之前，首先需要明确产品营销短视频的制作目的是什么。是用来推介新产品，还是讲解产品使用说明，又或者是产品促销宣传？只有明确了短视频的制作目的，才能切实做好目标受众的定位，才能在拍摄上有所侧重，进而创作出符合产品宣传的短视频作品，提升产品营销类短视频的价值。

2. 明确目标受众

产品营销类短视频的拍摄与制作对于消费者的定位要求很高，明确目标受众是精准制作产品营销类短视频的前提。在拍摄这类短视频作品之前，短视频创作者要提前做好市场分析和目标受众的人群画像分析，了解目标受众的需求，这样拍摄和制作出来的短视频作品才更具有针对性和吸引力。

3. 体现创意内容

创意是实现产品宣传差异化的一个重要途径，面对市场上千篇一律的同类产品，利用创意吸引消费者的目光是非常明智的选择。短视频创作者需要利用新颖独特、别树一帜的创造性思维来创作短视频作品，使拍摄出来的作品能够具有独特的创意、引人入胜。

4. 挖掘产品卖点

拍摄短视频有一个非常重要的目的，就是让消费者能够更加全面地了解产品卖点，进而做出购买决定。所以，产品营销类短视频必须要从消费者的角度出发，挖掘产品的卖点，让消费者更好地了解产品，从而下单购买产品。

9.1.2 产品营销类短视频的拍摄原则

从盈利的角度来看，产品营销类短视频可以理解为产品营销的一种表现形式，其终极目的是引起用户对产品的兴趣，促使他们点击“小黄车”链接，下单购买产品，从而让运营者盈利。想要用产品打动用户的心，可以从制造需求与链接情感两方面入手，基于此，产品营销类短视频的拍摄需要遵循 3 大原则。

1. 清晰地展现产品外观

产品营销类短视频的拍摄核心在于将产品全方位地展现给用户，相较于传统的产品营销方式，短视频能够更加直观、全面地展示产品的各个方面，便于用户更好地了解产品。

在这个“视觉为王”的时代，对于性能、价格相同的两款产品来说，“颜值”更高的那一款往往会获得更多消费者的青睐。因此，产品营销类短视频对于产品的展示，首先应当从外观入手。运营者选择的通过短视频来推广的产品，往往都具有一定的“颜值优势”，那么，为了优化营销效果，更应当通过短视频将产品的这一优势进行放大，让用户在观看短视频时第一眼就能从“颜值”上对产品产生好感。

2. 展示产品的功能优势

对于一款产品来说，其核心竞争力一定在于其功能优势，因为产品的本质就是帮助消费者解决问题。比如，吸尘器的本质作用是帮助人们更好地解决卫生问题；又比如，电视机是丰富人们视野的一种媒介，其本质是为人们提供更丰富的文化享受。消费者之所以选择购买这些产品，往往就是看中了这些产品身上的功能优势所带来的使用价值。

产品营销类短视频的“主角产品”，在功能方面与同类产品相比应当存在一定的优势。例如，某短视频作品中展示的一款“油汤分离勺”产品，这款产品的功能优势在于将普通汤勺的功能与滤油工具的功能合二为一，使用户在盛汤过程中能轻松地将油与汤分离，如图 9-2 所示。

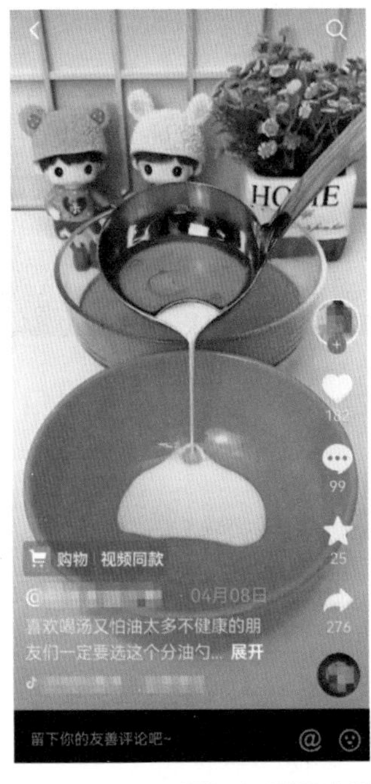

图9-2 展示产品功能优势的短视频作品

通过产品营销短视频对产品功能的直观展示，用户可以切身体会到这款产品的功能优势所在。并且视频中的内容也是直击用户的痛点，帮助用户解决了油汤分离的问题。所以，用户很容易被视频中推荐的产品打动，进而下单购买该产品。

3. 为产品赋予情感内涵

短视频营销与图文营销相比，往往能够营造出更好的氛围和场景。很多时候用户会下单购买产品，不仅仅是因为产品能解决他们的问题，更是为产品所蕴含的情感买单。为产品赋予情感内涵是一种十分高明的营销手段，商家在售卖某款产品同时，也在售卖这款产品所标榜的情感。

例如，某短视频作品中展示的香薰产品，如图 9-3 所示。很多时候香薰类产品都与“精致”“格调”“品味”等关键词“挂钩”，以体现人们对生活品质的追求。这种情感内涵的加成，就是产品溢价的主要来源之一。

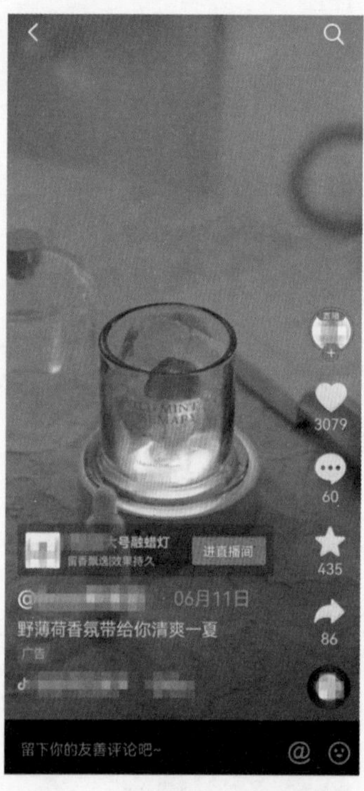

图9-3 为产品赋予情感内涵的短视频作品

提示 溢价，原本为证券市场用语，意为交易价格超过了证券票面的价格。在此引申为产品的售价超出其本身价值。

9.1.3 产品营销类短视频的拍摄技巧

用户在观看短视频的时候往往都处于一种非常放松、随意的状态，在这种状态下，他们很容易就会接受短视频中植入的各种广告信息。因此，短视频创作者想要拍摄产品营销类短视频，就需要掌握一定的拍摄技巧，巧妙地将产品广告信息植入短视频中。

1. 展示产品

市面上很多产品都具有自己独特的卖点，面对这些创意性和话题性都很强的产品，或者自带话题性的产品，可以直接通过短视频来展示产品的神奇功能。例如，某短视频作品中为用户展示了某款手写笔产品的部分功能（见图 9-4），当用户在看到这些功能的展示时，就会觉得该手写笔产品的确有非同寻常的卖点，从而给用户提供一个购买该产品的理由。

图9-4　展示产品的部分功能

短视频这种营销方式非常适合那些创意十足、功能新颖的产品。比如，抖音短视频的出现有曾使相吸手绳、LED 智能补光镜、纸手表等创意产品成为火爆全网的爆款产品。

对于那些创意点不是很多的产品，创作者在拍摄短视频时，可以将产品的优势放大，通过夸张的手法来呈现产品的特征，以加深用户对产品的记忆。

例如，在某短视频作品中，先是展示了用手工方式剁肉馅的种种不便和尴尬场面，接着又展示了一款绞肉机产品，使用该产品仅仅 5 秒钟就可以轻松将肉绞好，如图 9-5 所示。通过使用产品前后的对比，将该绞肉机产品的优势放大，从而给用户留下深刻的印象。

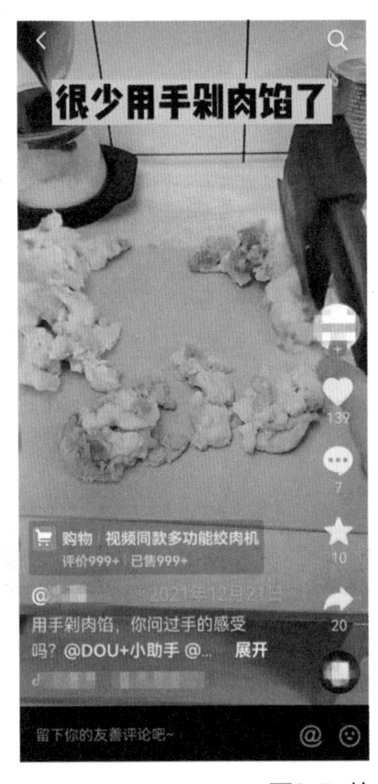

图9-5　放大产品的优势

2. 创意段子

在策划产品营销类短视频的内容时，短视频创作者可以围绕产品本身的功能和特点，结合创意段子，对产品进行全新的展示，通过打造形式新颖的短视频内容来刺激用户的购买需求。

例如，某短视频作品中引用了一对情侣之间吵架的段子来推广某品牌的烹饪机产品，如图 9-6 所示。视频讲述的是注重仪式感的女生因为男朋友工作太忙，忘记陪她过纪念日而生气，和男朋友发生争吵，一气之下男朋友摔门而出。事后女生也觉得自己刚才自己说话太过分了，想要制作一束干花向男朋友道歉，于是看到了之前男朋友因为自己喜欢干花和烹饪而专门为她购买的一套可以烘烤干花的烹饪机，也想起了男朋友曾经对自己的好。

图9-6 策划创意段子，刺激购买需求

3. 分享干货

知识干货类的短视频是非常受欢迎的，因为这类短视频不仅讲解清晰，还能让用户在短时间内学到一些实用的知识和技巧，那么用户自然很愿意分享和点赞这类短视频作品。

例如，某手机品牌的官方抖音账号就经常会发布一些干货类的短视频作品，为用户介绍手机的使用小技巧，如图 9-7 所示。

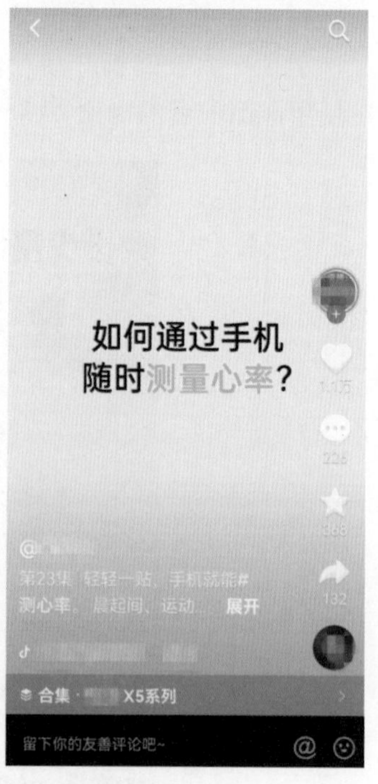

图9-7 在产品营销类短视频中分享知识和干货

4. 场景植入

场景植入就是在短视频的场景中适当植入需要宣传的产品或者品牌 LOGO 等，这样也可以起到一定的宣传效果。其实，短视频中的场景植入就像我们平时看电视剧或者电影时，背景中植入的广告产品一样。比如，在一条美食教学类的短视频作品中，可以在桌上放置需要宣传的产品，或者在背景中出现某品牌的 LOGO。

例如，某短视频作品教用户制作一款咖啡饮品，作者并没有刻意去推荐什么产品，只是借助场景展示了该咖啡饮品的制作过程和所需的原材料，在视频中用户可以清晰地看到咖啡粉、厚椰乳等原材料的品牌名称，如图 9-8 所示。

图9-8 场景植入的短视频示例

5. 口碑营销

一款产品到底好不好，不是商家说了算的，主要看消费者对它的评价。短视频创作者可以在短视频中展示用户的体验和产品的口碑，从侧面呈现产品的火爆状态。比如，为了呈现产品或品牌的好口碑，可以在短视频中增加消费者排队抢购、消费者的笑脸、店铺中的各种优质服务等场景画面。

例如，某短视频作品展示了某乐高旗舰店开业时，店内人山人海的火爆场景，并重点为用户展示了几款该旗舰店的限定产品，如图 9-9 所示。这种短视频就是从侧面提醒用户，该旗舰店人气火爆，还销售很多限定的产品，以吸引更多的消费者到店购买产品。

图9-9 口碑营销的短视频示例

9.1.4 产品营销类短视频的拍摄要点

通过短视频进行产品营销能够有效放大产品的优势，达到更好的营销效果。所以，如今短视频营销已经成为很多商家最主要的产品营销方式了。常见的产品营销类短视频可以大致分为5类，即产品展示类、产品制作类、产品评测类、产品开箱类以及产品产地采摘/装箱类。不同类别的产品营销短视频有不同的拍摄要点，短视频创作者只有掌握这些拍摄要点，才能有效提高短视频拍摄的效率与质量，从而吸引更多用户的关注。

1. 产品展示类短视频的拍摄要点

要想产品展示类短视频能够吸引大量用户的关注，并引发用户的购买欲望，那么拍摄的视频内容就不能过于简单粗暴。在拍摄产品展示类短视频时，创作者可以将产品放入一定的场景进行展示，或是融入一定故事情节，使视频内容看上去更加丰富饱满。

（1）营造合适的拍摄场景

产品展示类短视频只有在做到自然、生动等的情况下，才能有效打动用户。要保证拍摄出来的短视频自然、生动，最好的办法就是为产品选择一个适合的场景，最好能击中用户的痛点。例如，某短视频作品要展示的是一款户外帐篷产品，创作者为此专门选择了户外场景来展示该产品，并告诉大家该产品的真实使用感受，如图9-10所示。

图9-10 营造适合的拍摄场景

（2）构思故事情节或融入生活技巧

除了合适的场景以外，为了让短视频内容看上去更加丰富、有趣，创作者还可以构思一个故事情节，以此来引入产品；或是将产品展示融入一个小技巧中，这样的展示形式不仅新颖，也具有一定的“干货”，更容易被用户接受。例如，在某短视频作品中，创作者特意编排了一段关于女生第一次到男方家里的小故事来引出一款洗衣机器人产品，如图 9-11 所示。

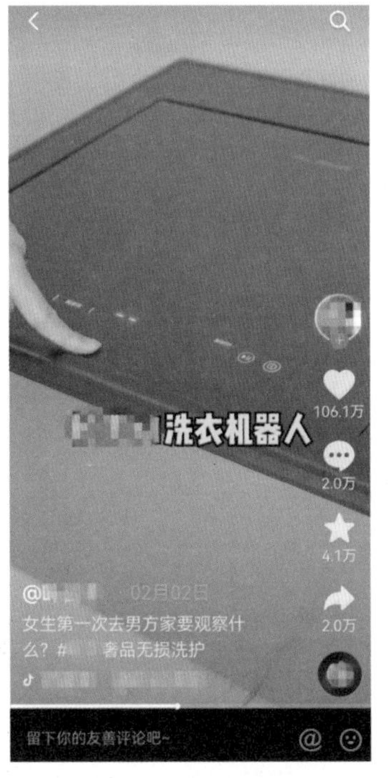

图9-11 将产品展示嵌入小故事

2. 产品制作类短视频的拍摄要点

产品制作类短视频主要是以各种工业品的制作过程的展示为主，其目的是让用户在了解某款产品制作步骤的同时，感受到该产品的高质量。拍摄产品制作类短视频有两个要点：一是适当加快视频节奏，二是运用字幕阐述产品制作步骤。

（1）适当加快视频节奏

工业品的制作过程通常比较烦琐，如果想要完整地展现产品的制作全过程，就需要在视频的后期加工过程中压缩视频的播放时长。例如，某短视频作品通过短短一分多钟展示了某款沙发产品的制作过程，如图 9-12 所示。制作这款沙发的全过程包括数十个不同的环节，但这条短视频却将这个实际需要花费至少几个小时的过程压缩到了 1 分 20 秒，不仅保证了产品制作过程的完整性，也在最大程度上让用户保留了观看的耐心。

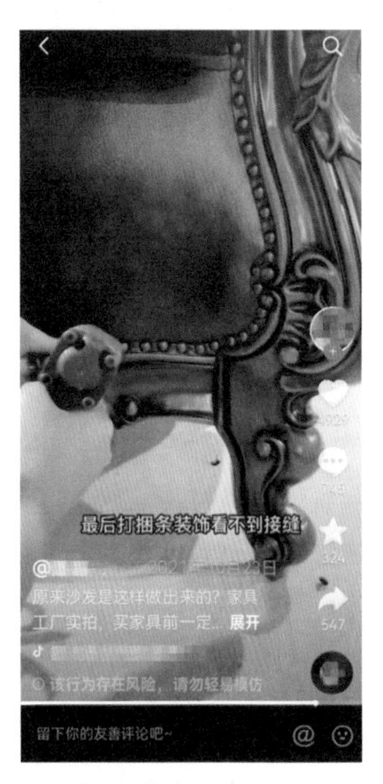

图9-12 加速沙发制作过程的短视频作品

为了便于后期的加工处理，在拍摄工业品制作过程的短视频时，可以拍摄一个完整的长视频，后期再进行剪辑；也可以分段拍摄多个素材，如一个制作步骤拍摄一个素材，后期再进行拼接、剪辑。

（2）运用字幕阐述产品制作步骤

短视频创作者在输出产品制作内容时，一般会为短视频作品添加字幕，为用户阐述产品制作步骤，以便让用户更好地了解产品的制作过程。例如，某短视频作品展示一款银饰产品的制作过程，通过该短视频中的字幕解说以及几个特写镜头，用户不仅能够更好地了解该产品的制作过程，还能体会到手艺人的匠心独运，如图 9-13 所示。

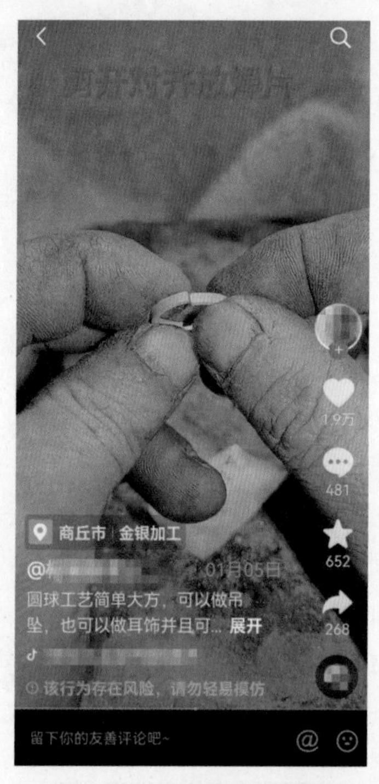

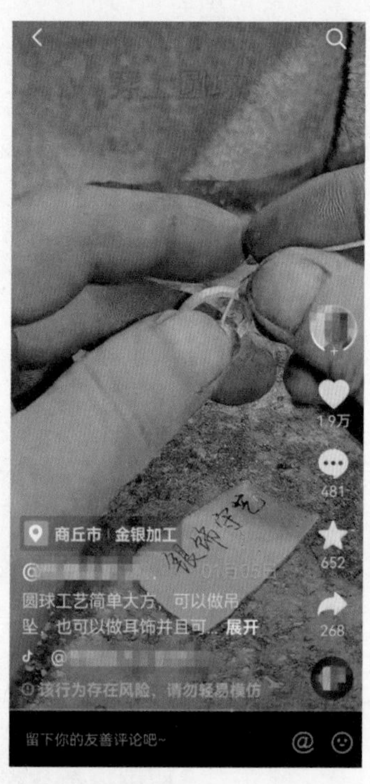

图9-13 运用字幕阐述产品制作步骤

3. 产品评测类短视频的拍摄要点

产品评测类短视频的拍摄难度不算很高，但想要拍摄出优质的产品评测类短视频也并不容易。这类短视频一般由播主向大家展示产品的外观、功能、品质等，并分享其使用感受。而如何增强视频内容的信服度，让用户对播主产生信任感，是这类视频拍摄的关键。

（1）真人出镜

产品评测类短视频最好能够真人出镜，这样除了可以营造独特的个人风格增加账号魅力、打造专属 IP 以外，还可以增加视频内容的可信度。例如，定位为“真实”“不收商家费用”的某抖音账号，该账号几乎每条短视频作品中，播主都会真人出境对产品进行专业测评，所打造的个人形象也显得十分可靠、深入人心，如图 9-14 所示。

图9-14 真人出镜的产品评测类短视频作品

（2）运用合适的镜头

为了体现产品评测的客观性，在短视频作品中需要对评测产品进行全方面的展示，同时配合播主的语言讲解。所以在拍摄产品评测类短视频时，既需要用全景镜头来展示测评产品的全貌，也需要用特写镜头来展示测评产品的不同细节，以加深用户对产品的了解。多景别的结合能体现评测的全面性与缜密性，增加用户对内容的信服度。全景镜头与特写镜头在某产品评测类短视频作品中的应用如图 9-15 所示。

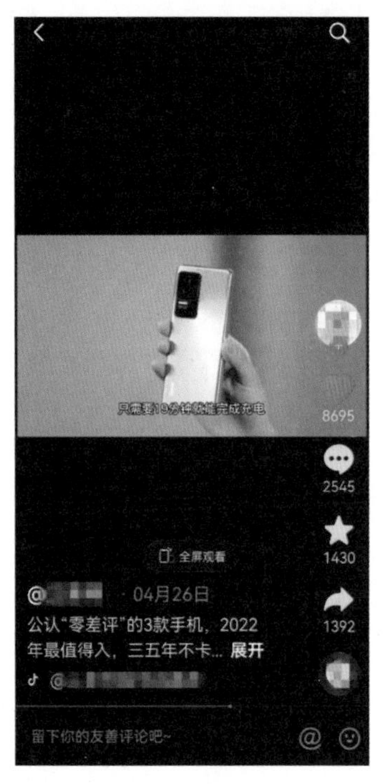

图9-15 全景镜头与特写镜头在产品评测类短视频中的应用

4. 产品开箱类短视频的拍摄要点

产品开箱类短视频与产品测评类短视频在拍摄方面有许多相同之处。但是，开箱类短视频比评测类短视频多出一个开箱的环节，所以在拍摄产品开箱类短视频时，可以在开箱的过程中“做文章”，以增加视频的趣味性。

（1）加入“特色道具”

产品开箱类短视频着重于开箱这一过程，想要在开箱过程中玩出不一样的花样，可以策划比较有趣的开箱动作或者加入开箱的“特色道具”。例如，在某产品开箱类短视频作品中，视频开始的旁白说：“小心翼翼地打开。”可实际上播主的开箱动作却非常粗暴，直接使用电锯将快递包裹打开，二者形成了趣味十足的反差，从而吸引了众多用户的关注，如图 9-16 所示。

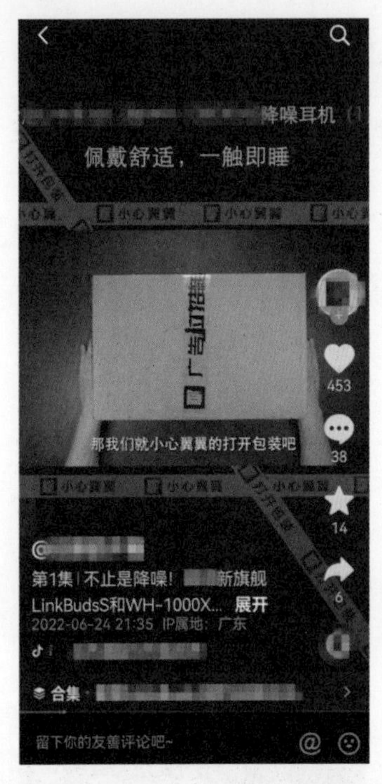

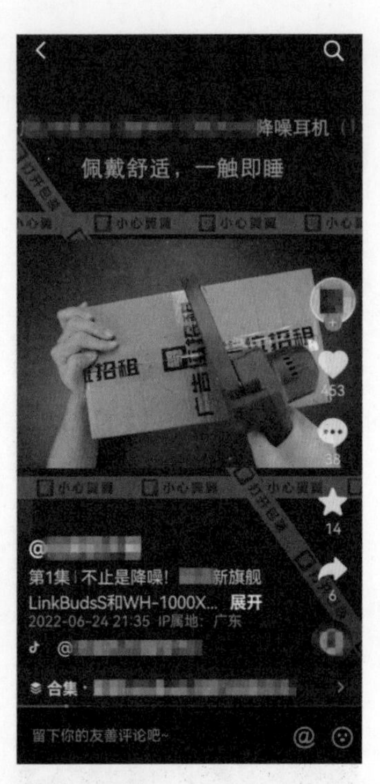

图9-16 用“特色道具”开箱

（2）多角度光源拍摄

产品开箱类短视频通常运用固定机位，将产品放在展示台上，搭配真人出镜进行录制。在光线运用上，如果只运用单一顶光，那么播主和产品在视频画面中都会出现大块的阴影，影响最终的视觉效果。所以，建议创作者使用多种不同角度光源相结合的方法进行拍摄，使拍摄主体的每一面都能被照亮，从而提升视频的质量。

5. 产品产地采摘 / 装箱类短视频的拍摄要点

产地采摘 / 装箱类短视频的拍摄产品一般以果蔬类产品为主，特别是比较原生态的果园、菜园采摘，如图 9-17 所示。这类短视频要想达到好的拍摄效果，关键是要拍出新意。

图9-17 产品产地采摘/装箱类短视频

（1）尽量使用长镜头

在产地拍摄采摘或是装箱的短视频，其一大目的是向用户展示产品原产地的真实性，以及产品的新鲜度。如果短视频中出现过多的剪辑镜头，或许会让短视频作品看上去更加精准，但却会使用户对产品的真实性和新鲜度产生怀疑。所以，在拍摄产品产地采摘 / 装箱类短视频时，应尽量使用长镜头，采用“一镜到底”的方式进行拍摄。

（2）对产品进行“加工”

在拍摄产地采摘 / 装箱类短视频时，一定要让产品看起来更诱人，这样对销量会产生积极的促进作用。当产品为水果时，创作者可以在拍摄前先擦干净水果上的灰尘，或是在雨后进行拍摄，这时水果上带有未干的水珠，会显得更加晶莹剔透，更加新鲜。创作者也可以人为制造出类似效果，比如在水果上撒上一些水珠等。

9.1.5 产品营销类短视频的后期制作

产品营销类短视频的重点在于如何展示产品卖点，激发用户的购买欲望。因此，这类短视频在后期制作方面的技术要求并不高，不需展现特别精美的画面，也不用特别在意音频、字幕等氛围烘托。产品营销类短视频的脚本内容是影响用户转化的关键，在后期制作时，短视频创作只需根据脚本表达出中心主题即可。

提示 脚本就是短视频的创作大纲，是视频作品的框架，主要用来指导作品的发展方向和拍摄细节。脚本创作不仅可以提高视频的拍摄效率，节约拍摄时间，降低拍摄成本，还可以确保作品的中心主题明确。

例如，在制作产品评测类短视频时，前期用户通常对产品持怀疑态度，这时就可以选择紧张、节奏感强的音乐作为背景音乐，从而快速抓住用户的好奇心理；后期揭开产品（积极、正向）的真相以后，则可选取一些节奏缓慢的音乐作为背景音乐，这样利于用户相信、认可产品。

热点信息在短期内的关注量通常较大，所含热点信息的视频内容也容易在短时间内获得较高的浏览量。因此，无论拍摄还是剪辑产品营销类短视频，都可以适当考虑通过“追热点”的方式来提升短视频的浏览量。例如，当下比较火的变装视频，这种类型的短视频作品在其内容、音乐、转场等方面的处理都恰到好处，短时间内就能吸引到大量用户点赞，人气较高，如图 9-18 所示。如果是制作服装类产品的营销短视频，就可以考虑参考这种热门视频的后期处理手法来制作，如剪辑同款字幕、搭配同款背景音乐、使用同款特效等。

提示 在制作短视频时，短视频创作者还应注意短视频的分辨率、时间、格式等均要严格遵循平台的规则，这样才能确保制作出来的短视频能够顺利发布。例如，抖音、快手等短视频 App 上的视频分辨率应不低于 720px × 1280px，建议分辨率设置为 1080px × 1920px；淘宝主图短视频的分辨率则要求不低于 540px × 540px，建议分辨率设置为推荐 800px × 800px。

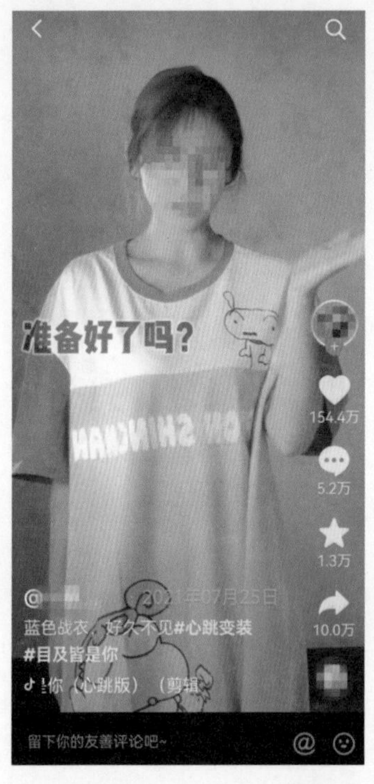

图9-18 变装视频

9.1.6 套用模板制作产品营销类短视频

很多短视频平台和视频剪辑 App 中都拥有丰富多样的视频模板。如果短视频创作者暂时没有文案创作思路和后期处理思路，可以借用这些视频模板，帮助自己快速制作短视频。下面就以剪映 App 为例，为大家讲解如何套用模板制作产品营销类短视频。

步骤 01 打开剪映 App，在剪映 App 首页点击“创作脚本”按钮，如图 9-19 所示。

步骤 02 进入“创作脚本”页面，将页面切换到“好物分享”页面中，可以看到很多好物分享方面的模板，如图 9-20 所示。

步骤 03 可以选择一个模板，然后点击“去使用这个脚

图9-19 点击“创作脚本”按钮

图9-20 “好物分享”页面

本”按钮，如图 9-21 所示，接着按照脚本内容添加视频和台词即可，如图 9-22 所示。

图9-21 点击“去使用这个脚本”按钮

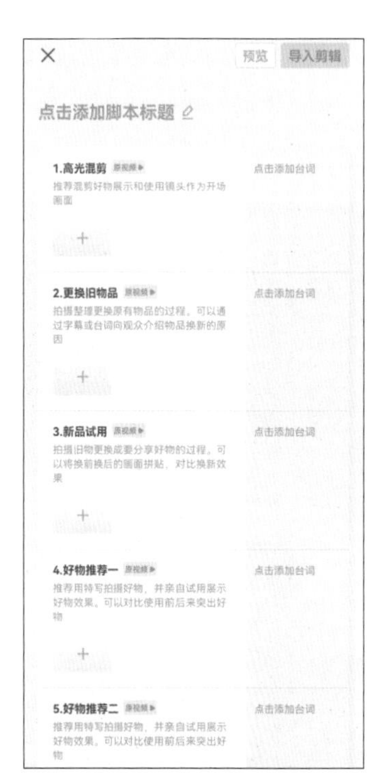

图9-22 使用脚本

对于产品拍摄素材较多的情况，可以将素材套用音乐、滤镜等模板生成新视频。具体方法如下：

步骤 01 打开剪映 App，在剪映 App 首页点击“剪同款”按钮，如图 9-23 所示。

步骤 02 在搜索框中输入关键词“产品”，即可搜索到很多与产品相关的模板，如图 9-24 所示。

图9-23 点击“剪同款”按钮

图9-24 搜索与产品相关的模板

步骤 03 任意点击某一视频模板，进入该视频模板页面，点击右下角的“剪同款”按钮，如图 9-25 所示。

步骤04 跳转至作品创作页面，上传图片或视频，并点击“下一步”按钮，如图 9-26 所示。

步骤05 系统自动生成有字幕、音乐、内容等素材的完整视频，点击页面右上角的“导出”按钮，即可导出编辑好的视频，最后在视频平台上进行发布，如图 9-27 所示。

图9-25 视频模板页面

图9-26 上传图片或视频

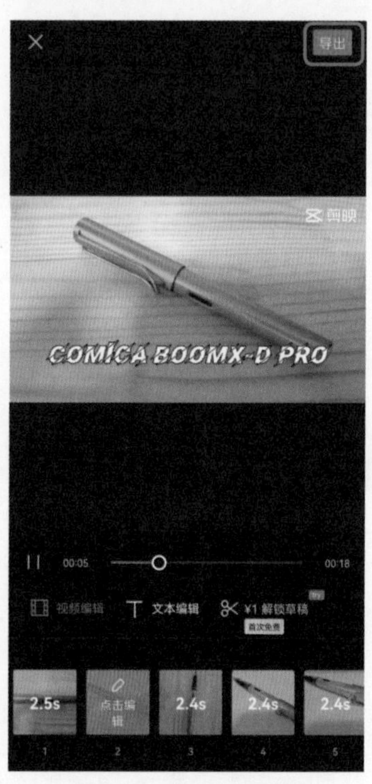

图9-27 生成完整视频

9.2 拍摄与制作美食类短视频

俗话说“民以食为天”，美食类型的短视频作品往往比其他类型的短视频作品更受用户青睐，其受众人群范围也更广，是当下最为热门的一类短视频类型。在各大短视频平台上，各种类型的美食主题短视频层出不穷，常见的美食类短视频主要包括美食制作类短视频、美食探店类短视频和美食评测类短视频。下面就详细介绍一下美食类短视频的拍摄与制作方法。

9.2.1 美食类短视频的脚本创作

创作美食类短视频需要先写好拍摄脚本，然后按照脚本拍摄、剪辑视频即可。构思美食类短视频的脚本有几个关键要点，首先要学会抓住用户的痛点；其次要营造美食的场景细节；最后深入描写美食的细节。下面就以美食制作类短视频为例，讲解美食类短视频的脚本创作。

通常美食制作类短视频中制作的美食在外观方面看上去十分诱人，而视频过程则尽量展示出食物的外观变化，以及简单易学的制作过程。这类短视频作品的脚本内容框架为：开头讲述关键步骤的起因，中间讲述关键步骤的过程，最后以动作结果来收尾。比如，拍摄一条制作麻辣凉面的短视频作品，其脚本结构可以分为 5 个部分，如图 9-28 所示。诸如此类的“晒过程”的脚本在美食制作类短视频中是很常见的。

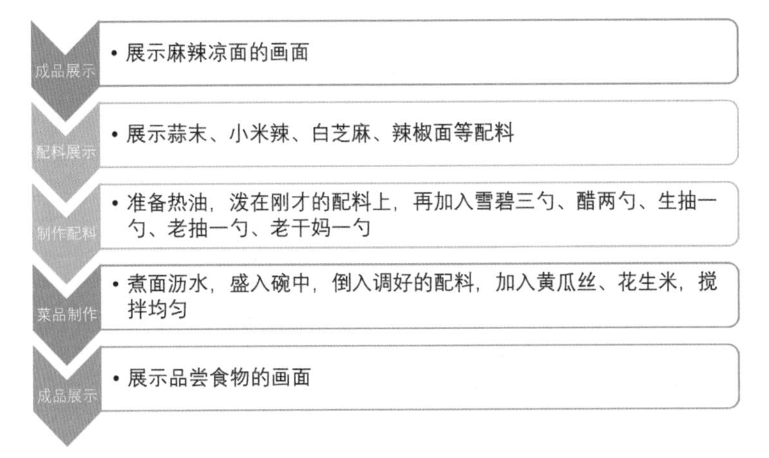

图9-28 制作麻辣凉面的短视频脚本结构

9.2.2 美食类短视频的拍摄原则

美食类短视频想要收获高流量，就需要将美食“色香味俱全”的视觉效果完美地呈现出来。不管是哪种类型的美食类短视频，都需要遵循统一的拍摄原则，即寻找合适的光线与角度拍摄美食，并且保持画面的简洁。

1. 寻找合适的光线与角度

美食不仅仅是美味的，其外观也一定是诱人的。在拍摄美食类短视频时，创作者要尽可能选择合适的光线以及角度来拍摄美食。例如，拍摄沸腾的麻辣火锅，最好选择在暖光光源下进行拍摄，并且从 45° 方向俯拍锅底，这样才能使拍摄出来的火锅看上去非常有食欲，如图 9-29 所示。

图9-29 选择合适的光线和角度拍摄火锅

提示 在拍摄美食探店类短视频时，创作者最好能够自带补光灯。因为不同类型的美食店铺为了营造氛围，通常会使用不同亮度、色调的灯光。例如，一些日式料理店的灯光会设计得比较暗，给顾客营造出一种静谧的氛围，而这样的灯光环境显然不利于美食类短视频的拍摄，所以自带补光灯为播主或者美食进行补光，就十分有必要了。

2. 注意保持画面的简洁

拍摄美食时，如果桌面比较杂乱，可以对桌面物品进行整理，技巧性地摆放桌面上的物品，以保证视频画面的简洁、有序，营造构图上的美感。例如，拍摄烤串时可以采用特写镜头将画面拉大拍摄，使整个画面的背景显得非常干净、简洁，如图 9-30 所示。

图9-30 画面简洁的美食图片

提示 在拍摄美食类短视频时，不要使用透明胶垫或一次性塑料桌布这类物品进行画面布置，因为这些物品非常容易反光，使用不慎会严重影响视频的观感。

9.2.3 不同美食类短视频的拍摄要点

常见的美食类短视频主要包括美食制作类短视频、美食探店类短视频和美食评测类短视频。不同的美食类短视频拥有不同的拍摄要点和技巧，下面就详细讲解一下这些常见美食类短视频的拍摄要点。

1. 美食制作类短视频的拍摄要点

在各大短视频平台上，美食制作类短视频都具有巨大的市场潜力。而这类短视频的拍摄关键就在于要清晰地展示美食的制作步骤，以及将最后的成果以最诱人的方式展现出来。美食制作类短视频的拍摄要点主要有以下两点。

（1）灵活的拍摄手法

在拍摄美食制作类短视频时，一方面需要对制作步骤进行讲述，另一方面需要对成品进行展示。所以，在拍摄制作步骤时，通常是固定一个拍摄位置，对制作平台进行俯拍；而在拍摄成果时，可以采用移镜头进行拍摄。例如，某美食制作类短视频作品中，创作者在分享西红柿炒鸡蛋的创新做法时，分别运用了俯拍和移镜头的拍摄方法来展示菜品的制作过程和制作好的成果，如图 9-31 所示。

图9-31 运用俯拍和移镜头方式拍摄美食制作类短视频

（2）高颜值的道具配合

美食制作类短视频之所以如此受欢迎，是因为它在用美食给人们带来治愈的同时，还展示了一种精致的生活态度，为大家的生活增添了许多情趣。用户在观看美食制作类短视频时，也会不由自主地憧憬这样精致美妙的生活。因此，在拍摄美食制作类短视频时，要格外注重视频的美感，除了展示精美的菜肴以外，与之配合的道具也需要具有一定的“颜值”，让用户充分感受到制作美食的美好与乐趣。

例如，在某美食制作类短视频作品中，无论美食本身还是制作美食所用的锅具、餐具以及其他的一些道具，都十分精美，如图 9-32 所示。

图9-32 美食制作类短视频作品中的高颜值道具

2. 美食探店类短视频的拍摄要点

美食探店类短视频是指记录播主亲身探寻和体验当地人气美食的视频。这类短视频大多需要播主真人出镜，对实体餐饮店售卖的美食进行品鉴，并将自己的体验感受及时分享出来，为用户提供就餐建议。美食探店类短视频在拍摄时，除了要遵循美食类短视频拍摄的基本原则以外，还应注意以下两点。

（1）提前展示环境

在进入到店铺或是夜市等目的地前，短视频创作者最好能够提前拍摄一下目的地周围的环境，包括店铺的招牌、店外的环境、附近的标志性建筑物等。这样做的目的主要有两个：一方面可以让用户从店铺的外观了解其风格；另一方面，也可以方便用户自行前往时能更精准地找到目的地的位置。展现店铺外环境与招牌的美食探店类短视频作品如图 9-33 所示。

图9-33 展现店铺外环境与招牌的美食探店类短视频作品

（2）抓住拍摄时机

在拍摄美食探店类短视频时，最好选择在用餐高峰时段，对在店外排队以及在店内用餐的人群进行一定的记录。虽然这样做会增加短视频拍摄的时间成本，但也会带来两大好处：一是向用户展示店铺火爆的人气；二是提醒用户如果要到店用餐或购买美食，一定要提前预留出排队时间，如此可以优化用户的体验感，增加用户对播主以及账号的忠诚度。在人流高峰时期拍摄的美食探店类短视频如图 9-34 所示。

图9-34 在人流高峰时期拍摄的美食探店类短视频作品

3. 美食评测类短视频

美食评测类短视频与产品评测类短视频相似，只不过评测的产品以美食类产品为主。这类短视频主要精专于对某款美食产品的味道进行品鉴，其拍摄要点如下。

（1）多方位点评和展示美食

美食评测类短视频既然精专于美食品鉴，那么，播主就需要就美食的外形、气味、口感等各个方面发表自己的见解，并向用户进行清晰的展示，让用户产生好像自己正在食用这款美食的沉浸感。例如，在某美食评测类短视频作品中，播主正在对一款美食进行点评和展示，如图 9-35 所示。

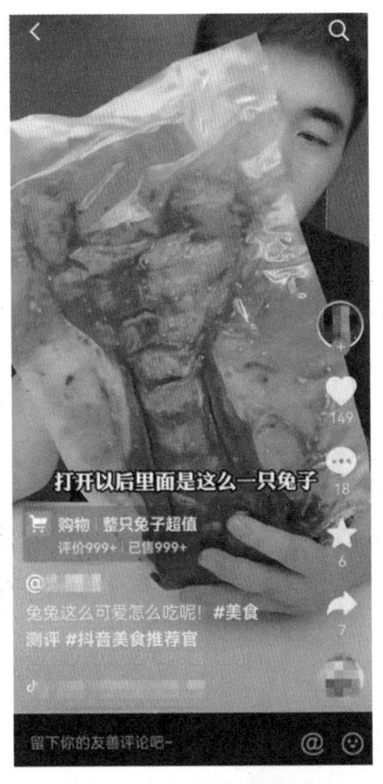

图9-35 某美食评测类短视频作品中点评和展示美食的画面

美食评测类短视频的拍摄关键其实就在于要完整记录播主点评美食的过程。在美食评测类短视频中，播主除了要对美食进行点评与展示以外，还要及时分享自己的感受。例如，在某美食评测类短视频作品中，播主在对几款糕点产品进行点评时，提到了自己亲自品尝后的一些感受，如扎实的口感、湿湿软软的口感等，如图 9-36 所示。

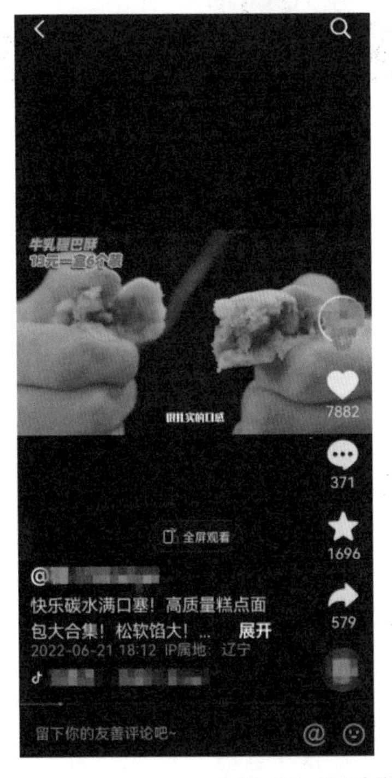

图9-36 及时分享美食品鉴感受

（2）多款美食进行对比

在拍摄美食评测类短视频时，如果只是单单评测一款美食，播主可能没有办法很好地让用户感受到这款美食与其他美食的差别，也容易使用户产生一种乏味感。因此，在拍摄美食评测类短视频时，建议创作者多挑选几款美食产品进行对比评测，这样做不仅可以增加短视频的趣味性，也能够给用户带来更直观的体验。

例如，在某美食评测类短视频作品中，播主对两家知名快餐品牌的餐品进行对比评测，看看哪家快餐店的东西更好吃，如图9-37所示。通过这种对比评测的方式来拍摄美食类短视频，不仅会为用户带来新鲜感，还能让吃过这两家快餐店的用户对视频中评测的产品有更深刻的体会。

图9-37 美食对比评测

9.2.4 美食类短视频的后期制作

美食类短视频的脚本创作和拍摄固然重要，但是后期的剪辑工作也同样重要。美食类短视频的后期制作的关键点主要是添加滤镜和音乐。下面就以抖音App为例，为大家展示如何为美食类短视频添加滤镜和音乐。

1. 为美食类短视频添加滤镜

美食类短视频之所以能吸引大量用户关注，自然离不开那些秀色可餐、食欲满满的美食，也就是食物的视觉效果。那么，短视频创作者要如何通过后期剪辑让视频中的美食更具吸引力呢？答案就是添加滤镜。

为拍摄的美食类短视频添加美食滤镜，可以对食物成品进行调色，优化视频中食物的色彩纯度和饱和度，使食物看上去更具有诱惑力，从而激发出用户想要去品尝该美食的冲动。在抖音App中也为用户提供了几款美食滤镜，包括暖食、可口、料理、深夜食堂、蜜桃粉、气泡水等，如图9-38所示。

2. 为美食类短视频添加音乐

为了让美食类短视频看起来更完美，通常还需要在剪辑时根据短视频的主题和调性来添加合适的背景音乐。在抖音 App 中，系统会自动根据视频的主题和调性来生成背景音乐。如果短视频创作者想要自己选择背景音乐，可以在剪辑页面中点击“音乐”按钮，接着在弹出的“音乐推荐”页面中点击“发现🔍”按钮，如图 9-39 所示。在搜索框中输入关键词“美食”，可以搜索到很多与美食相关的音乐，点击任意一首音乐进行试听，如果满意即可点击右侧的“使用”按钮添加音乐，如图 9-40 所示。

图9-38 抖音App中的美食滤镜

图9-39 “音乐推荐”页面

图9-40 选择并添加音乐

提示 在为美食类短视频添加音乐时，尤其要注意音乐和内容的搭配感，不能为了选用热门音乐而让音乐与视频内容产生割裂感。

9.2.5 套用模板制作美食类短视频

对于没有脚本创作思路和拍摄、剪辑思路的短视频创作新手而言，可以借助剪映 App 中的视频模板来快速制作美食类短视频。具体操作步骤如下：

步骤 01 打开剪映 App，在剪映 App 首页点击“创作脚本”按钮，将页面切换到“美食”页面中，即可看到多个热门的美食方面的视频模板，如图 9-41 所示。

步骤 02 选择一个合适的模板，查看该模板的脚本、镜头、滤镜、音乐等素材，然后点击“去使用这个脚本”按钮，如图 9-42 所示。接着按照脚本内容添加视频和台词即可。

图9-41 “美食”页面

图9-42 点击“去使用这个脚本”按钮

9.3 拍摄与制作生活记录类短视频

生活记录（Vlog）是指以生活记录为主题的短视频作品，这类短视频主要是记录和展示创作者的日常生活以及所见所闻，通常能够为用户带来一种温馨、亲切的感觉。下面就详细介绍一下生活记录类短视频的拍摄与制作方法。

9.3.1 生活记录类短视频的脚本创作

优秀的生活记录类短视频作品，通常都拥有丰满的故事情节和让人眼前一亮的主题。因此，要想使自己创作出来的生活记录类短视频能够真正地打动用户，激起他们点赞、互动的兴趣，就需要提前确定好拍摄主题，并写作好视频脚本。

生活记录类短视频的脚本创作主要围绕明确拍摄主题和风格、搭建故事框架、丰富拍摄细节这 3 个基本要素展开。

1. 明确拍摄主题和风格

创作生活记录类短视频的第一件事情就是要确定拍摄的主题，简单来说，就是明确视频的时间、地点、人物、事件等要素。比如，“记录普通白领自制下午茶”“国庆小长假和闺蜜去雪山”“陪妈妈吃网红甜品”等，就是非常鲜明的生活记录类短视频主题。主题一旦确定下来以后，后面的视频拍摄和剪辑都要围绕这一个主题来进行。

确定好主题后，接下来还需要确定生活记录类短视频的拍摄风格。生活记录类短视频的拍摄风格大致可以分为播主口头叙述和配音旁白两个风格。

播主口头叙述需要播主自然地面对镜头，并且通过口述的方式围绕主题说明观点、经历等内容，比较考验播主的现场发挥能力。例如，某采用播主口头叙述风格拍摄的生活记录类短视频作品如图 9-43 所示。

配音旁白的拍摄风格会使整个视频作品看上去偏电影感一些，但对拍摄镜头的画面美感要求就会比较高。例如，某采用配音旁白风格拍摄的生活记录类短视频作品的画面就比较精美，如图 9-44 所示。

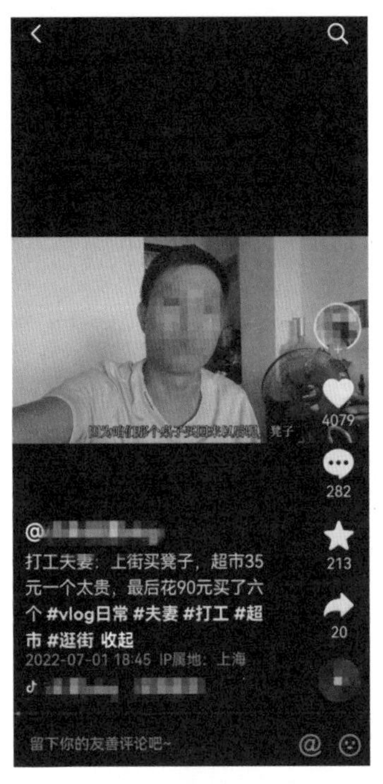

图9-43 播主口头叙述风格的短视频作品

图9-44 配音旁白风格的短视频作品

2. 搭建故事框架

确定视频的拍摄主题和风格以后，接下来就需要搭建故事框架了。生活记录类短视频的故事框架通常可以按照图 9-45 所示的思路来进行搭建。

图9-45 生活记录类短视频的故事框架

- **开场**：点明主题，告诉观看短视频的用户，这条短视频作品中的人要做什么，去哪里以及和哪些人。
- **空景**：用不带人物的镜头画面，展现更大的环境，如海景、山景、操场、教学楼等。
- **串场话术**：通过播主自述来串联各个镜头画面内容。
- **人与景**：拍摄目的地的场景、人物等内容。
- **结尾**：展现成果，总结整条视频。

3. 丰富拍摄细节

在进行生活记录类短视频的脚本创作时，短视频创作者可以采用以点即面的方式来丰富内容，即从一个主题出发，不断延伸拍摄内容，从而形成一个完整的故事。搭建好故事框架以后，短视频创作者还需要将视频内容进行细化。以“下班买菜回家做饭”这一主题为例，需要延伸的镜头包括下班去菜市场买菜、开门回家、切菜、炒菜、装盘以及享用美味等镜头，如图 9-46 所示。把这些镜头按照时间顺序串联起来，则可以形成一个完整的视频脚本。为了创作出更为细致的脚本，可以把各个镜头进行更深层次的细化，如一个简单的切菜镜头还包括切素菜、切肉食、切配料等动作。

图9-46 某生活记录类短视频作品中的部分镜头

9.3.2 生活记录类短视频的拍摄原则

每个人都是生活的主角，都可以用自己的视角来记录生活，生活记录类短视频之所以受欢迎是因为它展示的内容真实、亲切，能够很好地拉近创作者与用户之间的心理距离。拍摄生活记录类短视频需要遵循以下两个拍摄原则。

1. 保持真实

生活记录类短视频的拍摄要领是以播主的真实经历为切入点，从简单平凡的生活中提取能让大众产生共鸣的主题进行创作。因此，生活记录类短视频不需要什么高深莫测的拍摄手法，只需简简单单地记录播主真实的日常生活状态即可。

例如，某生活记录类短视频账号，该账号的播主是一名心灵手巧的独居女孩，喜欢做一些手工物品和美食，所以该账号拍摄的短视频作品主要记录的就是播主平时在家制作手工物品和美食的一些场景，如图 9-47 所示。短视频作品中所有的素材都来源于播主的真实生活，创作者的初衷是希望通过播主这个个体去展示“独居女孩”这个群体丰富精致的日常生活。

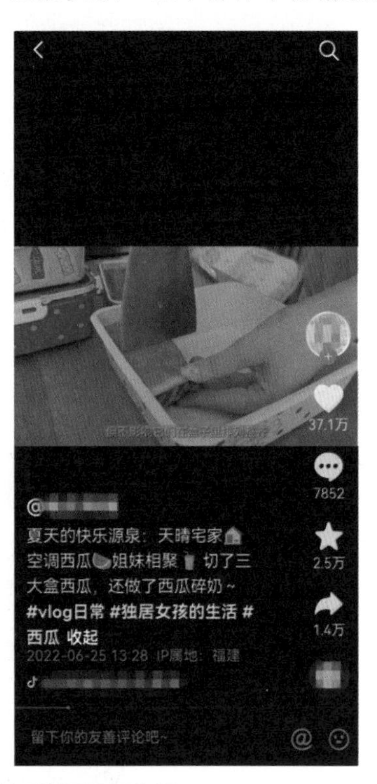

图9-47 记录真实生活的短视频作品

2. 维持镜头稳定，画面清晰

生活记录类短视频记录的是播主真实的日常生活，因此，有时候拍摄地点可能在户外，但户外拍摄大多不具备固定拍摄设备的条件，很多时候需要播主手持相机进行拍摄。这时，画面的稳定、清晰与否就成了影响视频最终效果好坏的关键因素。如果由于镜头抖动或其他原因导致画面不清晰，那么，再好的内容也很难留住用户。

所以，对于拍摄生活记录类短视频的创作者来说，建议选择高清防抖的拍摄设备，同时配备云台之类的稳定器来帮助维持画面稳定。只有在画面清晰、稳定的基础上，走心的文案、精美的内容、炫酷的剪辑才能获得“用武之地”。

9.3.3 不同生活记录类短视频的拍摄要点

生活记录类短视频以记录主播的日常生活为主，常见的类型包括日常生活类短视频、旅行类短视频和萌宠 / 萌宝类短视频。下面就以这 3 类常见的生活记录类短视频为例，讲解这类短视频的拍摄要点。

1. 日常生活类短视频的拍摄要点

很多短视频平台成立的初衷都是为了方便用户及时记录、分享美好的生活瞬间。正如抖音平台的那句广告语——“记录美好生活”。虽然随着短视频行业的不断发展，涌现出越来越多的短视频类型，但日常生活类短视频仍然是最“接地气”的短视频类型。下面就详细介绍一下日常生活类短视频的拍摄要点。

（1）拍摄时留出背景空间

日常生活类短视频常见的一种拍摄手法就是播主以自拍的形式来记录、讲述自己的生活，这也是最早兴起的 Vlog 模式。但在进行这类短视频拍摄时，需要注意播主不能占满整个画面，要为身后的场景留出展示空间，让用户能够切实看到播主身后的背景，这样他们才会对播主的讲述更加感同身受。例如，在某日常生活类短视频作品中，用户根据播主身后的背景和周围的空间展示，就能够很容易地辨认出播主身处的场景和当时的状态，如图 9-48 所示。这些细节上的处理可以有效提升用户对该短视频作品的信服度。

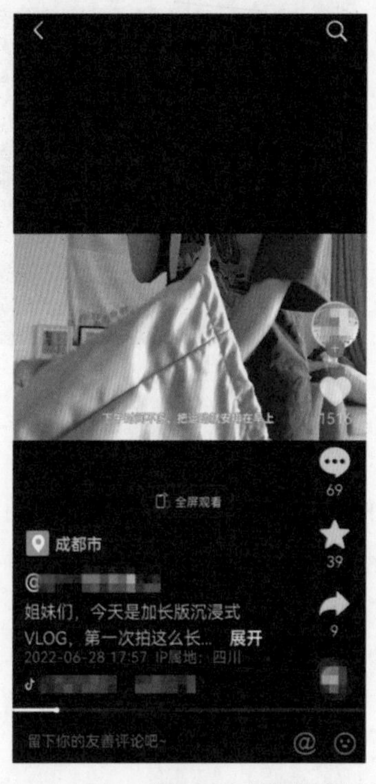

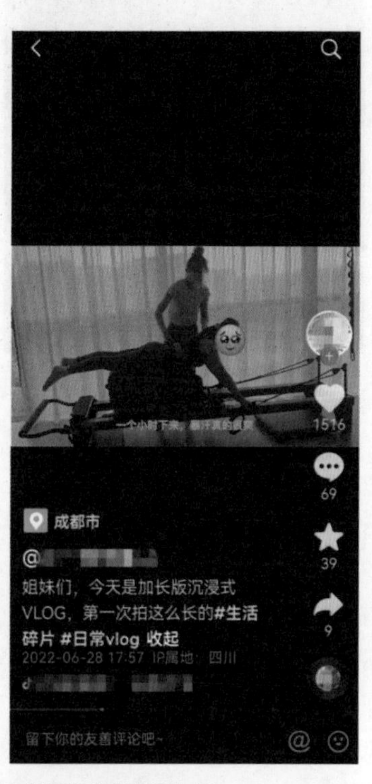

图9-48 拍摄时留出背景空间的短视频作品

（2）花样拍摄，为视频增加亮点

日常生活类短视频很大程度上是依靠播主的个人魅力在吸引用户，不会有过多转折性的剧情，因此短视频创作者可以考虑在拍摄上下功夫，使用较为新颖的拍摄手法，为短视频增加亮点。例如，某短视频作品不仅采用了多机位的拍摄手法，还加入了很多手部的特写镜头，使整个短视频作品显得很有故事感，如图 9-49 所示。

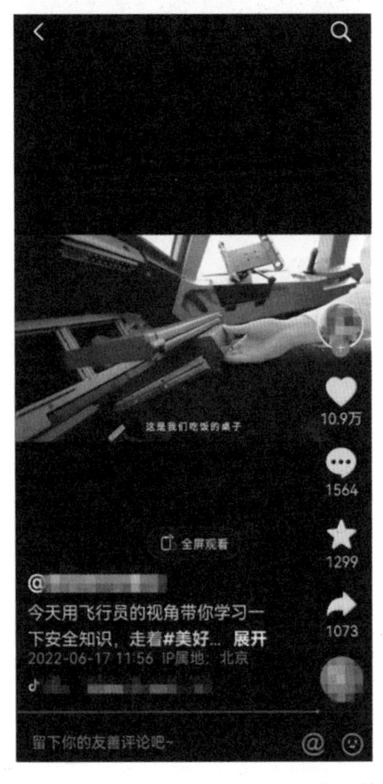

图9-49 使用花样拍摄手法的短视频作品

2. 旅行类短视频的拍摄要点

旅行类短视频属于生活记录类短视频的一大分支，如今随便打开一个短视频平台都能看到大量风格鲜明的旅行类短视频。旅行类短视频有以个人形式出镜的，也有以夫妻、闺蜜、亲子等形式出境的。不论哪种形式的旅行类短视频，播主除了向用户展示美丽的风景以外，更多的是向用户传递一种积极向上的生活态度。下面就来看看旅行类短视频的拍摄要点。

（1）给身后的风景留位置

在拍摄旅行类短视频时，不论播主是手持相机进行自拍，还是固定相机位置进行录制，或是有专门摄影师进行跟拍，千万不能忘记的一点是：一定要给身后的风景留位置。旅行播主们最吸引用户的可能不是其走过的风景，但美丽的风景绝对是大部分旅行类短视频不可或缺的元素。播主们在面对镜头时需要为身后的风景留出位置，让身后独特的风景为自己充当不可替代的背景板，为视频注入独一无二的生命力，如图 9-50 所示。

图9-50 为身后背景留出位置

（2）备注攻略和当地风俗习惯的注意事项

在拍摄旅行类短视频时，除了为用户展示美丽的风景以外，也可以在视频中为用户留下方便快捷的旅游攻略，以及关于当地风俗的注意事项，避免用户在实地探访时遇到尴尬情况。通常短视频创作者都会将一些旅行攻略之类的小贴士统一安排在视频结尾处，如图 9-51 所示。

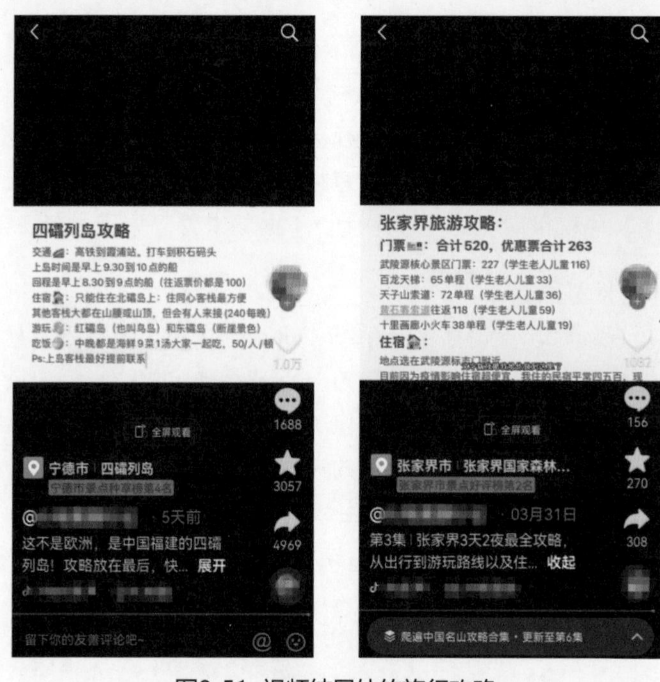

图9-51 视频结尾处的旅行攻略

3. 萌宠 / 萌宝类短视频的拍摄要点

“萌”这个概念在当今时代相信很多人都不会陌生，它主要用来形容可爱的人或事物。大多数人对可爱的事物都是没有抵抗力的，这也是为什么萌宠 / 萌宝类短视频能在竞争激烈的短视频市场中占据一席之地的原因。萌宠 / 萌宝类短视频的拍摄要点主要有以下两点。

（1）制造“对比度”

在拍摄萌宠类短视频时，有一点需要创作者特别注意，就是要制造“对比度”，避免宠物的毛色和背景色一样，否则就会使用户无法第一时间辨认出视频中的主体，严重影响短视频画面的视觉效果和用户的观看感受。比如，金毛狗狗在黄色的沙滩上玩耍的视频，用户在观看视频时就有可能出现一时找不到狗狗在哪的尴尬情形。

某萌宠类短视频作品在制造“对比度”方面就做得不错，视频开头创作者直接将猫咪放在色彩鲜艳的沙发上拍摄，形成了强烈的视觉对比，不仅成功突出了拍摄主体，也很容易吸引用户的注意力，如图 9-52 所示。

（2）善用各类道具

在拍摄萌宠 / 萌宝类视频时，可以借助一些道具与萌宝或萌宠进行互动，或是将道具穿戴在萌宝或萌宠的身上，这样拍摄出来的视频往往更显萌态，也更容易打动用户的心。例如，在某萌宝类短视频作品中，以棒棒糖作为道具展示两个小姐妹之间斗智斗勇争夺棒棒糖的小片段，让人感觉萌态十足，如图 9-53 所示。

图9-52 某萌宠类短视频作品

图9-53 某萌宝类短视频作品

9.3.4 生活记录类短视频的后期制作

生活记录类短视频更像是将一幅幅精美照片串联起来讲述一个个影像故事，所以对画面质感及转场等要求比较高。而很多人在拍摄视频素材时，为了丰富内容，往往会拍摄较多的素材内容，但由于后期处理不当，导致整条视频像是在记流水账，毫无吸引力可言。生活记录类短视频在进行后期制作时应重点注意以下几点。

- **音乐**：生活记录类短视频的音乐有缓有急，常根据内容变化而变化。如音乐舒缓时就降低视频速度，音乐激昂时就添加转场特效，增强画面感。
- **转场特效**：生活记录类短视频为了增强代入感，一般在使用节奏感比较强音乐时使用转场特效；转场特效时长控制在1秒左右，更能增强视觉冲击力。
- **滤镜**：不同的滤镜使得画面呈现不同的风格效果，生活记录类短视频的滤镜使用频率也比较高。
- **字幕**：生活记录类短视频少不了字幕烘托，一般会在视频开头标上地点、时间等字幕。
- **画面特效**：视频开头或结尾使用“电影版”“黑森林”“老电影”“电影感画幅”等画面特效，能有效增强视频画面的电影感。

接下来以制作一条旅行类短视频为例，为大家讲解生活记录类短视频的后期制作要点。某旅行类短视频创作者将自己与老公在沙漠旅行的一些视频素材进行剪辑后，生成一条独具吸引力的旅行类短视频。

在制作旅行类短视频时，首先明确主题，才能选取到符合主题的素材，如该短视频作品的主题为“周年旅行”。其次，一条完整的旅行类短视频包括开场、转场和结尾等部分。该短视频作品的开场添加了表明主题的字幕“十周年旅行 Vlog”，如图9-54所示，再通过播主本人讲述此次出行的缘由是纪念日浪漫旅行，串联整个主线，如图9-55所示。

图9-54 添加表明主题的字幕

图9-55 讲述出行的缘由

确定好主题及开场后，需要不同的镜头去丰富画面和故事，让整个短视频作品显得更饱满、更生动。比如，该短视频作品就用到了远景、人物近景、中景、全景等多种拍摄手法。通过远景镜头展现周围环境，渲染汽车行驶在荒漠上的氛围，如图 9-56 所示；中景镜头则展现了播主在旅途中的行为、互动等画面，让用户进一步感受播主甜蜜的爱情氛围，如图 9-57 所示。

图9-56 远景镜头展现周围环境

图9-57 中景镜头展现行为、互动画面

整个短视频作品中转场特效的应用十分频繁，用于强化不同镜头下的故事感；音乐方面，由于主线是一种甜蜜、美好的氛围，故所选的音乐也是富有甜蜜感受的《爱的飞行日记》。整个作品所流露出来都是播主与老公之间甜蜜的爱情，使得不少向往美好爱情的用户纷纷点赞、留言，从而提高了该短视频作品的浏览量和互动量。

9.3.5 套用模板制作生活记录类短视频

制作生活记录类短视频依然可以套用相关的视频模板，下面还是以剪映 App 中的视频模板为例，为大家展示 Vlog 模板的套用方法。

步骤 01 打开剪映 App，在剪映 App 首页点击“创作脚本”按钮，将页面切换到“Vlog”页面中，即可看到多个 Vlog 方面的视频模板，如图 9-58 所示。

步骤 02 选择一个合适的 Vlog 模板，预览该 Vlog 视频的成片效果，然后点击“去使用这个脚本”按钮，如图 9-59 所示，接着按照脚本内容添加视频和台词即可。

图9-58 “Vlog”页面

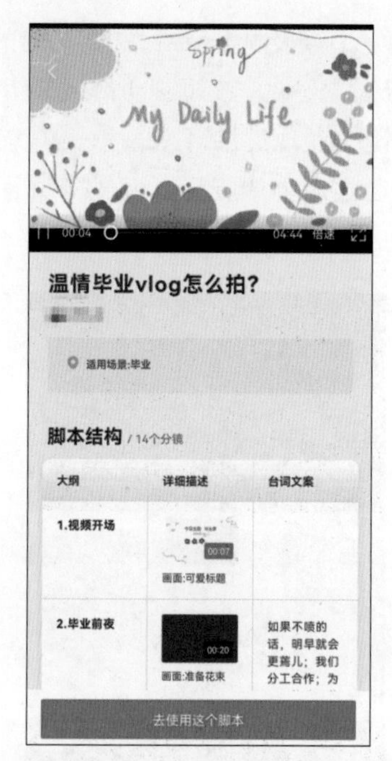

图9-59 点击“去使用这个脚本”按钮

9.4 拍摄与制作知识技能类短视频

知识技能类短视频主要是通过简单易学的方式为用户传授各种有价值的知识和实用技能。用户通过观看这类短视频可以在短时间内轻松掌握一项知识或技能，因此，这类干货十足的短视频一直以来都深受广大用户的喜爱。下面就详细介绍一下知识技能类短视频的拍摄与制作方法。

9.4.1 知识技能类短视频的拍摄原则

创作知识技能类短视频的根本目的在于向用户传授一项知识或技能，以解决他们实际生活中的某个问题。知识技能类短视频的实用性非常强，用户在浏览这类短视频作品时，通常带有很强的学习目的，想要了解视频中分享的某项知识或某项技能。基于此，知识技能类短视频在拍摄时应遵循以下两个原则。

（1）以“展示问题，解决问题”为主

针对知识技能类短视频，创作者在选取拍摄题材时，需要贴近生活，抓住主要用户群体在工作、生活、学习中遇到的常见问题，引起用户的共鸣，并且在展示这一问题时，短视频创作者需要具体到问题的每一处细节，让用户产生沉浸感，有继续浏览视频的欲望。之后，再针对这一问题，给出具体的解决途径，明确操作步骤和方法，行之有效地解决这一问题。总的来说，这类短视频拍摄的主要脉络就是：先展示问题，然后解决问题。同时，还要把握好视频的节奏，不可拖沓。

（2）重点展示操作步骤和方法

知识技能类短视频重在帮助用户解决实际工作、生活、学习中产生的问题，因此，通过实际操作来展示相关的知识和技能最为直观。短视频创作者要想办法证明视频中展现的解决办法是真实有用的，是能够让用户在学会后可以切实地解决自己遇到的问题。如果需要播主亲自动手展示操作步骤和方法，则播主必须非常熟练才行，否则容易使用户对视频的专业度产生怀疑，从而降低对账号的好感度。

9.4.2 不同知识技能类短视频的拍摄要点

知识技能类短视频基于其表达形式的不同，可以细分为 4 种类型：知识分享类短视频、知识教学类短视频、技能展示类短视频以及咨询解答类短视频。下面就来看看这 4 种知识技能类视频的拍摄要点。

1. 知识分享类短视频的拍摄要点

为了满足用户对知识实用性的需求，许多知识分享类短视频的内容会偏向于分享生活小知识、冷知识等内容，但也有一些短视频账号坚持进行干货类知识分享。而这两种知识分享类短视频需要注重的拍摄要点是不同的，具体说明如下。

（1）灵活的拍摄角度

在拍摄生活小知识、小技巧这类短视频时，需要用到不同的拍摄机位。例如，在拍摄衣物收纳叠放小技巧时，一般都会选用俯拍的机位，并选择纯色的背景进行拍摄，这样的镜头下的每一个步骤才会显得更加清晰，如图 9-60 所示。

图9-60 采用俯拍机位拍摄生活小技巧类短视频作品

（2）多种展现形式

注重干货知识分享的短视频作品，如果专业性太强又缺少趣味性，就很容易让浮躁的用户失去观看的耐心。因此，在拍摄这种类型的短视频作品时，创作者可以尝试通过多种形式来进行知识展现，如利用动画形式来分享知识，以此增加短视频的趣味性和生动性，如图 9-61 所示。

图9-61 加入动画的知识分享类短视频作品

2. 知识教学类短视频的拍摄要点

知识教学类短视频与干货类知识分享短视频十分相似，只不过知识教学类短视频更侧重于“教学”，这类短视频通常在开头处就会抛出本次视频所教授的知识技能，然后再利用播主所掌握的知识、方法来进行具体的教学。知识教学类短视频的涵盖范围非常广，比如美妆教学、穿搭教学、摄影教学等，但目前短视频平台最常见的知识教学类短视频还是各类常用软件的技能教学。

知识教学类短视频的拍摄方法其实比较简单，比如，常见的软件技能教学类短视频通常只需要根据相应的操作步骤录制视频素材，如图 9-62 所示。所以，知识教学类短视频的制作难点在于后期剪辑方面，也就是要把控好教学的节奏以及视频语速、字幕等。在拍摄过程中，短视频创作者只需遵循知识技能类短视频的拍摄原则，并保证视频内容的知识性和实用性即可。

提示

所谓“知识性”，是指短视频的内容要包含一些有价值的知识和技巧；而“实用性”则是指短视频内容中介绍的这些知识和技巧能够在实际的生活和工作中运用。

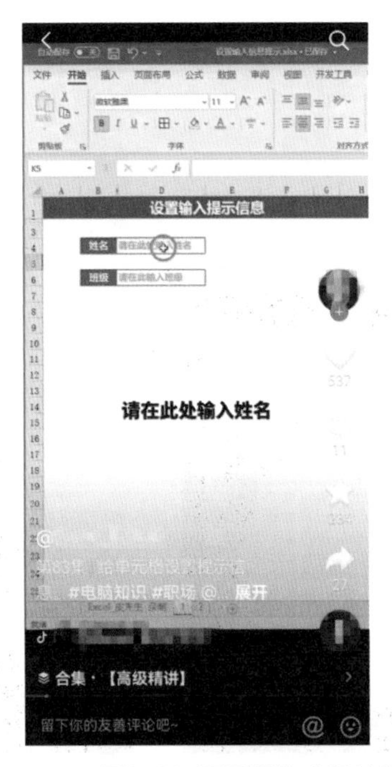

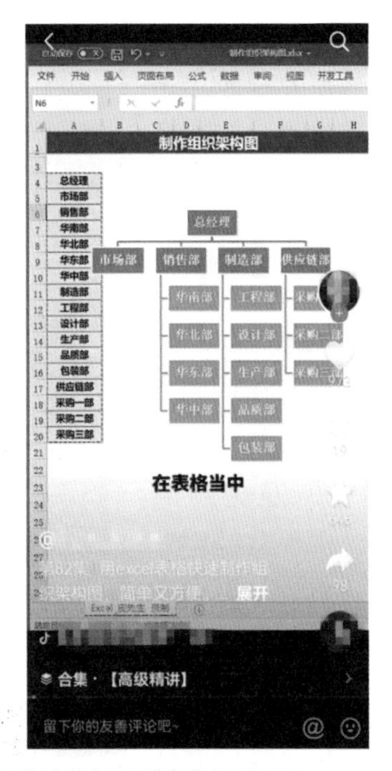

图9-62 展示操作步骤的软件技能教学类短视频作品

3. 技能展示类短视频的拍摄要点

技能展示类短视频的内容包罗万象，按技能类型的不同可以细分到多个领域，比如歌唱技能、舞蹈技能、运动技能、绘画技能，甚至各种意想不到的冷门技能。这类短视频的主要内容为播主运用自身技能，配合配乐与剪辑，营造“大神”形象，打造某一领域内的个人IP。技能展示类短视频的拍摄要点有以下两点。

（1）突出技能的实用性

技能展示类短视频的内容一般包含某项特定技能的全面展示。为了更好地吸引用户，短视频创作者需要思考：如何突出该技能的实用性，用户掌握这项技能后能带来怎样的改变。例如，在某技能展示类短视频作品中，播主在展示传统剪纸技艺的同时，也为用户教授了剪纸的方法，便于用户动手尝试，突出了这项技能的实用性，如图 9-63 所示。

（2）巧用特写

在技能展示进行到关键步骤或精彩之处时，短视频创作者可以大

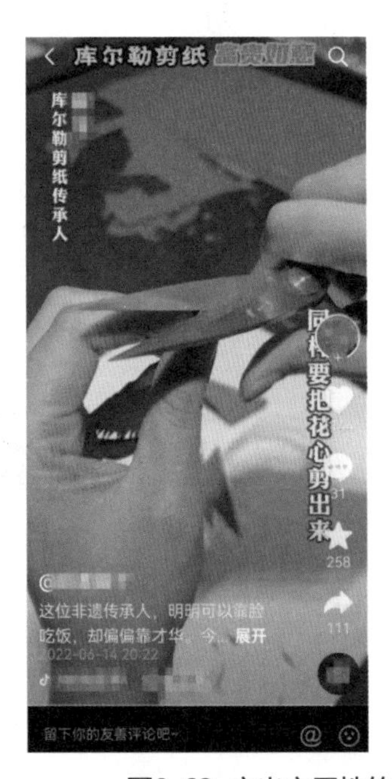

图9-63 突出实用性的技能展示类短视频作品

胆地推进镜头，采用特写镜头进行拍摄，更加直观地向用户展示这项技能，也方便用户更好地学习这项技能。例如，某技能展示类短视频作品展示的是播主的绘画技能，因此，镜头长时间都聚焦在播主的手部特写上，让用户能够清晰、直观地感受到播主高超的绘画技能，如图 9-64 所示。

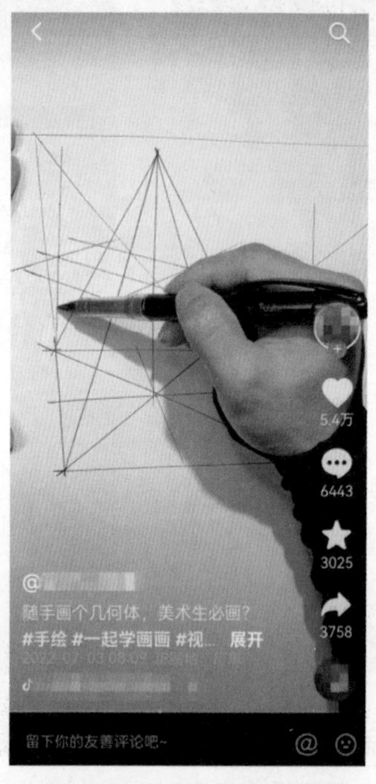

图9-64 聚焦手部特写的技能展示类短视频作品

4. 咨询解答类短视频的拍摄要点

在日常生活中，很多人有急需解决的专业问题却无处寻求帮助，因此，咨询解答类短视频应运而生。在这类短视频中，比较常见的类型有法律咨询、健康咨询、情感咨询等。这类短视频的拍摄要点如下。

（1）专业人士出镜

咨询解答类短视频一般选用具有专业资质的播主进行真人出镜，以提高播主的可信度。除了专业资质外，短视频创作者还需要对播主进行造型上的包装，如果有条件尽量让播主身着专业服装出境。例如，在拍摄健康咨询类短视频时，播主最好能穿上白大褂出境，这样才能使用户更加信服，如图 9-65 所示。

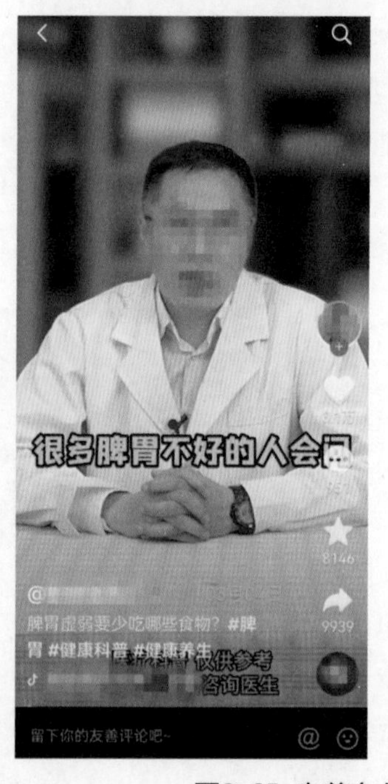

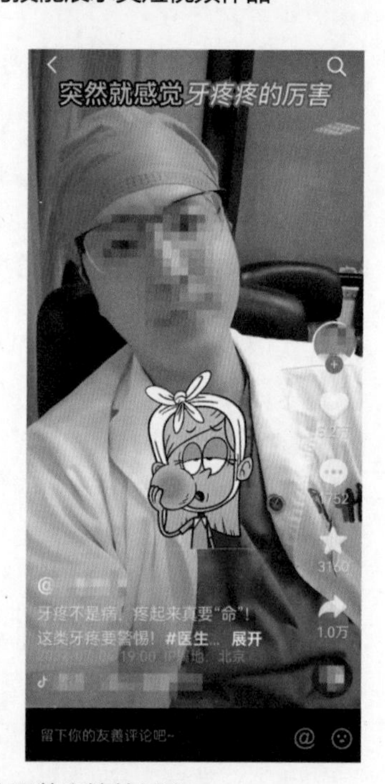

图9-65 身着专业服装出境的播主

（2）剧情演绎

如果单纯以播主讲解的形式进行咨询解答，难免会使整个短视频作品显得无趣。在拍摄咨询解答类短视频时，可以考虑通过剧情演绎的形式来引入话题，很自然地将用户带入剧情，强化用户的沉浸感。剧情演绎的内容往往是大众生活中的一些小场景，比如某咨询解答类短视频作品中面试的场景，如图 9-66 所示。另外，剧情演绎还要求出镜者演技自然且细腻，为用户营造一个真实、有代入感的环境。

9.4.3 知识技能类短视频的后期制作

对于知识技能类短视频而言，后期制作非常关键，无论是视频节奏的把控，还是字幕、配音的添加，都将影响视频最终的效果。下面就以知识教学类短视频为例，为大家介绍知识技能类短视频的后期制作要点。

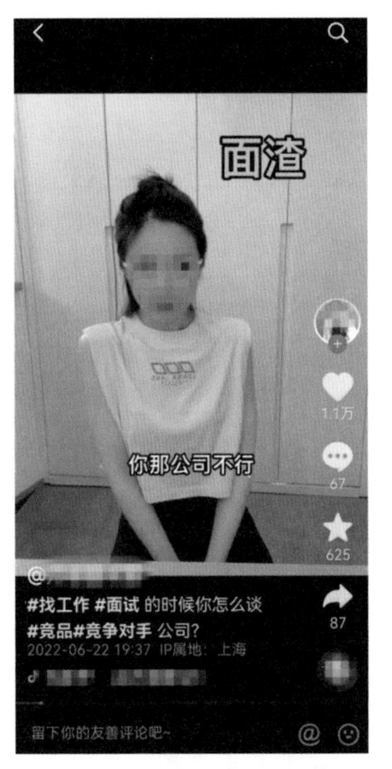

图9-66 融入剧情的咨询解答类短视频作品

1. 剪辑清晰，步骤齐全

知识教学类短视频通常都是多步骤教学，一个知识点或一项技能中包含几个关键步骤，所以不能一蹴而就。而知识教学类短视频的核心是将这些步骤完整地教授给用户。以常见的软件技能教学类短视频为例，短视频创作者在后期剪辑时，要保证视频中的每一个步骤都能清晰地展现在用户面前，用户能够看清楚每一个步骤都使用了什么功能，这些功能键的位置在哪里。

例如，在某软件技能教学类短视频作品中，展示的每一个步骤都很清晰，创作者还专门对鼠标的光标进行了特殊处理，使用户可以清晰地看到鼠标点击了什么地方，如图 9-67 所示。

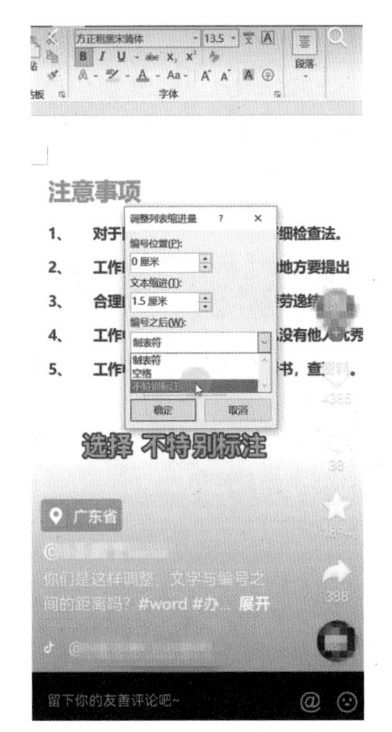

图9-67 步骤清晰的软件技能教学类短视频作品

2. 字幕、语速很重要

知识教学类短视频的字幕与画面是指导用户进行技能学习的两大关键点，在用户无法看清楚视频画面中的步骤操作或不理解视频画面中出现的某些词语时，便会寻求字幕的帮助。所以，在知识教学类短视频中，字幕的作用至关重要，后期制作时一定要为视频添加字幕。知识教学类短视频的字幕要尽量体现出完整的操作步骤，让用户更容易获取信息。

除此之外，知识教学类短视频在后期进行配音时，建议整体语速偏快一些，这样既能保证短视频的完播率，也能让用户在短时间内获得更多的“干货”知识。但要注意的是，在不同的地方可以使用不同的语速，如在步骤讲解处语速要不紧不慢，让用户听清楚；而在调侃之类的语句上，则可以适当加快语速，避免用户因为失去耐心而调整进度条或是放弃观看这段短视频。

提示　在制作知识技能类短视频时，短视频创作者不用过于循规蹈矩地分享知识、教授知识，应当开拓思路，结合实际运用过程中会遇到的各类问题进行趣味性的知识分享和教学。在必要的情况下，也可以在后期使用特效，将知识点或操作步骤形象化，以便于用户理解、学习。

9.4.4 套用模板制作知识技能类短视频

知识分享类、知识教学类、咨询解答类等大多数的知识技能类短视频几乎不需要脚本也可以完成短视频制作，因此，目前很多视频剪辑软件中还没有知识技能类短视频的创作脚本模板。不过视频剪辑软件中有很多别人创作的知识技能类短视频作品，我们可以通过“剪同款”功能来套用这些视频模板，制作类似的知识技能类短视频作品。下面就以剪映 App 为例，通过“剪同款”套用模板来制作知识技能类短视频。

步骤01 打开剪映 App，在剪映 App 首页点击“剪同款”按钮，如图 9-68 所示。

步骤02 在搜索框中输入关键词“知识分享”，即可搜索到很多与知识分享相关的模板，如图 9-69 所示。

步骤03 任意点击某一视频模板，进入该视频模板页面，点击右下角“剪同款”按钮，如图 9-70 所示。

步骤04 跳转至作品创作页面，上传图片或视频，并点击“下一步”按钮，如图 9-71 所示。

步骤05 系统自动生成有音乐、内容等素材的完整

图9-68 点击“剪同款”按钮

图9-69 搜索与知识分享相关的模板

视频，点击页面右上角的“导出”按钮，即可导出编辑好的视频，如图 9-72 所示。最后在视频平台上进行发布即可。

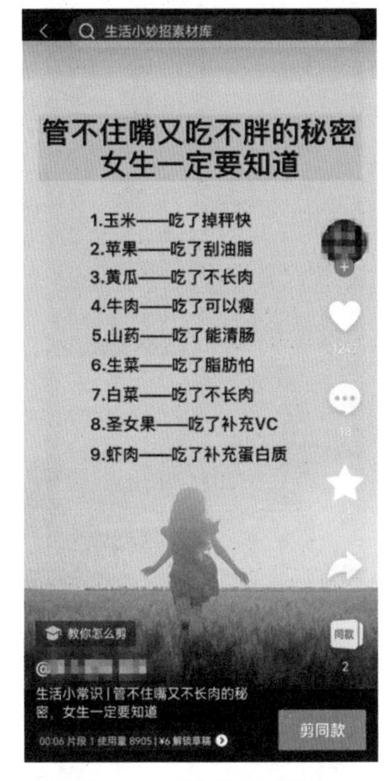

图9-70 选择视频模板

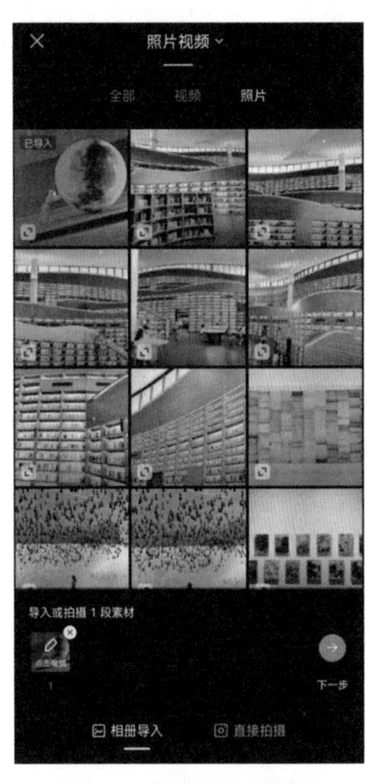

图9-71 上传图片或视频

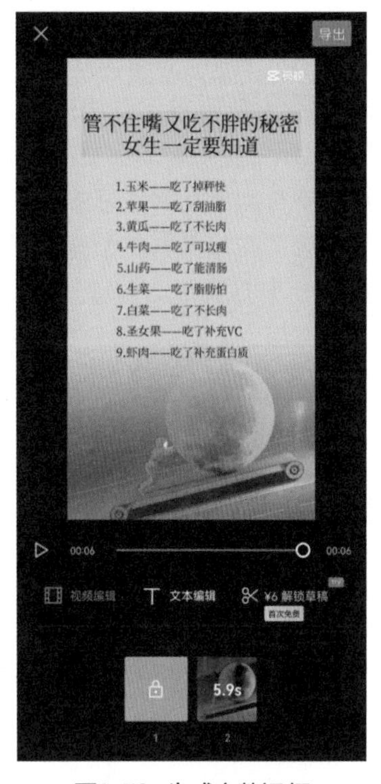

图9-72 生成完整视频

提示

部分知识分享类的视频模板不需要短视频创作者自行编辑内容和知识要点，只需按要求替换相应的背景图片，即可快速生成一个新的知识分享类短视频。如果短视频创作者想要自行编辑短视频的内容，替换字幕和音乐，可以点击“解锁草稿”按钮，付费购买后即可获得视频模板的原始草稿，创作者可以在原始草稿中对模板内容进行重新编辑，自定义替换模板中的各类素材。

【课堂实训】制作照片音乐卡点短视频

卡点短视频是短视频平台上非常火爆的一种视频类型，下面我们就通过本章介绍的知识，利用剪映 App 中的“剪同款”功能，快速制作一条照片音乐卡点短视频。具体的操作步骤如下：

步骤 01 打开剪映 App，在剪映 App 首页点击“剪同款”按钮，如图 9-73 所示。

步骤 02 将页面切换到“卡点”页面，可以看到该页面中有很多卡点视频模板，如图 9-74 所示。

步骤 03 选择一个卡点视频模板（如“喷水器卡点”视频模板），进入该视频模板页面，查看该视频模板的效果展示，点击右下角“剪同款”按钮，如图 9-75 所示。

步骤04 跳转至作品创作页面，上传图片或视频（该视频需要导入9张照片素材），并点击“下一步”按钮，如图9-76所示。

步骤05 系统自动生成带有音乐、照片等素材的完整视频，并同步自动播放制作好的视频。创作者可在该页面中预览效果，检查效果是否令人满意。最后点击页面右上角的“导出”按钮，即可导出编辑好的照片音乐卡点视频并发布到视频平台上。如图9-77所示。

图9-73 点击“剪同款”按钮

图9-74 “卡点”页面

图9-75 查看视频模板的效果展示

图9-76 上传图片或视频

图9-77 生成完整视频

【课后练习】

1. 拍摄与制作一条产品展示类短视频。
2. 拍摄与制作一条生活记录类短视频。